高等学校"十三五"规划教材

市政与环境工程系列丛书

基础环境经济学

主　编　吴忆宁　刘瑞娜　李永峰

副主编　张　颖

主　审　孙兴滨

哈尔滨工业大学出版社

内 容 简 介

本书遵循着从简到繁、由易到难的准则,共设立了八章。第一章绪论,主要讲述了环境经济学的基础知识与发展背景,以及环境经济学的研究内容和方法,属于本书的简单概括部分;第二章市场与环境,主要对外部性理论、完全竞争市场、环境费用—效益分析做了讲解,分析了竞争市场解决环境问题的方法理论,并通过效率标准判断解决效果;第三章将环境管理的基本政策进行了归纳总结;第四章将近些年的经济手段做了对比分析,并比较了这些经济手段对环境管理的影响;第五章、第六章是环境管制对经济的影响和环境经济核算承接宏观部分的分析,经济学的计算方法与环境管理相得益彰;第七章对中国最新的环境经济政策相关报告进行了分析,从第二章到第七章属于对本书内容的详细介绍;第八章对中国的生态文明建设与可持续发展的绿色经济进行了相关阐述。

本书可作为环境类、经济类、管理类专业本科生和研究生学习用书,也可作为其他相关专业的教学参考读物,对从事环境保护、资源管理、农业生产、经济学研究、环境管理政策制定等工作人员也有一定的参考价值。

图书在版编目(CIP)数据

基础环境经济学/吴忆宁,刘瑞娜,李永峰主编. —哈尔滨:
哈尔滨工业大学出版社,2019.4
ISBN 978 - 7 - 5603 - 7773 - 5

Ⅰ.①基… Ⅱ.①吴…②刘…③李… Ⅲ.①环境经济学
Ⅳ.①X196

中国版本图书馆 CIP 数据核字(2018)第 258564 号

策划编辑 贾学斌 王桂芝
责任编辑 那兰兰
出版发行 哈尔滨工业大学出版社
社 址 哈尔滨市南岗区复华四道街 10 号 邮编 150006
传 真 0451 - 86414749
网 址 http://hitpress.hit.edu.cn
印 刷 哈尔滨市工大节能印刷厂
开 本 787mm×1092mm 1/16 印张 14.5 字数 342 千字
版 次 2019 年 4 月第 1 版 2019 年 4 月第 1 次印刷
书 号 ISBN 978 - 7 - 5603 - 7773 - 5
定 价 39.00 元

(如因印装质量问题影响阅读,我社负责调换)

前　言

环境经济学是一门建立在市场经济基础理论之上的实践学科,是为了分析应对不断变化的环境问题而出现和发展的。随着区域和全球环境问题的不断加剧、国内市场经济体系的不断完善、基于市场机制解决环境问题的意识不断增强,以及环保部门利用经济手段管理环境的实践不断增多,国内相关专业陆续开设了此类课程。

我国作为处于经济和社会转型中的发展中大国,在经济快速增长的压力下,不仅环境问题更加复杂,实施环境政策的体制背景也在不断变化。为此,迫切需要将环境经济学的基础知识传授于学生,不仅如此,也需要结合中国的国情,辅导学生分析中国的环境经济问题。与其他环境经济学的教材相比较,本书在内容与结构的安排上,更简明清晰,偏重于基础理论的介绍。

本书共有八章,分别为:绪论,主要讲述了环境经济学的基础知识;市场与环境,对外部性理论、完全竞争市场、环境费用—效益分析做了讲解;环境管理政策、环境管理的经济手段共同分析了环境政策手段;环境管制对经济的影响和环境经济核算是宏观部分的分析;环境经济政策创新对中国最新的环境经济政策相关报告进行了分析;最后对中国的生态文明建设与可持续发展的绿色经济进行了相关阐述。在内容体系的安排上本书具有以下特点:

第一,环境经济学的基础知识、理论、分析方法都是建立在市场经济体系之上,并介绍了相关领域的新进展和研究热点问题;第二,环境开发利用中体现了可持续发展的思想,将环境经济学的基础知识与中国国情和环境管理政策相结合,建立了一种全新的理论框架体系;第三,结合文献,充分吸收了国外资源环境管理研究中的新理论和新成果,有助于该专业的学生科研时的选题和写作。

本书由吴忆宁、刘瑞娜和李永峰主编,张颖副主编,孙兴滨主审。具体分工如下:第一章至第四章由吴忆宁编写;第五章至第七章由刘瑞娜、敖梓鼎编写;第八章由张颖、敖梓鼎、李永峰编写;书中相关图表工作由林尤伟和赵璐完成,赵璐对书稿进行了认真的文字校对和整理。

使用本书的学校可以免费获取电子课件(ppt),可与李永峰教授联系(李永峰教授的邮箱:dr_lyf@163.com)。本书的出版得到了黑龙江省自然科学基金项目(E201354)的技术成果与资金的支持,特此感谢。

本书在编写过程中参考了许多中外文献,在此向已列出和没有列出的文献作者表示诚挚的谢意。

　　本书可作为环境类、经济类、管理类专业本科生和研究生学习用书,也可作为其他相关专业的教学参考读物,对从事环境保护、资源管理、农业生产、经济学研究、环境管理政策制定等工作人员也有一定的参考价值。

　　由于编者的水平和知识有限,本教材可能存在很多疏漏和不足,真诚希望有关专家及老师和同学们指正。

　　献给李兆孟先生(1929 年 7 月 11 日—1982 年 5 月 2 日)。

编　者

2018 年 9 月

目 录

第一章 绪 论

第一节 环境经济学的产生和发展

环境经济学的产生和发展,是在经济社会发展过程中环境问题日益突出的情况下,随着人类对经济与环境关系认识的逐步深入而形成的一门新兴学科。

一、环境与环境问题

环境是相对于中心事物而言,它因中心事物的不同而不同。环境经济学中的环境是以人为中心的人类生产和生活的场所。《中华人民共和国环境保护法》明确指出:"环境,是指影响人类社会生存和发展的各种天然的和经过人工改造的自然因素总体,包括大气、水、海洋、土地、矿藏、森林、草原、野生动物、自然古迹、人文遗迹、自然保护区、风景名胜区、城市和乡村等。"

环境问题是指构成环境的因素遭到损害,环境质量发生不利于人类生存和发展的变化,甚至给人类造成灾害。环境问题是在经济发展过程中逐渐形成的。在人类社会发展初期,人口数量少,生产力水平低,人类对环境的影响很微弱,基本上不会产生环境问题。随着人口数量的不断增加和生产力水平的逐步提高,人类对自然环境的干预能力越来越大,超过了自然的承受能力,由此导致了环境问题。

环境问题分为两大类。一是由于自然灾害,如地震、洪水、海啸、火山爆发等引起的环境问题,一般称之为原生环境问题;二是由于人为因素引起的环境问题,一般称之为次生环境问题。环境科学中研究的环境问题主要是次生环境问题。

人类活动引起的环境问题主要表现在两个方面。一是生态破坏,如水土流失、土壤沙化、盐碱化、资源枯竭、气候变异、生态平衡失调等;二是环境污染,人类活动产生的大量污染物,如废水、废气、固体废物等排入自然环境,使环境质量下降,以致影响和危害人体健康,损害生物资源。

二、人类解决环境问题的实践

环境问题可以给人类的生存和发展造成严重的危害,如降低环境质量、危害人体健康、破坏自然景观、危及后代发展等多方面。面对日益严重的环境问题,人类开始采取措施解决环境问题。

人类解决环境问题的实践大致经历了简单禁止、末端治理、综合防治三个阶段。随着解决环境问题的实践不断深入,人们逐渐发现,环境问题涉及面广,解决环境问题需要综合运用法律、经济、行政、技术、教育等手段。

三、环境问题的实质是经济问题

环境问题的实质是经济问题,这可以从以下三个方面进行阐述。

(1)环境问题是经济发展的"副产品"。目前,人类关注的环境问题是伴随经济的发展而逐渐形成的。

(2)环境问题会造成严重的经济损失。环境问题的日益恶化,会对社会经济造成严重的损失。据世界银行测算,2007年室外空气和水污染对中国经济造成的健康和非健康损失的总和约为1 000亿美元(相当于中国GDP的5.8%)。

(3)环境问题的最终解决依赖于经济的不断发展。我们不能通过停止经济发展来解决环境问题,而只能通过经济发展来解决环境问题。

环境问题是个经济问题,解决环境问题必须从经济方面入手。从经济学角度分析环境问题产生的原因、危害,并提出解决环境问题的对策。

四、传统经济理论的缺陷

传统经济理论的缺陷主要表现在以下两个方面。

(1)传统经济理论不考虑"经济外部性",而经济外部性是环境问题的根源。

(2)衡量经济增长的经济学标准——国民生产总值(GNP)不能真实地反映经济福利,因为经济增长所反映的经济发展速率并不能全面地反映人民生活水平的提高。

五、环境经济学的产生

解决环境问题的前提就是要对其进行经济学分析。传统经济理论在分析、解决环境问题上存在着明显的缺陷。因此,为了满足环境保护实践的需要,一门新的学科——环境经济学诞生了。

(1)工业革命以来,工业生产规模急剧扩大和能源使用方式的革命,把自然界中本来以高品位状态存在的物质和能量,经过开采、加工、转换、使用和排放,变成了低品位存在的形式。这种改变极大地影响了大气、土壤和水体的质量。

(2)借助于科技进步,人们能够了解发生在自然系统中非常微小的变化,因而能够比过去更加清楚环境问题所带来的后果。

(3)现代化的生产过程产生了一些新的合成物质。这些物质对生态系统来说,其影响是未知的和不确定的,有些物种可能会适应自然环境的改变,有些则可能因为不能适应而发生变异,甚至灭绝。

(4)由于生活水平的普遍提高,公众已经开始向往和追求一个清洁、安全和舒适的环境。这表明,当温饱问题解决之后,环境需求是一种更高层次的需求表现。

在这样的社会发展背景之下,从经济学角度思考环境问题的经济学家们显然会得到十分重要的启示,发现需要深入研究的领域和问题。环境经济学开始真正进入形成和发展阶段。

20世纪70年代以来,随着经济学的发展和环境问题的恶化,环境经济学不断吸收和借鉴新的理论工具和方法,学科理论体系和应用领域得到不断完善与发展。如今,环境经济学发展速度之快,应用范围之广,研究层次之深,不但远远超出了经济学同行乃至全社会的预料,也是环境经济学奠基者们所始料不及的。

为了适应社会需求的变化,各国政府纷纷建立了环境保护行政主管部门,代表国家行使管理环境的职能。保护环境要有政策和管理手段,需要投资,而什么样的政策和管理最有效,保护环境需要多少钱,谁来出这笔钱,怎么花这些钱等,这一系列问题都需要环境经济学家们做出具体回答。

第二节 环境经济学原理

环境经济学是环境学与经济学的交叉学科,因此,环境学原理与经济学原理的联合作用便形成了环境经济学的原理。虽然环境经济学的研究是多方面的,但可以用四个中心思想把这个领域统一起来。本节将对环境学四大原理和经济学十大原理做简要介绍,并对环境经济学原理进行阐述。

一、环境学四大原理

1. 环境多样性原理

环境多样性是环境的基本属性之一,是人类与环境相互作用中的基础规律,是具有普遍意义的客观存在。环境多样性包括自然环境多样性、人类需求与创造多样性及人类与环境相互作用多样性。其中自然环境中的生命物质和非生命物质、环境形态、环境过程及环境功能均具有多样性;人类的需求和创造产生于人类的智力活动,具有无穷尽的深度,因此,具有更广泛的多样性;人类与环境的相互作用,在作用方式、作用过程、作用效应等方面都具有多样性。上述各类环境多样性及其内在联系的总和统称为环境多样性。

2. 人与环境和谐原理

人与环境的和谐是人类与环境相互作用中最本质的内在联系,是人类与环境相互作用中的核心规律。人类认识自然、改造自然、建设环境的主要目的在于提高人与环境的和谐程度,但是与此同时,维系已经取得的人与环境的和谐关系而不致受到损伤或者破坏又是人类利用和改造客观环境的限度。人类面临的所有环境问题,如生态破坏、环境污染、自然灾害、资源耗竭、人口过量等,都有一个共同点:损伤或者破坏了人与环境的和谐。人类正是遭受到环境问题的困扰之后才体验到人与环境和谐关系的存在,才认识到它的重要性。纵观人类历史,人与环境的和谐程度大致可以包括适应生存、环境健康、环境安全、环境舒适和环境欣赏五个方面的内容,在和谐程度上,是逐级递增的。这不仅是人类与环境相互作用历史进程的总结,也是当今世界不同国家、不同地区人与环境之间不同和谐程度的真实写照。人与环境的和谐,既包括人与自然的和谐,也包括人与人工环境的和谐及人工环境与自然环境的和谐。由于环境多样性的存在,人与环境和谐程度的度量指标、度量方法也具有多样性。

3. 五律协同原理

人类的目标具有多样性,对于特定目标而言,实现目标的途径也具有多样性。一般而言,人类在实现重大目标的过程中,往往要受到多种规律的作用,规律的作用可以表现为三种状态:规律作用方向与目标一致者称为协同,规律作用方向与目标相反者称为拮抗,规律作用方向偏离预期目标者称为偏离(图1.1)。显然,协同者是实现目标的动力,拮抗者是实现目标的阻力,偏离者是实现目标的离心力。需要指出的是,规律作用的状态与人类实现预定目标所选择的途径有关,不同的途径,各类规律作用的状态是不同的。在多种规律联合作用的情况下,为了实现既定目标,显然需要找到这样的途径,使得各种相关规律的作用都成为协同者(图1.2)。

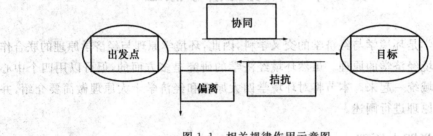

图 1.1　相关规律作用示意图

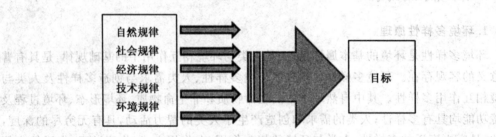

图 1.2　规律联合作用示意图

人类实现重大战略目标,往往同时受到五类规律的作用,因此,必须探索这样的途径,使五类规律的作用都成为协同者,从而使五类规律都成为实现目标的动力,这种状态称为"五律协同"。

人类行为领域非常宽广,一般而言可以将人类行为与规律间的相互关系概括为图1.3的形式。如图1.3所示,每一个圈代表一类规律,圈内是符合该类规律的人类行为的集合,五类规律概化为五个圈。人类的行为大致可以分成五个大类,1、2、3、4、5分别指一律作用域、二律协同域、三律协同域、四律协同域和五律协同域,其中五律协同域中人类行为同时遵循五类规律,显然这样的行为是我们期望的、可以实现预定目标的行为。

4. 规则与规律原理

规则是人为规定的,规范人类行为的伦理道德、法律条例、规章制度、标准规范等的总和。按照所规范的人类行为特征的不同,规则可以分为社会规则、经济规则、技术规则和环境规则四类。社会规则是调节和规范人们的社会关系和社会行为,使人类社会活动有序化的规则的总和,主要由风俗、道德、习惯、时尚、纪律、法律、规章制度、宗教教义等组

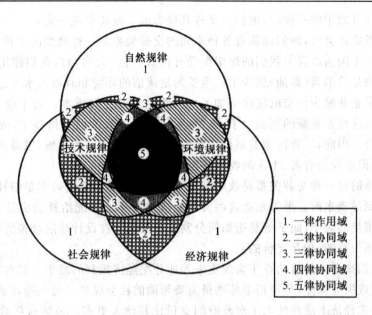

图 1.3　规律协同作用示意图

成。经济规则是规范人们经济关系和经济行为,使人类经济关系和经济活动有序化的规则的总和,主要由生产关系、市场规范等组成。技术规则是规范人类技术行为的规则,主要有行业技术标准、产品质量标准、工艺规范等。规范人类环境行为的规则统称环境规则。

自然规律也称为自然法则,是一种由大自然"制定"、物质世界非智力行为的规则,它与经济、社会、技术、环境等规则一起组成与五类规律相对应的五类规则。规则与规律都制约着人类的行为,彼此之间既有联系又有区别。人类的实践已反复证明,偏离规律的规则往往是事物发展的离心力,背离规律的规则常常是发展的阻力,只有顺应规律的规则才是发展的动力。例如,市场是配置资源的有效手段,计划经济体制偏离了这一基本规律,制约了经济发展;而计划经济体制顺应这一规律,将促进经济发展。我国近 50 年来先后实行计划经济和市场经济两种不同经济体制的实践,充分证明了上述论断。

二、经济学十大原理

1.人们面临交替关系

"鱼与熊掌不可兼得",为了得到一件我们喜爱的东西,通常就不得不放弃另一件我们喜爱的东西。做出决策要求我们在一个目标与另一个目标之间有所取舍。

我们考虑一个学生决定如何分配他最宝贵的资源——时间。他可以把所有的时间都用于学习经济学;他可以把所有的时间都用于学习环境学;他也可以把时间分配在这两个学科上。当他把某一个小时用于学习一门课时,他就必须放弃本来可以学习另一门课的一小时。

还可以考虑父母决定如何支配自己的家庭收入。他们可以购买食物、衣服,或全家去旅游度假;他们也可以为退休或孩子的大学教育储蓄一部分收入。当他们选择把收入的一元用于上述方面中的一种时,他们在某种其他方面上就要少花一元。

当人们组成社会时,他们面临着各种不同的交替关系。一种典型的交替关系,如我们把更多的钱用于国防以保卫我们的海岸免受外国人入侵(大炮)时,我们能用于国内生活水平的个人物品的消费(黄油)就少了。重要的是清洁的环境和高收入水平之间的交替关系。国家要求企业减少污染的法律增加了生产物品与劳务的成本。由于成本提高,导致的结果可能是这些企业赚的利润少了,支付的工资低了,收取的价格高了,或是这三种结果的某种结合。因此,尽管污染管制给予我们的好处是更清洁的环境,以及由此引起的健康水平提高,但企业所有者、工人的收入将会减少。

社会面临的另一种交替关系是效率与平等之间的交替关系。效率是指社会能从其稀缺资源中得到最多东西。平等是指这些资源的成果公平地分配给社会成员。换言之,效率是指经济蛋糕的大小,而平等是指如何分割这块蛋糕。在设计政府政策的时候,这两个目标往往是不一致的,相互交替的。

例如,我们来考虑的目的在于实现更平等地分配经济福利的政策。某些这类政策,例如,福利制度或失业保障,是要帮助那些最需要帮助的社会成员。另一些政策,例如,个人所得税,是要求经济上成功的人士对政府的支付比其他人更多。虽然这些政策对实现平等有好处,但它却以降低效率为代价。当政府把富人的收入再分配给穷人时,就减少了对辛勤工作的奖励,结果,人们工作少了,生产的物品与劳务也少了。换句话说,当政府想要把经济蛋糕切为更均等的小块时,这块蛋糕也就变小了。

认识到人们面临交替关系本身并没有告诉我们将会或应该做出什么决策。一个学生不应该仅仅由于要增加用于学习经济学的时间而放弃环境学的学习,社会不应该仅仅由于环境控制降低了我们的物质生活水平而不再保护环境。然而,认识到生活中的交替关系是很重要的,因为人们只有了解它们可以得到的选择,才能做出良好的决策。

2. 某种东西的成本是为了得到它而放弃的东西

由于人们面临着交替关系,所以,做出决策就要比较可供选择的行动方案的成本与收益。但是,在许多情况下,某种行动的成本并不像乍看时那么明显。

例如,考虑是否上大学的决策。收益是使知识丰富和一生拥有更好的工作机会。但成本是什么呢?要回答这个问题,你会想到把你用于书籍、学费、住房和伙食的钱加总起来。但这种总和并不能真正地代表你上一年大学所放弃的东西。

这个成本计算的第一个问题是,它包括的某些东西并不是上大学的真正成本。即使你离开了学校,你也需要有睡觉的地方,要有东西吃。只有在大学的住宿和伙食比其他地方贵时,贵的这一部分才是上大学的成本。实际上,大学的住宿与伙食费可能还低于你自己生活时所需支付的房租与食物费用,在这种情况下,住宿与伙食费的节省也是上大学的收益。

这种成本计算的第二个问题是,它忽略了上大学最大的成本——你的时间。当你把一年的时间用于听课、读书和写文章时,你就不能把这段时间用于工作。对于大多数学生而言,为上学而放弃的工资是他们受教育最大的单项成本。

一种东西的机会成本是为了得到这种东西所放弃的东西。当决策者做出任何一项决策,例如,是否上大学时,决策者应该认识到伴随每一种可能的行动而来的机会成本。实际上,决策者通常是知道这一点的。

3.理性人考虑边际量

生活中的许多决策涉及对现有行动计划进行微小的增量调整。经济学家把这些调整称为边际变动。在许多情况下,人们可以通过考虑边际量来做出最优决策。

例如,假设一位朋友请教你,他应该在学校上多少年学。如果你给他用一个拥有博士学位的人的生活方式与一个没有上完小学的人进行比较,他会抱怨这种比较无助于他的决策。你的朋友很可能已经受过了某种程度的教育,并要决定是否再多上一两年学。为了做出决策,他需要知道,多上一年学所带来的额外收益和所需花费的额外成本。通过比较这种边际收益与边际成本,他就可以衡量多上一年学是否值得。

再举一个考虑边际量如何有助于做出决策的例子。考虑一个航空公司决定对等退票的乘客收取多高的价格。假设一架200个座位的飞机横越国内飞行一次,航空公司的成本是10万美元。在这种情况下,每个座位的平均成本是10万美元/200,即500美元。有人会得出结论:航空公司的票价绝对不应该低于500美元。

但航空公司可以通过考虑边际量而增加利润。假设一架飞机即将起飞时仍有10个空位。在登机口等退票的乘客愿意支付300美元买一张票。航空公司应该卖给他票吗?当然应该了。如果飞机有空位,多增加一位乘客的成本是微乎其微的。虽然一位乘客飞行的平均成本是500美元,但边际成本仅仅是这位额外的乘客将消费的一包花生米和一罐汽水的成本而已。只要等退票的乘客所支付的钱大于边际成本,卖给他机票就是有利可图的。

正如这些例子说明的,个人和企业通过考虑边际量将会做出更好的决策。只有一种行动的边际收益大于边际成本,一个理性决策者才会采取这项行动。

4.人们会对激励做出反应

由于人们通过比较成本与收益做出决策,所以,当成本或收益变动时,人们的行为也会相应改变。这也就是说,人们会对激励做出反应。比如,政府决定增收汽油税,短期内,人们的反应不会很大,一般只会减少汽车行程,如果长期面对这样的激励,人们将会购买节油汽车或者不买车而使用公共交通。再例如,对企业实行污染信息公开化,将会对污染企业产生长久的激励,促使他们配置污染处理设施、采用更清洁的原材料并研究新的生产技术推行清洁生产。

对设计公共政策的人来说,激励在决定行为中的中心作用是重要的。公共政策往往改变了私人行动的成本或者收益。当决策者未能考虑到行为如何由于政策的原因而变化时,他们的政策就会产生意想不到的效果。

5.贸易能使每个人状况更好

从某种意义上说,世界经济中的国家与国家之间是相互竞争的,电脑、汽车及农产品等国际市场的流通量很大,但占有大多市场份额的通常却只有几个国家。每个家庭与所有其他家庭之间也是竞争的,找工作时各个家庭的成员竞争相同的岗位,购物时每个家庭都想以最低的价格购买最好的东西……

尽管存在这种竞争,但把你的家庭与所有其他家庭隔绝开来并不会过得更好。如果是这样的话,你的家庭就必须自己种粮食,自己盖房子,自己做衣服。显然,你的家庭在与其他家庭交易中受益匪浅。无论是在耕种、做衣服或盖房子方面,每个人从事自己最为擅长的事情,然后用较低的价格购买他人制造的物品与劳务,从而享受到更广泛的多样性。

国家和家庭一样也从相互交易的能力中获益。贸易使各国可以专门从事自己最擅长的活动,并享有各种各样的物品与劳务。美国人、法国人、日本人、埃及人……他们既是我们的竞争对手,又是我们在世界经济中的伙伴。

6. 市场通常是组织经济活动的一种好方法

在市场经济中,中央计划者的决策被千百万企业和家庭的决策所取代。企业决定雇佣谁和生产什么,家庭决定为哪家企业工作,以及用自己的收入购买什么东西。这些企业和家庭在市场上相互交易,价格和个人利益引导着他们的决策。

乍一看,市场经济的成功是一个谜。千百万利己的家庭和企业分散做出决策似乎会引起混乱,但事实并非如此。事实已证明,市场经济在以一种促进普遍经济福利的方式组织经济活动方面非常成功。

经济学家亚当·斯密(Adam Smith),在他 1776 年出版的著作《国富论》中总结出了经济学界著名的观察结果:家庭和企业在市场上相互交易,他们仿佛被一只"看不见的手"所指引,达到了合意的市场结果。写作本书的目的之一就是要解释这只看不见的手如何施展它的魔力。当你学习经济学时,你将会知道,价格就是看不见的手用来指引经济活动的工具。价格既反映的是一种物品的社会价值,也反映了生产该物品的社会成本。由于家庭和企业在决定购买什么和出卖什么时关注价格,所以,他们就不知不觉地考虑到了他们行动的社会收益与成本。结果,价格指引这些个别决策者在大多数情况下实现了整个社会福利最大化的结果。

关于看不见的手在指引经济活动中的技巧有一个重要的推论:当政府阻止价格根据供求自发地调整时,政府对市场经济价格的干预就限制了看不见的手协调组成经济的千百万家庭和企业的能力。这个推论解释了为什么税收对资源配置有不利的影响:税收扭曲了价格,从而扭曲了家庭和企业的决策。这个推论还解释了租金控制这类直接控制价格的政策所引起的更大伤害。

7. 政府有时可以改善市场结果

虽然市场通常是组织经济活动的一种好方法,但这个规律也有一些重要的例外。政府干预经济的原因有两类:促进平等和促进效率。这就是说,大多数政策的目标不是把经济蛋糕做大,就是改变蛋糕的分割。

看不见的手通常会使市场有效地配置资源。但是,由于各种各样的原因,有时看不见的手不起作用。经济学家用"市场失灵"这个词来指市场本身不能有效配置资源的情况。

市场失灵的一个可能原因是外部性。外部性是一个人的行动对旁观者福利的影响。污染就是一个典型的例子。如果一家化工厂并不承担它排放烟尘的全部成本,它就会大量排放。在这种情况下,政府就可以通过环境保护来增加经济福利。

市场失灵的另一个可能的原因是市场势力。市场势力是指一个人(一小群人)不适当地影响市场价格的能力。例如,假设镇里的每个人都需要水,但只有一口井。这口井的所有者对水的销售就有市场势力——在这种情况下,他是一个垄断者。这口井的所有者并不受残酷竞争的限制,而正常情况下看不见的手正是以这种竞争来制约个人的私利。你将会知道,在这种情况下,规定垄断者收取的价格有可能提高经济效益。

看不见的手也不能确保公平地分配经济成果。市场经济根据人们生产其他人愿意买的东西的能力来给予报酬。世界上最优秀的篮球运动员赚的钱比世界上最优秀的棋手要多,只是因为人们愿意为看篮球比赛付更多的钱。看不见的手并没有保证每个人都有充足的食品、体面的衣服和充分的医疗保健。许多公共政策(如所得税和福利制度)的目标就是要实现更平等的经济福利分配。

我们说政府有时可以改善市场结果并不意味着它总是能达到这样的效果。有时政策是在动机良好但信息不充分时制定的。学习经济学的一个目的就是帮助你判断,什么时候一项政府政策适用于促进效率与公正,而什么时候却不行。

8. 一国的生活水平取决于它生产物品与劳务的能力

世界各国生活水平的差别是非常惊人的。1993 年,美国人的平均收入为 2.5 万美元。同年,墨西哥人的平均收入仅为 7 000 美元,而尼日利亚人的平均收入为 1 500 美元。毫不奇怪,这种平均收入的巨大差别反映在生活质量的各种衡量指标上。高收入国家的公民比低收入国家的公民拥有更多汽车、更多电视机、更好的营养、更好的医疗保健,以及更长的预期寿命。

随着时间的推移,生活水平的变化也很大。在美国,从历史上看,收入的增长每年为 2%左右(根据生活费用变动进行调整之后)。按这个比率,平均收入每 35 年翻一番,而韩国在近 10 年间平均收入翻了一番。

用什么来解释各国和不同时期生活水平的巨大差别呢? 答案简单得出人意料。几乎所有生活水平的变动都可以归因于各国生产率的差别,这就是一个工人一小时所生产的物品与劳务量的差别。在那些每单位时间工人能生产大量物品与劳务的国家,大多数人享受高水平的生活;在那些工人生产率低的国家,大多数人必须忍受贫困的生活。同理,一国的生产率增长程度决定了平均收入增长率。

生产率和生活水平之间的基本关系是简单的,但它的意义是深远的。如果生产率是生活水平的首要决定因素,那么,其他解释的重要性就应该是次要的。例如,有人想把 20 世纪美国工人生活水平的提高归功于工会或最低工资法,但美国工人的真正英雄行为是他们提高了生产率。再举一个例子,一些评论家声称,美国近年来收入增长放慢是由于日本和其他国家日益激烈的竞争,但真正的敌人不是来自国外的竞争,而是美国生产率增长的放慢。

生产率与生活水平之间的关系对公共政策也有着深远的含义。在考虑任何一项政策如何影响生活水平时,关键问题是政策如何影响我们生产物品与劳务的能力。为了提高生活水平,决策者需要让工人受到良好的教育,拥有生产物品与劳务需要的工具,以及得到获取最好技术的机会。

9. 当政府发行了过多货币时,物价上升

1921 年 1 月,德国一份日报价格为 0.3 马克。不到两年之后,在 1922 年 11 月,一份

同样的报纸价格为 7 000 万马克。经济中所有其他价格都以类似的程度上升。这个事件是历史上最惊人的通货膨胀的例子,通货膨胀是经济中物价总水平的上升。

是什么引起了通货膨胀?在大多数严重或持续的通货膨胀情况下,罪魁祸首总是相同的——货币量的增长。当一个政府制造了大量本国货币时,货币的价值下降了。在 20 世纪 20 年代初的德国,当物价平均每月上升 3 倍时,货币量每月也增加了 3 倍。美国的情况虽然没有这么严重,但美国经济史也得出了类似的结论:20 世纪 70 年代的高通货膨胀与货币量的迅速增长是密切相关的,而 90 年代的低通货膨胀与货币量的缓慢增长也是相关的。

10.社会面临通货膨胀与失业之间的短期交替关系

如果通货膨胀这么容易解释,为什么决策者有时却在使经济免受通货膨胀之苦上遇到麻烦呢?一个原因就是人们通常认为降低通货膨胀会引起失业人口暂时增加。通货膨胀与失业之间的这种交替关系被称为"菲利普斯曲线",这个名称的确定是为了纪念第一个研究了这种关系的经济学家。

在经济学领域中,菲利普斯曲线仍然是一个有争议的问题,但大多数经济学家现在接受了这样一种思想:通货膨胀与失业之间存在短期交替关系。根据普遍的解释,这种交替关系的产生是由于某些价格调整缓慢。例如,假如政府减少了经济中的货币量,长期中,这种政策变动的唯一后果是物价总水平下降。但并不是所有的价格都将立即做出调整。在所有企业都印发新目录,所有工会都做出工资让步,以及所有餐馆都印了新菜单之前还需要几年时间,这就是说,可以认为价格在短期中是黏性的。

由于价格是黏性的,各种政府政策都具有不同于长期效应的短期效应。例如,当政府减少货币量时,它就减少了人们支出的数量。较低的支出与居高不下的价格结合在一起就减少了企业销售的物品与劳务量,销售量减少又引起企业解雇工人。因此,对价格的变动做出完全的调整之前,货币量减少就会暂时增加失业人口。

通货膨胀与失业之间的交替关系只是暂时的,但也可以持续数年之久。因此,菲利普斯曲线对理解经济中的许多发展是至关重要的。特别是决策者在运用各种政策工具时可以利用这种交替关系。短期中决策者可以通过改变政府税收量、支出量和发行的货币量来影响经济所经历的通货膨胀与失业的结合。由于这些货币与财政政策工具具有如此大的潜在力量,所以,决策者应该如何运用这些工具来控制经济,一直是一个很有争议的问题。

三、环境经济学原理

环境经济学原理之一:决策者所制定的环境经济政策必须取得环境规律与经济规律的协同才能实现环境与经济的双赢,简称"双赢原理"。

规律是事物发展中必然的、本质的、稳定的联系,体现事物发展的基本趋势、基本秩序,是千变万化的现象世界相对静止的内容,它具有客观、普遍、稳定、隐蔽、强制和适应等特性。规则是人为规定的,规范人类行为的规章制度、法律条例、伦理道德、标准规范等的总和。人类实践已反复证明,偏离规律的规则往往是事物发展的离心力,背离规律的规则常常是发展的阻力,只有顺应规律的规则才是发展的动力。环境经济政策作为一种规则,同样适合这一结论:只有同时顺应环境规律与经济规律,才能成为发展的动力,取得环境与经济双赢的效果。

环境经济学原理之二:属于共有态的环境资源需要通过政府引导最大限度地进入市场态或公共态,简称"状态转换原理"。

总的来说,经济中的物品按人类对其管理的状态大致可分为三类:第一类是市场态物品,它们由市场进行配置,如衣服、电视机、粮食、汽车等;第二类是公共态物品,它们主要由政府提供,人们不必直接付费即可享用,如国防、教育等;第三类是共有态物品,由自然界提供(没有人主动提供),如海洋生物、河流、矿藏、大气、森林、土地等环境资源。市场态与公共态的物品由于具备可持续的供给与可持续的需求,运行效果良好。共有态的物品虽然具备了可持续的需求,但由于人类过度地利用往往缺乏可持续的供给能力,出现"共有地的悲剧"。因此,通过政府宏观调控政策的引导,改变环境资源的原有状态,将其最大限度地转入市场态,由市场进行配置,或者使之进入公共态,由政府协助进行配置,从而避免共有地的悲剧,这是解决环境问题的有效途径。

环境经济学原理之三:市场的环境外部性要最大可能地内在化,简称"内在化原理"。

外部性是指市场双方交易产生的福利结果超出了原先的市场范围,给市场外的其他人带来了影响。外部性多种多样,环境经济学产生的直接原因之一是与环境有关的外部性,特别是负外部性的存在。

在一些对环境产生外部性的市场中,经济活动产生的环境成本(收益)却并没有在市场价格中体现出来,因此,某些产品和服务的价格其实是被低估(高估)了。比如,将燃气与燃煤加以比较。天然气的成本,包括气田的基础设施建设、输送管道的铺设、给家庭安装和维修所需的费用。煤的成本,包括建造矿井、开采煤炭及运输煤炭的费用,但这里它却还存在没有被包括的成本:煤炭燃烧过后所排放的二氧化碳对气候的破坏——破坏性更大的风暴、冰盖的融化及其海平面的上升、热岛效应加剧等全球变暖带来的负面影响;煤燃烧过程中产生的 SO_x 会导致酸雨、酸雾对淡水湖和森林的破坏,以及煤燃烧产生的粉尘使人们患呼吸系统疾病所引起的医疗费用。因此,煤的市场价格,其实是远远低于使用它的成本的。而每个家庭或企业做出的经济决策,都是以市场信号为指导的。于是,人们便按照有误差的市场信号选择以价格低廉的煤作为燃料,导致环境变得越来越糟糕。还有另外一种情况,市场对环境产生正外部性,例如,无氟冰箱的兴起、加大教育投资等,但市场对它们的评价却远小于它们对环境产生的益处,于是,生产它们的积极性降低,于是这些对环境很有好处的东西慢慢地变少。

为了对这种状况进行补救,就必须尽可能使市场产生的环境外部性最大可能地内在化,从而使企业、组织及个人生产或消费更少的对环境有负外部性的产品,提供更多的对环境有正外部性的产品。办法是将外部费用引进到价格之中。例如,可以在计算治理全球变暖、酸雨和空气污染的成本后,将其作为燃煤的一种税负,加入到现行的价格中去;也可以对生产无氟冰箱的企业,进行环境研究、教育的单位进行补贴等。这些经济措施将激励市场中的买卖双方改变理性选择,生产或购买更接近社会最优的量,纠正外部性的效率偏差,给环境带来益处。莱斯特·R·布朗在《生态经济》的第一章"经济与地球"中,以"选择调整还是选择衰落"为题对未来世界经济的发展模式进行了一番探讨,他的很多观点对于理解环境经济是很有帮助的。

环境经济学原理之四：环境也是生产力，简称"环境生产力原理"。

生产力是推动人类文明、社会进步和经济发展的根本动力，而环境正成为一种新兴的生产力。随着人们对环境质量的要求的提高，环境不仅是支撑经济系统发展的物质基础，而且正成为扩大对外贸易、促进经济发展的重要因素。目前，我国的区域经济发展已进入了一个以创造良好环境为中心的新的竞争阶段。城市的竞争主要表现在环境的竞争。作为城市对外的"名片"，环境不仅是"引凤求凰"——吸引各种经济主体前来生存和发展的载体，也是城市竞争力的重要体现，它所产生的环境效益、品牌效益和经济效益可转换为促进城市发展的直接成分和重要因素。所以，就一座城市，尤其是致力于发展外向型经济的城市而言，环境是品牌，环境是效益，环境是竞争力，环境更是实现可持续发展的持久动力，一言以蔽之，环境也是生产力。

第三节　环境经济学的主要研究领域

进入 21 世纪以来，环境经济学的研究领域不断扩大，并且取得了明显的进展。可以预计，在未来一段时间内，环境经济学研究将重点关注环境经济理论体系、环境价值核算体系、环境经济政策体系、环境经济评价体系、环境投融资体系、循环经济、国际贸易与环境七个研究领域。

1. 环境经济理论体系

环境经济理论体系构筑的基础之一是微观经济学和宏观经济学，另一个基础是环境科学。要进一步丰富环境经济学的理论基础，扩展环境经济学的研究范围，就要注意把经济学理论与环境科学理论有机结合起来，再加以创新，同时要注意理论指导实践的重要性。

2. 环境价值核算体系

多年来，许多专家学者和有关部门都在呼吁，加快开展绿色国民经济核算研究，建立中国绿色国民核算体系。为了树立和落实全面、协调、可持续的科学发展观，建设资源节约型和环境友好型社会，2004 年 3 月，国家环境保护总局和国家统计局联合启动了《中国绿色国民经济核算（简称绿色 GDP 核算）研究》项目。项目技术组提交了《中国绿色国民经济核算研究报告（2004）》，同时公开出版了该报告的公众版。但开展这项工作存在多方面的难度，需要进一步统一思想，加强研究，扎实推动绿色 GDP 的核算工作。

3. 环境经济政策体系

环境经济政策是指按照市场经济规律的要求，运用价格、财政、税收、信贷、收费、保险等经济手段，影响市场主体行为的政策手段。环境经济政策体系是解决环境问题最有效、最能形成长效机制的办法，是宏观经济手段的重要组成部分，更是落实科学发展观的制度支撑。初步形成包括环境收费、绿色税收、绿色资本市场、排污权交易、生态补偿、绿色贸易、绿色保险等方面的中国环境经济政策体系是环境经济学要重点研究的问题。

4.环境经济评价体系

环境经济评价是环境经济学领域中的难点和热点问题,环境经济评价问题已成为贯彻和落实科学发展观的重要课题。科学的环境经济评价有助于改善中国的环境绩效,推进中国环境经济评价体系的建立,要进一步加强环境经济评价的研究工作,开展更加全面的环境经济评价研究和更加实用的环境经济评价方法的应用和实践,提高环境经济评价的实用性与准确性。结合我国国情,从环境经济评价的理论与方法、环境经济评价的政策与体制等方面,探索我国推行环境经济评价体系的模式和途径,是环境经济评价面临的主要任务。

5.环境投融资体系

环境投融资研究在中国依然是一个新的研究领域。经过多年的实践和研究已取得了一定的效果,但还需加大研究和实践实际应用的力度,为研究和制定中国的环境投资战略及其政策提供参考。要进一步在环境投融资的概念确定、环境投融资分析方法、环境投融资机制研究,以及环境产业投融资、环境保护基金、环境投融资工具、公私合营与 BOT 模式等方面加大研究和应用,建立起中国特色的环境投融资体系和战略。

6.循环经济

循环经济按照自然生态系统物质循环和能量流动规律重构经济系统,使经济系统和谐地纳入到自然生态系统的物质循环过程中去,建立起一种新形态的经济,循环经济在本质上就是一种生态经济。循环经济作为一种科学的发展观、一种全新的经济发展模式,具有自身的独立特征。循环经济的特征主要体现在新的经济观、新的系统观、新的价值观、新的生产观和新的消费观等几个方面。中国把大力发展循环经济、建设资源节约型和环境友好型社会列为发展的基本方略,强调要加快转变经济增长方式,将循环经济的发展理念贯穿到区域经济发展、城乡建设和产品生产中去,使资源得到最有效的利用。在这一背景下,深入研究发展循环经济的有关理论与实践,探讨循环经济发展战略,对于实施循环经济是十分必要的。

7.国际贸易与环境

环境保护和自由贸易都是人们追求的目标,如何实现国际贸易与环境的协调发展已经受到越来越多的政府、企业家和学者的重视。一个方面,国际贸易的发展优化了全球的资源配置,增加了社会财富,提高了人类的生活质量,但同时也不可避免地造成了环境和生态的破坏,所以国际贸易政策的制定必须考虑环境因素才是可持续的;另一个方面,保护环境的政策也需要与国际贸易政策相配合。为了有效保护环境,实现国际贸易的可持续发展,采取适当的国际贸易限制手段是必要的,但如果以保护环境为借口,过分限制自由贸易,将阻碍世界经济的发展,对可持续发展也是不利的。以保护环境促进贸易的发展、以贸易的发展推动环境保护是协调国际贸易与环境相互关系的根本要求,在这些方面很有必要进行深入的探讨。

第四节　环境经济学的研究内容与研究方法

一、环境经济学的研究内容

环境经济学的研究内容非常丰富,目前已形成了环境经济学研究内容的基本框架。由于环境经济学是一门新兴学科,还有许多内容需要进一步地充实和完善。环境经济学的主要研究内容如图1.4所示。

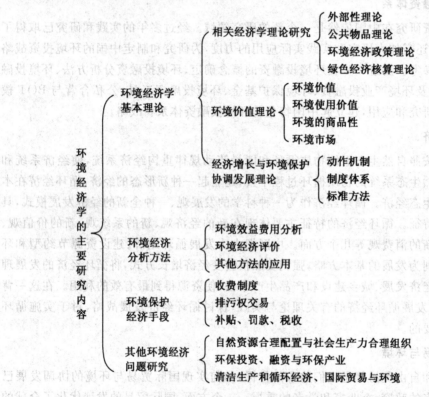

图 1.4　环境经济学的主要研究内容

二、环境经济学的研究方法

1. 实证型环境经济学研究

作为一个环境经济学家,在研究问题时,将涉及经济、自然、技术、社会等各个方面的知识,因此,需要掌握环境学、经济学、管理学、技术学、法学等多种基本知识。但是,要说思考方式,环境经济学家最像经济学家。可以这么说,环境经济学家采用与经济学相似的思考方式来研究与环境相关的问题。因此,在深入了解环境经济学的本质和细节之前,了解一下作为科学家的经济学家在处理所遇到的问题时有什么独特之处是十分必要的。

2.规范型环境经济学研究

环境经济学家可以是科学家,但也可以是决策者。那么,作为科学家的环境经济学家与作为决策者的环境经济学家有什么区别吗? 为了有助于弄清楚这两种环境经济学家所起的作用,可以仔细考察一下他们使用语言的方式。由于科学家和决策者有不同的目标,所以,他们以不同的方式使用语言。例如,假设两个人正在讨论环境建设与经济增长的问题。下面是他们的两种表述。

甲:环境建设会促进经济增长。

乙:政府应该加强环境建设以促进经济增长。

现在不管是否同意这两种表述,应该注意的是,甲和乙想要做的事情是不同的。甲的说法像一个科学家:他做出了一种关于世界如何运行的表述——实证表述。乙的说法像一个决策者:他做出了他想如何改变世界的表述——规范表述。

实证表述和规范表述之间的主要差别是如何判断这两者的正确性。从原则上来说,可以通过检验证据而确认或否定实证表述。环境经济学家可以通过分析同一城市不同时期环境建设和经济增长的纵向比较数据,或者不同城市同一时期内环境建设与经济增长的横向比较数据来评价甲的表述。与之相比,评价规范表述涉及价值观和事实。仅仅依靠数据不能判断乙的表述。确定什么是好政策或什么是坏政策不仅仅是一个科学问题,它还涉及人们对伦理、宗教和政治哲学的看法。

当然,实证表述与规范表述也是相关的。关于世界如何运行的实证观点影响到合意政策的规范观点。如果甲关于环境建设会促进经济增长的说法是正确的话,就可以肯定乙关于政府应该加强环境建设以促进经济增长的结论。但规范结论并不能仅仅根据实证分析。相反,这种结论既需要实证分析,同时也需要价值判断。

学习环境经济学与学习经济学一样,要记住实证表述与规范表述的区别。许多环境经济学家仅仅是努力解释环境与经济之间各种复杂的关系,但环境经济学的目标往往是通过政策的制定来改善环境与经济的关系以取得双赢。当环境经济学家做出"政府应该加强环境建设以促进经济增长"的规范表述时,他们已经跨过界线从科学家变成了决策者。

三、环境经济学的分析方法

1.环境效益费用分析

环境效益费用分析是环境经济学研究的核心内容,其主要内容有:效益费用分析在环境经济分析中的实践应用、环境和自然资源的经济价值评估的理论和方法、环境污染与破坏的经济损失估价的理论和方法、环境保护经济效益计算的理论与方法等。

2.环境经济评价

环境经济评价方法是评估环境损害和环境效益经济价值的方法。环境经济评价是环境经济学的一个重要的应用领域,其主要的内容有:经济活动的环境影响评价、环境建设活动的经济评价、环境政策的经济影响评价等。

3.其他分析方法

应用数学分析方法,建立相关分析模型是环境经济分析的重要手段,如环境经济系统的投入产出分析、环境经济系统的数学规划方法、环境经济的预测与决策分析方法等。此外,科学的定性分析方法也是环境经济分析的重要手段。

第五节　环境经济学的理论基础

环境经济学有两个理论支柱,一个是新古典资源配置理论,一个是科斯经济学。新古典资源配置理论分析市场机制配置资源的效率,为环境经济学提供了理论参照系。科斯经济学强调产权明晰对资源配置效率的决定作用,引导经济学家关注外部性的产权根源,以及环境产权制度的变革问题。

1.新古典资源配置理论

稀缺资源的有效配置是新古典经济学的核心问题。由于资源是有限的,而人的需求是无限的,要用有限的资源来满足人们多样化的无尽需求,就必须尽可能有效地配置和利用资源。采用什么方式做到这一点,是新古典经济学关心的头等大事。众所周知,新古典经济学用边际效用理论和一般均衡理论解决了这个问题,其结论是,让市场机制自由发挥作用,就能够实现资源的有效配置和个人利益最大化。该思想被瓦尔拉斯,以及后来的阿罗与德布鲁等人加以精确地形式化,并被福利经济学第一定理和第二定理推向极致。福利经济学第一定理声称,若效用函数是严格递增的,则由竞争性市场均衡所决定的资源配置是帕累托有效的。第二定理则断言,任何一个帕累托有效的资源配置,都可以由私有产权经济的竞争性均衡来实现。新古典经济学的资源配置理论,特别是阿罗—德布鲁模型想象了一个抽象的、无摩擦的人造世界,该人造世界有一系列严格的假设条件,一旦这些假设条件得不到满足,福利经济学的第一定理和第二定理将不再成立。

首先,新古典经济学假设存在完备市场和完全信息。但是,当我们考虑跨期选择与不确定性问题时,完备市场的假设显得特别严格,现实世界很难符合这个条件。比如,在选择不可再生资源利用的最优时间路径时,完备市场假设意味着不仅要有发达的现货市场,而且要有发达的期货市场。在不确定性情形下,市场状态会随时发生变化,尤其是存在不对称信息或交易成本的场合,难以想象人们能完全把握未来的信息,从而完备市场的假设就很成问题。

其次,新古典经济学假设所有消费品都是私人物品,而非公共物品。但现实生活中还存在大量的不具备竞争性和排他性的物品,即公共物品。典型的公共物品有国防、警察及空气。而且,在私人物品和纯粹公共物品之间还有中间情形。比如,专利保护具有排他性,但不具有竞争性,因为专利技术可同时供多个付费企业使用。

最后,新古典经济学假定消费和生产中不存在外部性。也就是说,消费者的效用水平只决定于消费的物品和劳务的数量,厂商的利润水平仅依赖于自己的生产计划,消费者和生产者的利益都不受其他人行为的影响。但是,在现实生活中,一个经济主体的行为往往会影响其他经济主体的消费或生产,从而影响他们的效用水平或利润水平。此时,市场机制的资源配置效率就无法保证。

虽然新古典经济学的假定有这些缺陷,但我们并不能因此而否定其理论价值。在多数经济学家看来,它仍然是一个有价值的分析框架,是分析现实经济问题的参照系。正是新古典经济学对资源配置效率的关注,才使人们以新古典经济学的分析框架为起点,深入分析了不完全市场、公共物品、外部性、不对称信息等问题对资源配置效率的影响,并最终催生了环境经济学这门新学科。

既然市场机制这只"看不见的手"在环境资源的有效配置中存在着失灵,人们必然会想到政府这只"看得见的手"在环境资源配置中的作用。对此,经济学家庇古认为,自由市场经济不可能总是有效率的,从而为政府干预留下很大的空间。他在1920年出版的《福利经济学》中,对自然资源的耗竭、资源的跨期配置,以及该过程中所涉及的风险和不确定性等进行了大量论述。为了合理使用可耗竭资源、保护环境质量、限制过度消费,庇古提出了三条政策措施:国家补贴、税收和立法。特别是针对环境污染的所谓庇古税,现在是许多国家环境政策的主要工具。之所以说新古典资源配置理论是环境经济学的理论支柱,还有一个理由,就是它对环境资源估价理论和方法的影响。在新古典经济学中,价值是人们为了获得某种商品而愿意放弃的其他商品。商品的价值不仅取决于人们的偏好,还取决于人们已经拥有多少这种商品。当人们拥有的某种商品越来越多时,其价值越来越小。与此相对,商品的价格是人们为了获得这件商品而必须放弃的其他商品的数量。价格是由供给和需求共同决定的,价格既反映了商品的"边际供给者"的成本,又反映了商品对"边际购买者"的价值。在这里我们看到了商品价值与价格的区别。商品价格只反映商品对"边际购买者"的价值。对"边际购买者"而言,商品的价格与商品的价值是相等的。但是,对"非边际购买者"而言,他们所购买的商品带给自身的价值,要远远大于他们实际支付的价格,二者之间的差额就是该单位商品的消费者剩余。

众所周知,价格线之上需求曲线之下的区域,是消费者从该价格水平下的全部购买量中获得的总消费者剩余。它衡量了全部交易的该商品对消费者的净价值。当然,不同的资源配置状态对应不同的总消费者剩余,也就对应不同的资源净价值。当市场实现均衡时,消费者(生产者)所有潜在的获利机会都已经被充分利用,从而使资源对整个社会的净价值也达到最大水平。正是在这个意义上,经济学家说由市场机制来配置资源是最有效率的。

但是,对于环境质量这类非市场物品来说,因为不存在市场及市场价格,如何估算它们的价值就成为一个现实难题。利用新古典经济学消费者剩余的概念,环境经济学家提出了估价环境资源的"或有估价法"或称"意愿估价法"(Contingent Valuation Method)。根据这种方法,环境资源的价值可用"支付意愿"(Willingness to Pay)或"受偿意愿"(Willingness to Accept)来衡量。支付意愿,是指消费者在既定福利水平条件下,为了获得环境质量的某种改善,所愿意支付的最大货币量。受偿意愿,是指消费者在既定福利水平下,为了接受环境质量的某种恶化,所愿意接受的最小货币补偿。

显然,不论是"支付意愿",还是"受偿意愿",从前述商品价值的概念来看,实际上是人们对环境物品价值或有用性的评价。也就是说,"支付意愿"或"受偿意愿",是对消费者从环境质量改善(恶化)中获得(损失)的消费者剩余的度量。根据这种理论框架,经济学家又提出了估计环境和自然资源价值的具体方法,如生产率变动法、资产价值法、旅行费用法等。例如,生产率变动法是用环境质量变化前后,某项经济活动生产率之间的差别来衡量环境质量变化的价值。实际上就是用两种资源配置状态之间产出的差别,来估价环境资源的价值。因此,不论是环境资源估价的理论框架,还是估价的具体方法,都与新古典经济学的资源配置理论密切相关。

　　2. 科斯经济学

　　科斯在1960年发表的《社会成本问题》中,对庇古税的合理性和必要性提出了质疑。按照庇古的逻辑,之所以要对污染排放者征收污染税,是由于污染者的排污行为对他人造成了损害。但是,在科斯看来,污染者和被污染者之间的损害是相互的,为了避免损害被污染者,反过来会损害污染者。因此,真正的问题不是如何阻止污染者,而是我们应该准许污染者损害被污染者,还是准许被污染者损害污染者。答案当然是两害相权取其轻,应该避免更严重的损害。

　　问题是如何才能避免更严重的损害。科斯的答案是,如果产权确定是明晰的,且交易成本为零,则污染者与被污染者之间的自愿协商能够实现资源有效配置,而无须任何形式的政府干预。这就是所谓的弱版本的"科斯定理"。强版本的科斯定理甚至声称,只要产权确定是明晰的,且交易成本为零,则无论资源产权归谁所有,经济主体之间的自愿协商能够实现资源配置效率。

　　科斯定理强调明晰的、可实施的产权对资源配置效率的重要性。那么,什么是产权呢?一般来说,产权是一个权利束,包括了接近权(Access)、收益权(Withdrawal)、管理权(Management)、排他权(Exclusion)和转让权(Alienation)。接近权是使用或享受财产直接效用的权利。收益权是有效使用财产以获取利润的权利。管理权是制定和完善财产使用规则的权利。排他权是确定在什么样的条件下谁拥有什么样的接近权或收益权。转让权是出售或出租财产的权利。产权就其实施群体的范围而言,可以分为四个层次:私人的、集体的、政府的、公开的。私人产权是由单一个体实施的产权。集体产权是由某个特定团体实施的产权。当团体是一个政治实体时,这种权利称为政府产权。当团体是"所有来者"(All Comers)时,这种产权称为"公开产权"(Open Property)。

　　产权有许多功能,最重要的是它为资源所有者有效利用资源提供了激励。在产权界定明晰并得到法律的有效保护时,就为资源所有者投资该资源并获得回报提供了稳定的预期。设想一下,在一个法律不健全、腐败盛行、偷盗成风的国度,当有人随时可能以非法方式抢劫属于他人的合法财产时,谁还会愿意进行投资并付出劳动呢?因此,得到法律保护的明晰产权,是保证资源被用于最有价值的用途,进而实现资源有效配置的制度基础。

　　从产权的角度来看,环境问题之所以会产生,原因是环境资源的产权没有得到明确界定,或者虽然有明确规定但无法有效实施。就产权实施群体的范围来说,环境资源通常是集体或国家的资源,有时甚至是公共资源,是自由进入和免费利用的,无法实施排他性的接近权或收益权,因而也无法进行让渡。结果,环境资源必然被低效率甚至无效率地配置和利用。

　　科斯定理是现代产权经济学关于产权安排与资源配置之间关系的思想的集中体现,

也是现代产权经济学最基本的核心内容。

科斯定理由以下三个定理组成。

科斯第一定理:在交易费用为零的情况下,不管权利如何进行初始配置,当事人之间的谈判都会导致资源配置的帕累托最优。市场交易费用为零是科斯第一定理能够成立的关键假设。

科斯第二定理:在交易费用不为零的情况下,不同的权利配置界定会带来不同的资源配置。

科斯第三定理:因为交易费用的存在,不同的权利界定和分配,会带来不同效益的资源配置,所以产权制度的设置是优化资源配置的基础(达到帕累托最优)。

合理、清晰的产权界定有助于降低交易成本,因而激发了人们对界定产权、建立详细的产权规则的热情。但是,产权制度的产生也是有成本的,需要耗费资源。因此,科斯第三定理给人们的启示是,要从产权制度的成本收益比较的角度,选择合适的产权制度。

科斯定理对理解外部性和市场的作用有着重要意义,首先它提出了一个更为广泛的"市场"概念,这种市场主要建立在权利交易的基础上,而不是一般单纯的物物交换。然后它的使用是有前提的,即其高效率的交易模式仅在不减弱的财产权条件下才能实现。最后它假设交易成本为零,同时不考虑收入效果,这与实际情况往往不一致,在某些情况下,交易成本不但是正的,而且相当高,同时也存在一定的收入效果。另外,科斯定理在一些方面也受到批评,包括谈判地位差别的存在、讨价还价过程的不充分性及效率和公平方面的考虑。最关键的是,在现实中谈判的每一方都超过一个人。而环境质量是一个公共品,具有非竞争性使用的特点,也就存在着免费"搭车"的问题。如果假定仅有一个受污染者,就不存在公共品和免费"搭车"的问题。

如何证明科斯定理是正确的呢?假设某项资源当前的配置是帕累托无效的,则存在着资源配置的某种变化,该变化能使至少一个集体成员福利改善而不使其他成员福利恶化。此时,境况变好的成员将会提议做出这种改变,其他成员应该接受这个提议,因为这种变化有机会使所有人的经济福利都改善。更重要的是,这种结果的出现与谁拥有资源的权利没有关系。如果我有权利污染且污染达到那样高的水平,以致你愿意向我支付的金额比我减少污染的成本更高,那么,你支付,我削减污染,二人的福利都改善了。反过来,如果你拥有享受清洁空气的权利,我愿意向你支付,以换取我有权利排放一定量的污染,只要我向你的支付在边际上超过了污染对你造成的损失,那么,我向你支付,你允许我排放该水平的污染,二人的福利也都改善了。所以不论谁拥有产权,我们都会持续进行讨价还价,直到一个效率点被达到,在该点上,额外污染对污染者的边际收益正好补偿了对被污染者的边际损害。

科斯定理的上述证明似乎是合理的,但因其成立必须满足严格条件而饱受批评。一个批评是,科斯定理要成立,交易成本必须为零,也就是说,界定并实施产权,以及经济主体之间的协商是不受限制的、无成本的,但这很不现实。在许多情况下,界定和实施产权从技术上来说是不可行的,因为环境资源在物理属性上具有不可分性。在发生环境污染时,受污染影响的人可能很多且分散居住在不同地方,要把那么多人组织起来非常费劲。污染受害者要达成共识,还必须从价值上精确度量污染的全部损害,要做到这点也相当困难,要花费大量的人力和财力。

对科斯定理的另一个批评与收入分配有关。即使产权界定是明晰的,且谁拥有权利与经济效率没有关系,但却会影响收入分配。如果污染者拥有了环境产权,则减少污染要求受害者对污染者进行支付;相反,如果受害者拥有产权,则污染者应该对受害者进行支付。显然,权利委派给不同的主体决定了不同的收入分配。特别是当公共资源被过度利用时,按照科斯定理,主流经济学的传统智慧是鼓吹建立关于这些公共资源的定义良好的私有产权。其目的是为私人所有者创造激励,以使他们能够把外部性内部化,并有效地管理资源。但是,将公共资源直接私有化常常有非常严重的分配方面的后果。在许多发展中国家,农村贫困人口的生计与当地的环境资源,如森林、渔场、牧场、灌溉水等密切相关。这些公共资源为穷人在收入不好的年份提供了食物、饲料、燃料的来源,从而为他们提供了某种保障机制。为了消除外部性而对公共资源进行私有化,可能会严重影响贫困人口的经济福利。

虽然对科斯定理有上述的批评,但由于新制度经济学断言,有效率的经济制度是经济发展的重要决定因素,而有效率的经济制度又被等同于产权明晰和私有化,所以,倡导用明晰产权的方法来解决外部性和环境污染的科斯经济理论,就成为环境经济学的另一个理论基础。

第六节　　经济学分析在环境问题研究中的作用

现代经济学为环境和自然资源分析提供了一种思想方法和分析工具。经济学分析为解决环境问题提供了非常有效的工具。人们常用道德原因解释为什么要保护环境(破坏环境是不应该的),相对于道德原因来说,经济原因可能是更有力或者更现实的解释(保护环境是经济上必须的)。这一点对说服政策制定者可能尤为重要,经济学首先指出在环境保护和资源配置问题上选择、决策的必要性,进而寻找环境恶化的经济原因,最后设计经济机制来减级以至于消除环境的恶化。经济学家说,天上不会掉馅饼,没有免费的午餐,保护环境必须花钱,必须耗费宝贵的资源,这些资源之所以宝贵,是因为它们可以用于其他用途,可以用于经济发展,解决吃饭问题。因此,存在选择的问题,必须做出决策,最有效地分配资源,使经济发展和环境保护两者的关系在可能的条件下得到最好的调和。

经济学为环境和自然资源分析及有关政策的制定提供了系统的分析工具,环境和自然资源这一新的研究对象也使经济学获得了新的发展。对环境和资源的改进或恶化进行的测量或计量就是现代经济学的一个新的研究命题。由于具有公共产品的特性,许多自然资源和环境变化的价值难以测定。而要确定环境污染的程度,也需要对环境变化的经济价值做出评价。环境经济学可利用社会成本效益分析方法来解决这一问题,从而为决策者确定使用或保护自然资源的力度、处理环境污染和经济发展的关系提供决策依据。

资源和环境问题给出了不同于理论学科以往所面临的那种挑战,一般不能依靠单一的学科来研究。在20世纪50年代,首先由生物、化学、地理等自然科学的科学家对资源和环境问题进行了科学探讨,在环境机理和治理技术方面取得了重大进展。随后,经济学家从理论上对环境污染产生的根本原因进行了探讨,并意识到依靠传统的经济理论已不能解决环境污染、资源破坏和枯竭等问题。经济学家在剖析市场经济缺陷的基础上,提出了解决环境外部不经济性问题的种种手段及市场工具,并从宏观经济学和微观经济学的角度,对资源与环境经济政策手段、环境质量价值评估方法和具体环境管理工具等进行了大量的理论和实证性研究。

宏观经济学的主要内容包括国民收入决定理论、经济周期理论、经济增长理论、货币与通货膨胀理论及宏观财政与货币政策。宏观经济学以整个国民经济活动为考察对象,研究经济中有关总量的决定及其变化。环境问题也是宏观经济学研究的内容之一。宏观经济政策与环境的研究始于20世纪70年代末期,主要集中于衡量经济增长的标准和宏观经济政策与环境之间的关系两个方面。经济学家认为作为经济增长主要指标的国民生产总值(GNP)所反映的"经济发展速度"并不能全面地反映社会福利水平。因而,一些经济学家提出了将资源退化、环境污染和破坏及家庭主妇劳务价值纳入国民收入核算体系的理论和方法近年来逐步走向规范化并被推广应用。

微观经济学主要包括价格理论、生产理论、消费者行为理论、厂商均衡理论和分配理论等。它以单个经济单位(如居民户、厂商)为研究对象,研究单个经济单位的经济行为及相应经济变量(如生产量、成本和利润等)如何确定,传统的微观经济学研究单个经济单位的经济行为时,一般都不考虑其外部不经济性,这一缺陷会使厂商产品价格和资源配置发生扭曲,其后果就是一些产品的价格与其边际社会成本偏离甚远,从而直接影响到地球或区域环境质量。经济学家针对这种现象,提出了市场外部性理论、环境质量公共物品理论、环境质量改善或破坏的经济评估方法及解决外部性环境问题的手段等。

第二章 市场与环境

第一节 市场失灵

一、外部性

外部性是指一个经济人的生产(消费)行为影响了其他经济人的福利,这种影响是由经济人行为产生的附带效应,但没有通过市场价格机制进行传导。在外部性影响下生产(消费)行为的社会成本和私人成本、社会收益和私人收益间会产生偏离。

按照产生影响的好坏,可以将外部性分为正外部性和负外部性。如果居住在河流上游的居民植树造林、保护水土,下游居民因此得到质量和数量有保证的水源,这种好处不需要向上游居民购买,此时产生的就是正外部性;而如果居住在河流上游的居民向河流中排放污染物,让下游居民的健康受到损害却不予以补偿,此时产生的就是负外部性。在经济活动中,生产者和消费者都可能产生外部性(表 2.1)。

表 2.1 生产者和消费者活动产生的外部性举例

对象	正外部性	负外部性
生产者之间	娱乐设施服务于就近的商业机构	上游工厂有毒化学污染威胁下游的渔业生产
生产者到消费者	私人森林允许自然爱好者在此野营	工业空气污染导致当地居民的肺病率上升
消费者之间	注射某些传染病疫苗可以减轻周围人群的患病威胁	在公共餐厅里的吸烟者会影响其他顾客的健康和心情
消费者到生产者	消费者对产品的匿名反馈有助于提高该产品的质量	野地狩猎会扰乱附近农场的畜牧生产

从表 2.1 可以看出,负外部性会引起环境问题。在负外部性发生时,生产者或消费者行为的一部分成本外溢,成为外部成本。可以以生产者在生产过程中排放污染物的行为为代表进一步分析外部成本及其影响。在图 2.1 中,横轴表示企业的产量,当技术水平不变时,可以假定污染排放量与产量成正比,此时,也可以将横轴看作污染排放量。纵轴是以货币单位计量的边际成本、边际收益和产品价格。

当存在外部成本时,企业生产活动的边际社会收益(Marginal Social Benefit, MSB)和边际私人收益(Marginal Private Benefit, MPB)相等,在图 2.1 上标记为 MB 线。边际社会成本（Marginal Social Cost, MSC）大于边际私人成本（Marginal Private Cost, MPC），差额是边际外部成本（Marginal External Cost, MEC）。从社会的角度看，MSC 等于 MB 时对应的产量 Q^*（污染排放量）是最有效率的，此时产品的价格为 P^*。但由于外部成本的存在，企业承担的 MPC 低于 MSC，对企业来说，为了取得最大净收益，会将产量增加到 Q'，此时 MPC 等于 MB，对应的价格水平为 P'。

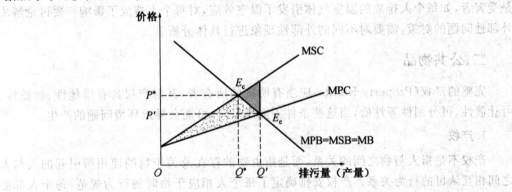

图 2.1　企业生产的负外部性

　　在市场机制下，外部成本不会内行消除。与社会最优水平相比，由于外部成本的存在，过多的资源被用于生产活动，产量和污染水平高于社会最优水平，产品的价格偏低。

　　许多环境破坏与各种外部成本有关，表 2.2 列出了一家美国粉煤灰蒸汽发电厂的外部成本情况。从表 2.2 中可以看出，空气污染导致的外部成本约占其总外部成本的98%，水和土地污染引起的外部成本较小。外部成本的大小与污染源采用的技术有关，也与污染源所处的位置有关，与其距离人口中心的远近有关，受影响人口越多，外部成本越大。

表 2.2　一家美国粉煤灰蒸汽发电厂的外部成本情况

外部性的来源	平均每位居民承担的外部成本/美元
空气	21.83
其中：铅	2.27
NO$_x$	0.38
可吸入颗粒物 PM10	16.22
SO$_x$	2.93
有毒物质	0.03
水	0.08
其中：化学品	0.06
水中附着的有毒物	0.01
土地占用	0.03
噪声、废弃物	0.25
合计	22.19

　　大部分环境外部性是通过相关主体间的生物物理联系显现出来的。它有许多具体的表现形式;有的环境外部性只有一个污染者和一个损害者,如同处一室的吸烟者和被动吸烟者;有的污染者只有一个,受害者却有多个,如一家化工厂排放污染物毒害附近村民;有的污染者有多个,受害者只有一个,如许多农民施用的化肥农药影响了当地的供水系统;最常见的是污染者和受害者都很多,如区域性的空气污染和水污染。有时污染者同时也是受害者,如每个人排放的温室气体引发了温室效应,对每个人造成了影响。要讨论解决外部性问题的对策,需要对不同的外部性现象进行具体分析。

二、公共物品

　　完整的产权(Property Rights)应当有明确的所有者,其财产权具有排他性、收益性、可让渡性、可分割性等性质,当这些条件不能满足时,可能会导致环境问题的产生。

1. 产权

　　产权不是指人与物之间的关系,而是指由物的存在及关于物的使用所引起的人与人之间相互认可的行为关系。产权安排确定了每个人相应于物时的行为规范,每个人都必须遵守与其他人之间的相互关系,或承担不遵守这种关系的成本。产权包括财产所有权及与所有权相关的经济权利的集合,如占有权、转让权、收益权等。迄今为止,人类社会经历的产权制度可以大致分为四类:私有产权、国有产权、社区产权和共有产权。其中私有产权是现代市场经济的基础。完整的私人产权应该是界定清晰的、能够有效执行的,在私人产权体系里的私人物品的消费具有排他性、竞争性。

　　产权能帮助人们形成与其他人进行交易时的合理预期,是进行市场交易的前提。如果物品的产权没有界定,人们就不会通过市场机制付费购买,而可能通过其他方式获取这类物品;而如果物品的产权界定得不清晰,人们就无法确定应与谁交易,也无法对其进行转让和买卖。此时价格机制就无法发生作用,外部性也就不能避免了。

　　产权的有效执行指产权所有者的权利是受到保护的。如果一个人的产权得不到保护,其他工作的成果由别人获得,那他就没有工作的激励,可以说对个人财产的法律保护是产生经济激励的基础。但产权能否得到有效执行还要看执行的成本。如果产权的执行成本太高,产权的界定再清晰,也达不到应有的效果。只有执行成本足够低,产权才有可能得到有效执行。

　　产权的排他性是指一种物品具有可以阻止其他人使用该物品的特性。生产者能够限制不为这种物品付费的消费者使用。而消费者在购买并得到物品的消费权之后,就可以把其他消费者排斥在获得该物品的利益之外。比如,甲购买了一块巧克力,他就获得了消费这块巧克力的权利,其他人未得到甲的允许就不能消费同一块巧克力了。

　　产权消费的竞争性是指物品或服务被某个人或某些人消费时,会限制(避免)其他消费者对该产品进行消费。比如,一块巧克力被甲吃了其他人就吃不到。有些物品的消费则没有竞争性,它们一旦被生产出来,供更多人消费的边际成本为0,这类物品被称为完全非竞争性物品,国防是这类物品的代表。有些物品的消费在一定范围内类似于完全非竞争性物品,超过一定限度其消费就有竞争性。如在高速公路上,车辆较少时各车辆对公路的使用是没有竞争性的,车辆过多时道路就拥挤了,各车辆对道路的使用就具有了竞争性。

　　按照消费是否具有排他性,可将物品分为私人物品和公共物品。私人物品在形体上可以分割和分离,消费或使用时有明确的排他性。公共物品在形体上难以分割和分离,在技术上不易排除众多的受益人,消费不具备排他性。比如,一个地区清洁的空气就是公共物品,这些空气并不能分成一份一份的,也不能排除这个地区内任何居民自由呼吸这些空气的权利(实际上,对空气的呼吸是一种不可拒绝的消费)。在需求和供给方面,公共物品都有不同于私人物品的特点。

2.公共物品的需求

　　由于公共物品的消费不具有排他性,会使消费者有强烈的多消费动机,这可能会造成需求过度的问题。

　　英国曾经有这样一种土地制度——封建主在自己的领地中划出一片尚未耕种的土地作为公共牧场,无偿向牧民开放。这本来是一件造福于民的事,但由于是无偿放牧,每个牧民都有动机养尽可能多的牛羊。随着牛羊数量无节制地增加,公共牧场最终因"超载"而成为不毛之地,牧民的牛羊最终全部饿死,出现"公地悲剧"(Hardin,1968)。哈丁在这里讨论的公地就是一种公共物品。公共物品的典型特征是这类物品的消费(使用)不具有排他性,结果人人都有动机成为"搭便车者"(Free Rider),使公共物品过快地消耗掉。

　　我们可以用边际分析的方法分析对公地的使用(图 2.2):在公地里放牧可以带来收入。假定购置一头小牛的成本为 a,小牛长大后出售可以为主人带来收益,每头小牛能长多大取决于公地中牛的总数量 c,随着牛的数量的增加,牛的边际生长量下降,MP 是一条递减的曲线,对于单个牧民来说,其增加一头小牛的成本是 a,收益则是平均生长量 AP,由于 MP 递减,AP＞MP。

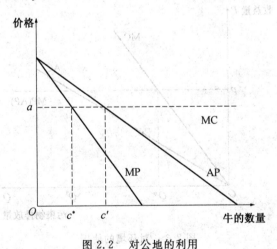

图 2.2　对公地的利用

　　假定 c 头牛可得的价值总量为 $f(c)$,公地的最佳利用应使整个村庄的净产值或利润最大化,即

$$\text{Max}[f(c)-ac] \tag{2.1}$$

增加一头牛的边际产值等于小牛的成本 a,即

$$MP(c^*) = a \tag{2.2}$$

c^* 为使整个村庄利润最大化的牛的数量，对应于 MC 和 MP 的交点。

而从每个牧民个人的角度看，如果一头牛所创造的产值还超过购买小牛的成本 a，那么增添牛就是有利可图的。如果当前公地中已有牛 c 头，这 c 头牛可获得的价值总量为 $f(c)$，那么，每一头牛可创造的产值为 $\dfrac{f(c)}{c}$，而自己增加一头牛的话，每头牛可创造产值 $\dfrac{f(c+1)}{c+1}$，如果 $\dfrac{f(c+1)}{c+1} > a$，那么就应再添置一头牛。如果村庄每一个人都依此行动，那么，最后均衡的总牛数 c' 将符合下面的等式。

$$\frac{f(c')}{c'} = a$$
$$f(c') = ac' \tag{2.3}$$

c' 对应于 AP 与 MC 的交点，在边际收益递减的情况下，平均收益大于边际收益，这使得 $c' > c^*$，说明在公共产权状态下，人们有过度使用公地的倾向。

类似地，可以采用这种逻辑讨论污染问题，只是人们不是从公共牧场中索取，而是向公共环境中排放废弃物。自然环境因有吸纳废弃物的功能而具有公共物品的性质，随着污染排放量的上升，其造成的边际损害递增，即 MC 是一条向上倾斜的曲线，污染者所生产的产品价格不变。在图 2.3 中，对于单个污染者来说，其增加一个单位的经济活动可以为他带来平均收益 $AP = MP = p$，经济活动造成的边际损害为 MC，但损害成本由所有人平均分担，他只承担平均成本，即 AC。由于 MC 递增，$MC > AC$。从社会整体利益的角度看，最优排放量对应于 MC 和 MP 的交点 Q^*。而从污染者个人的角度看，排放更多的污染是有利可图的，结果污染排放量会增大到 Q'，使环境质量加速下降。

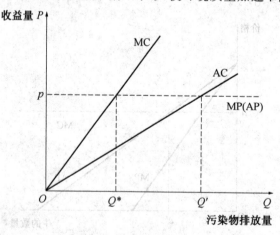

图 2.3　对环境的使用

3.公共物品的供给

由于公共物品的消费不具有分割性和排他性，生产方就不能根据消费数量和消费者的出价意愿进行收费，这会造成供给不足的问题。

私人物品具有可分割性，因此，在同一市场价格下消费者可以选择不同的消费数量，私人物品的总需求曲线就是每个消费者需求曲线的横向加总。如图 2.4 所示，假设社会上有 a、b、c 三个消费者，在物品价格为 P_i 时，a、b、c 对该物品的需求量分别为 Q_a、Q_b、Q_c，社会对该物品的总需求 $Q_i = Q_a + Q_b + Q_c$。在每一个价格水平上，社会总需求都这样形成，相当于总需求曲线 TD 是单个消费者需求曲线 D_a、D_b、D_c 的横向加总。

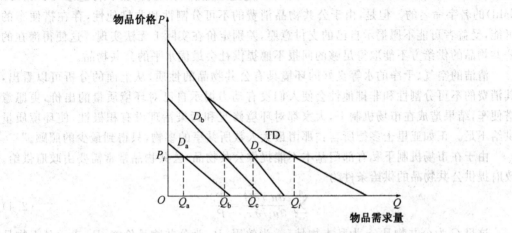

图 2.4 私人物品的需求曲线

公共物品的消费不具有可分割性和排他性，消费者只能消费相同的数量，但对相同的数量，不同的消费者愿意支付的价格可能是不同的，这样公共物品的总需求曲线是每个消费者需求曲线的纵向加总。如图 2.5 所示，假设社会上有 a、b、c 三个消费者，在物品的供给数量为 Q_i 时，a、b、c 对该物品的愿意支付的价格分别为 P_a、P_b、P_c，社会对该物品的总支付意愿 $P_i = P_a + P_b + P_c$。在每一个供给数量上，社会总支付意愿都这样形成，相当于总需求曲线 TD 是单个消费者需求曲线 D_a、D_b、D_c 的纵向加总。

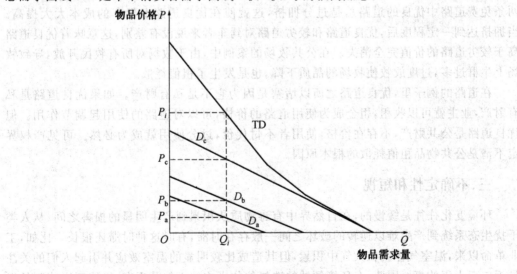

图 2.5 公共物品的需求曲线

公共物品的合理供给水平是所有受益者的支付意愿曲线的纵向加总所得的总支付意愿 TD 线与提供这种公共物品的边际成本曲线的交点。相应地，公共物品的成本在各受益者间的分摊也应以受益者的支付意愿为准,因此,对公共物品的有效定价方法是差别定价。这样每个人都根据自己的边际支付意愿来付费,不仅适当的公共物品数量将被提供,而且预算也将达到平衡,即愿意支付的数量等于使供给得以实现而必须支付的数量,这就是所谓的林达尔均衡(Lindahl Equilibrium),这是以经济学家埃里克·林达尔(Erik Lindahl)的名字命名的。但是,由于公共物品消费的不可分割性和非排他性,存在搭便车的可能,受益者可能不愿揭示自己的支付意愿,差别定价在实际上无法实现。这使得潜在的公共物品的供给方不能取得足够的回报不愿提供社会最优水平的公共物品。

清洁的空气、干净的水等良好的环境具有公共物品的性质,从上面的分析可以看出,其消费的不可分割性和非排他性会使人们没有动力揭示自己对环境质量的出价,更愿意搭便车,结果造成在市场机制下,大家都对环境修复和污染治理没有积极性,使环境质量供给不足。正如亚里士多德所言:"那由最大人数所共享的事物,只得到最少的照顾。"

由于在市场机制下私有部门基本不能提供公共物品,公共物品常常需要由政府供给。政府提供公共物品的供给条件为

$$\sum_{i=1}^{n} \frac{\partial u_i / \partial G}{\partial u_i / \partial x_i} = \frac{P_G}{P_x} \qquad (2.4)$$

这里 G 为公共物品,x 为私人物品,u_i 为效用,P_G 为公共物品价格,P_x 表示私人物品价格。在预算约束下政府供给公共物品的最优数量的条件是公共物品与私人物品的边际效用之比等于其价格比。

4. 公共物品的租值耗散

租值耗散(Rent Dissipation)是指本来有价值的资源或财产,由于产权安排方面的原因,其价值(租金)下降,乃至完全消失。租值耗散现象在公共物品上表现得比较明显。

哈丁关注到优的道路会在免费使用时产生过度拥挤的问题,在通往同一目的地的两条免费道路中优良的道路总是过分拥挤,这就使在优良道路上驾车的成本大大提高。当拥挤达到一定程度后,优良道路和较劣道路对驾车者来说没有差别,这意味着优良道路高于较劣道路的价值完全消失。在公共牧场的案例中,由于牧场对所有牧民开放,导致牧场上牛群过多,过度放牧使牧场的品质下降,也是发生了租值耗散。

在道路的例子里,优良道路之所以堵塞是因为它不是私有财产。如果优良道路是私有财产,业主就可以收租,租金成为使用道路的价格,可以对道路的使用起调节作用。但优良道路是公共财产,不存在价格,使用者不付代价,过分使用就成为必然。可见产权界定不清是公共物品租值耗散的根本原因。

三、不确定性和短视

环境变化往往是缓慢的,在自然界中有毒物质从积累到产生明显的损害之间、从人类干扰生态系统到产生难以逆转的破坏之间一般存在时滞,有时这种时滞还很长。比如,工业革命以来,温室气体就在大气中积累,但其造成比较明显的温室效应并引起人们的关注是近二三十年的事。因此,在环境领域的选择往往影响的不仅是现在,可能还影响到长远的将来。但是,将来的情况如何变化还存在不确定性,行为和结果间隔的时间越长,结果就越难以被认知,不确定性也越大。这使得从长期看,现在做出的看似正确的决策可能是错误的。

一般地,人们更倾向于关注时空距离近的事物(图2.6)。从时间维度看,人们更多看重眼前的利益,偏重当前消费,这样,不确定性的存在可能成为拖延行动的借口,损害环境和人们的长远福利。从空间维度看,人们对周边情况的关注也多于对远距离外的情况的关注,这可能造成对直接影响健康的当地空气质量等环境指标变化的关注,却忽视影响人类生存的全球性的生态危机。

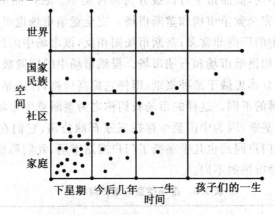

图 2.6　人的眼界

可持续发展强调在利用自然资源和开发环境中的代际公平,但无数的后代人还没有出生,只能由当代人代替他们做出决定。这会产生两个难以回答的问题:人们的决定建立在他们对后代需求的认知基础上,而后代人需求什么? 在后代人的需求与当代人的需求之间有竞争时,如何进行取舍? 如在大型河流上修建水坝会截断一些淡水鱼类的洄游路线,可能使这些鱼类面临灭绝的风险。那么是修建水坝还是保护物种? 每一代的人所做的决定都会对后代造成影响,但现在的人无法了解未来人的需求,这个困难就无法克服。在气候变化和削减温室气体排放问题上,一些人认为当代人有责任减少驾驶、取暖、用电,以减少化石能源的消耗,降低温室气体排放,避免未来的气候灾难;而另一些人认为世界上还有许多人的生活水平低下,增加化石能源的使用量会增进他们的福利水平;还有人认为人类的技术未来会发展到高级阶段,他们自己会解决气候问题,当代人不用为他们减少化石能源消耗。那么是否应该减少,或者应该减少多少化石能源的消耗以应对气候变化呢? 选择在很大程度上取决于人们的眼界。

虽然市场机制是实现稀缺资源有效配置的基本制度,但在现实中由于产权难以界定、信息不对称、人类的机会主义心理等,市场机制也会出现失灵。其中一些市场失灵是造成环境问题的重要原因,主要的市场失灵有外部性、公共物品、不确定性和短视等。

第二节　完全竞争市场与竞争均衡

一、市场与市场结构

市场就是买卖商品(劳务)的交易场所和地点。它可以指有形的市场,如农贸市场;也可以指那些无形的、用现代化通信工具进行交易的接洽点,如股票市场或外汇市场。除了日常所见的人们购买商品或劳务的市场外,还存在一个通常被忽略的市场——要素市场。劳动、资本和土地是基本的生产要素,这些要素在要素市场内交易。大学生毕业后要去招聘会寻找工作,招聘会就是一个劳动市场;企业去银行借钱,银行就是一个资本市场;各级政府常常对土地进行拍卖,这告诉我们还存在一个土地市场。

根据市场结构的不同,商品市场可以被分为多种类型。农产品市场与有线电视市场分别代表了两种类型:完全竞争市场和垄断市场。完全竞争市场也可以简称为竞争市场,其本质特征在该市场中的厂商非常多;垄断市场则相反,该市场中的厂商只有一个。我们还可以找到别的类型:如报纸市场和石油市场。报纸市场中的厂商数量也很多,这一点类似于完全竞争,但是一旦你忠诚于某种报纸,即使它提高价格,你还是会购买它,这是它与完全竞争市场一个关键的不同。这样的市场我们称之为垄断竞争市场。石油市场类似于垄断市场,但不完全是垄断,因为中国至少存在三家石油公司,它们在一起垄断了我国的石油市场。同样,各大门户网站也几乎垄断了门户网站市场,我们称这样的市场为寡头市场。表 2.3 列举了四种市场的不同。

表 2.3　市场类型的划分与特征

市场类型	厂商数目	能否控制价格	产品是否有差别	实例
完全竞争	很多	不能	没有	农产品
垄断竞争	较多	有一定能力	有一些	报纸、洗发水等轻工产品
寡头	很少	相当程度	有或无	石油、门户网站
垄断	唯一	很大程度	无替代品	有线电视、铁路及水、电等

二、完全竞争媒介市场的特征与收益

1. 完全竞争媒介市场的特征

完全竞争是一个竞争的过程,而不仅仅是结果。在这样的市场中,所有的媒介生产、传播同样的产品,没有进入和退出的壁垒,媒介、消费者和广告主都拥有完全信息,都是价格的接受者。媒介无法控制价格的原因是很多媒介在生产、传播同样的产品时,如果提高价格,销售量就会降为零。我们可以总结出来完全竞争媒介市场的特点有:

① 市场上有很多的买者和卖者。

② 厂商或生产者提供的商品没有什么差别。

③ 市场的门槛很低,进入或退出这个市场不需要太多的成本。

④ 完全信息。媒介市场的所有参与者都拥有包括内容质量、价格制订、传播渠道在内的全部市场信息。

由于上述特点,市场上每一个单独的买者或卖者的行为对整个市场的价格和交易量的影响都是微不足道的。所有的买者和卖者都是价格的接受者。这是一个没有个性的市场,但事实上,由于卖者都是价格的接受者,所以也就不存在真正的竞争。

2.完全竞争媒介市场中企业的收益

无论上述哪一种市场,企业追求的都是利润最大化,而利润等于总收益减去总成本。我们首先做一个假设,在一个城市中,有无数家报纸,而这些报纸之间不存在任何差别。假如你是其中一家报纸的老板,你的定价要根据其他报纸的价格来制订。这就是完全竞争导致的结果:所有的买者和卖者都是价格的接受者,无论是报纸价格还是广告价格。

我们再进一步假设,所有的报纸定价为1元/份(为了方便起见,我们假设这个价格已经包含了广告带来的收入)。那么,企业卖出1万份报纸,则其总收益(Total Revenue,TR)为10 000元。

这样我们得到一个概念:

总收益指厂商销售一定数量的产品或劳务所获得的全部收入,即产品的销售价格与销售数量的乘积。

$$TR = P \times Q \tag{2.5}$$

需要注意,每份报纸的价格不是你所能决定的,你只是接受当前的价格。即使你的报纸销售量变得更多或更少,价格仍然是1元/份(当然如果市场价格变成了0.5元,你也只能无奈地接受)。因此,总收益与产量同比例变动。

此外,我们还可以再问一个问题:你卖一份报纸得到多少钱? 或者说,每一份报纸的平均收益是多少呢? 答案很简单就是1元。

于是我们又得到一个概念:

平均收益(Average Revenue,AR)是平均每一单位产品销售所得到的收入。

平均收益＝总收益/销售量

或者

$$AR = P \times Q/Q = P \tag{2.6}$$

对于你来讲,当前价格不变,平均收益就等于价格。实际上,对于任何企业来讲,平均收益都等于价格。最后再问一个问题,你每多出售一份报纸会得到多少钱? 答案还是1元。我们可以得到一个新的概念:

边际收益(Marginal Revenue,MR)是每多出售一单位产品所引起的总收益变动量。边际收益等于总收益对销售量的导数。对于竞争性市场而言,由于价格是给定的,边际收益总等于价格。

$$MR = \lim_{\Delta Q \to 0} \frac{\Delta TR}{\Delta Q} = \frac{dTR}{dQ} \tag{2.7}$$

表2.4显示了出售报纸获得的收益情况。第一列表示价格,第二列表示产量(销售量),第三列表示总收益,第四列表示平均收益,第五列表示边际收益。根据该表可以得到如下结论。

(1)竞争性企业的总收益与产量同比例变动。

(2)竞争性企业的平均收益等于价格。

(3)竞争性企业的边际收益也等于价格。

表 2.4　竞争性企业的总收益、平均收益和边际收益

价格 P	产量(销售量)Q/份	总收益/元	平均收益/元	边际收益/元
1	0	0	—	—
1	10 000	10 000	1	1
1	20 000	20 000	1	1
1	30 000	30 000	1	1
1	40 000	40 000	1	1

对于完全竞争媒介企业来讲,它只能接受当前的价格,也就是说,它所面临的需求曲线是一条水平线。

图 2.7 显示的是整个市场的需求与供给曲线。当需求曲线为 D_1 时,需求曲线与供给曲线相交于 E 点,决定价格为 P_1。在图 2.8 中,单个企业只能接受 P_1 这样的价格;当需求曲线为 D_2 时(图 2.7),需求曲线与供给曲线相交于 F 点,决定价格为 P_2,同时,在图 2.8 中,单个企业还是只能接受 P_2 这样的价格。

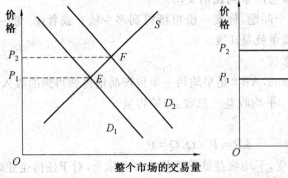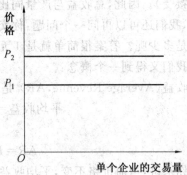

图 2.7　单个企业的需求曲线　　　图 2.8　整个市场的需求与供给曲线

这就是说,完全竞争企业所面临的价格不是不会改变的,价格由整个市场的需求与供给决定,但是无论怎样变化,单个媒介企业也只有接受。单个媒介企业面临的需求曲线是一条水平直线,水平的需求曲线表示其需求价格弹性为无穷大,即厂商不能提高价格,否则需求量就会下降到零。

同时,由于价格给定,因此,完全竞争媒介企业的平均收益、边际收益都等于价格,因此,完全竞争媒介企业的平均收益曲线、边际收益曲线与需求曲线重合。

3. 完全竞争企业的利润最大化

首先必须明确,任何企业的最终目标都是利润最大化,而利润等于总收益减去总成本,可根据利润和成本的概念来推导利润最大化的条件。利用表 2.5 的例子来分析竞争性媒介企业利润最大化的产量和价格(实际上价格对它来讲总是给定的)。

表 2.5 竞争性媒介企业利润最大化的产量和价格

价格 P	产量(销售量)Q/份	总收益/元	总成本/元	利润/元	边际收益/元	边际成本/元
1	0	0	10 000	−10 000	—	—
1	10 000	10 000	11 000	−1 000	1	0.1
1	20 000	20 000	15 000	5 000	1	0.4
1	30 000	30 000	25 000	5 000	1	1
1	40 000	40 000	41 000	−1 000	1	1.6
1	50 000	50 000	60 000	−10 000	1	1.9

要注意表 2.5 中边际成本的计算。例如,当销售量为 30 000 时,总成本的变化量为 25 000−15 000＝10 000,销售量变化量为 10 000,因此,边际成本为 1。

该企业如果要实现利润最大化,应该生产(销售)多少产量?

如果销售 0 份,总收益是 0,利润是−10 000 元;如果生产 10 000 份,总收益是 10 000 元,利润是−1 000 元;如果生产 20 000 份,总收益是 20 000 元,利润是 5 000 元。显然,该企业应该生产(销售)3 万份,此时最大利润为 5 000 元。

在销售量为 30 000 份的时候,还能发现什么?边际收益等于边际成本。

边际收益的定义是指每多出售一单位产品所得到的收入,边际成本的定义是每多生产一单位产品所消耗的成本。当边际成本小于边际收益时,增加生产并销售产品是合算的;当边际成本大于边际收益时,增加生产并销售产品是不合算的。因此,只有边际收益等于边际成本时,利润才能达到最大化,如图 2.9 所示。

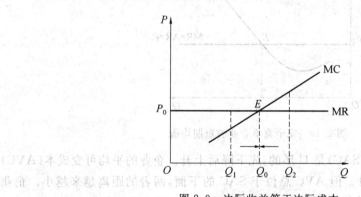

图 2.9 边际收益等于边际成本

在图 2.9 中,Q 代表产量,P 代表价格。边际收益为 MR,在竞争性市场中边际收益保持不变。MC 为边际成本。

E 点就是厂商实现最大利润的点,Q_0 就是实现最大利润时的产量。当产量小于 Q_0 时,如 Q_1,厂商的边际收益大于边际成本,这也就是说,厂商增加一单位产量所带来的总收益的增加量大于付出的总成本的增加量,增加产量是有利可图的,可以使利润增加,因此,厂商会增加产量。随着产量的增加,边际收益不变,而边际成本不断增加,厂商利润增加量越来越少,最后等于零,即 MR＝MC 时。当产量大于 Q_0 时,如 Q_2,厂商的边际收益小于边际成本,也就是说,厂商增加一单位产量所带来的总收益的增加量小于付出的总成本的增加量,减少产量就会有利可图,可以使利润增加,因此,厂商会减少产量。随着产量的减少,边际收益不变,而边际成本不断减少,厂商利润的负增加量越来越少,最后等于零,即 MR＝MC 时。

也就是说任何企业的利润最大化都要满足边际收益等于边际成本的条件,即 MR＝MC。

三、完全竞争企业的短期均衡与供给曲线

短期是指生产者来不及调整所有生产要素,至少一种要素是保持不变的,如资本;而长期内可以调整所有要素,所有的要素都是可变的。厂商在短期内可忍受亏损,但长期内就不会忍受,它会选择退出。

短期均衡

我们要明白在竞争性市场的假设下,边际收益(MR)等于平均收益(AR)且等于价格。均衡条件是边际收益等于短期边际成本,即 MR＝SMC(Short-run Marginal Cost)。

在图 2.10 中,边际收益与短期边际成本相交于 E 点,决定均衡价格为 P_0,均衡产量为 Q_0。但仅仅根据图 2.10 并不能判断企业是否愿意提供 Q_0,或者说仅仅根据图 2.10 并不能判断企业是否盈利,企业是否愿意提供产量要考察企业的成本曲线。

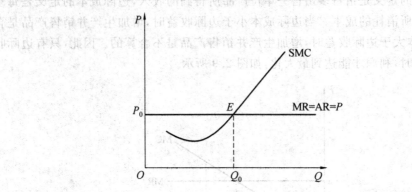

图 2.10　完全竞争企业的短期均衡

企业的短期平均成本(SAC)是 U 形的,先下降后上升。企业的平均可变成本(AVC)是也 U 形的,先下降后上升。但 AVC 总位于 SAC 的下面,两者的距离越来越小。企业在短期内所能忍受的最低价格是 AVC 曲线的最低点 E。如图 2.11 所示。

在 E 点,边际收益等于边际成本,平均收益等于平均可变成本。总收益是 OP_0EQ_0 围成的面积,总可变成本也是由 OP_0EQ_0 围成的面积,二者是相等的。也就是说,企业的收益只能弥补可变成本,不变成本无法弥补。但是需要注意,如果厂商不生产,那么它不用支付可变成本,当然也没有收益,但是它仍然要支付全部的不变成本。

也就是说,在 E 点,企业生产与不生产没有区别。E 点可称为企业的停止营业点,E 点对应的价格是企业在短期内所能忍受的最低价格。当价格低于 P_0 时,企业将不再进行生产。

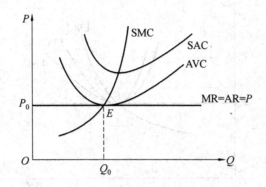

图 2.11　竞争性企业的短期均衡

供给曲线反映的是价格与企业供给量之间的关系,当价格变化时,企业都应该选择一个最优的产量。

观察图 2.12,当价格为 P_0 时,企业的均衡点在 E 点,边际收益等于边际成本,最优产量为 Q_0;当价格为 P_1 时,企业的均衡点在 F 点,边际收益等于边际成本,最优产量为 Q_1。实际上,只要价格高于 SMC 与 AVC 的交点,或者说 AVC 的最低点,企业都会根据价格(边际收益)与 SMC 的交点确定一个最优的产量。这意味着 P 与厂商的最优产量之间存在着一一对应的关系,而 SMC 就是对这种关系的反映。因此,SMC 曲线上高于 AVC 最低点的部分就是竞争性企业的短期供给曲线。

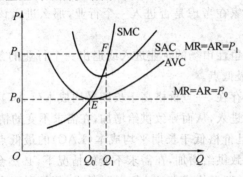

图 2.12　竞争性企业的短期供给曲线

最后我们得到竞争性媒介企业提供产品的条件:总收益要大于总可变成本。

$$P \times Q \geqslant TVC \tag{2.8}$$

该式同时除以 Q,则

$$P \geqslant AVC \tag{2.9}$$

四、完全竞争企业的长期决策

在长期内,如果考察处于行业内企业的长期均衡,那么可以确定的是企业仍然要实现利润最大化,条件是 MR=LMC(Long-run Marginal Cost),如图 2.13 所示。

在图 2.13 中,LMC 代表长期边际成本,LAC 代表长期平均成本。当价格为 P_1 时,利润为 TP_1FG 围成的面积,但是只要有利润,基于完全竞争的假设——进入没有任何壁垒,就会有很多媒介企业进入提供更多的产量,这会使价格下降,一直下降到 P_0,此时总

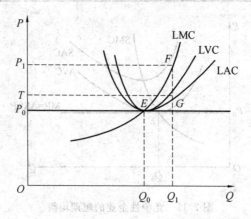

图 2.13　竞争性企业的长期均衡与长期供给曲线

收益是 OP_0EQ_0，总成本也是 OP_0EQ_0，超额利润为零。

我们可以很容易地得到这样的结论——完全竞争企业长期内退出一个行业的条件是总收益小于总成本，或者写成 TR＜TC。

用数量 Q 去除这个公式的两边，公式变为 TR/Q＜TC/Q。由于 TR/Q 是平均收益，它等于价格，而 TC/Q 是平均成本。因此，企业长期内退出一个行业的条件可以表示为

$$P＜AC \qquad\qquad (2.10)$$

也就是说，如果商品的价格低于生产的平均总成本，企业就应该退出。

同样，如果一个企业家在考虑是否进入一个行业，那么进入该行业的条件就是 $P>$AC。

综上所述，长期内竞争性市场的企业进入或退出一个行业的条件就是价格是否高于长期平均成本（LAC）的最低点。

实际上，由于竞争的存在，一旦价格高于长期平均成本（LAC）的最低点，就会存在超额利润，就会有大量企业进入，从而导致供给增加，在需求不变的情况下，必然会导致价格下降，超额利润消失；一旦价格低于长期平均成本（LAC）的最低点，就会出现亏损，就会有大量企业退出，从而导致供给增加，在需求不变的情况下，必然会导致价格上升。竞争的最终结果是价格等于长期平均成本（LAC）的最低点，超额利润为 0。

从图 2.13 可以看出，当价格为 P_0 时，企业的均衡点在 E 点，边际收益等于边际成本，最优产量为 Q_0；当价格为 P_1 时，企业的均衡点在 F 点，边际收益等于边际成本，最优产量为 Q_1。实际上，只要价格高于 LAC 的最低点，企业都会根据价格（边际收益）与 LMC 的交点确定一个最优的产量。这就意味着 P 与厂商的最优产量之间存在着一一对应的关系，而 LMC 就是对这种关系的反映。因此，LMC 曲线上高于 LAC 最低点的部分就是竞争性企业的长期供给曲线，即图 2.13 中 LMC 高于 E 点的曲线。因此，完全竞争企业的长期供给曲线必然为 LMC 高于 LAC 最低点的部分。

在以上讨论中，我们分析了完全竞争单个媒介企业的长期供给曲线。最后，再来讨论一下完全竞争市场中行业的长期供给曲线。

在完全竞争的条件下，单个企业的产量增减所引起的对生产要素需求量的增减，不会对生产要素价格产生影响。但是，整个行业产量的变化就有可能引起生产要素价格发生

变化。根据行业产量变化对生产要素价格变化的不同影响,完全竞争行业的长期供给曲线分为三种类型:水平的、向右上方倾斜的和向右下方倾斜的。它们分别是成本不变行业、成本递增行业和成本递减行业的长期供给曲线。

(1)成本不变行业的长期供给曲线。成本不变行业是这样的一种行业,它的产量变化所引起的生产要素需求的变化,不对生产要素的价格发生影响。这是因为要素市场也是完全竞争市场,或者这一个行业对生产要素的需求量,只占生产要素市场需求量的很小一部分,所以,随着行业产量的增加,投入要素价格不变,长期平均成本不变,企业始终在既定的长期平均成本的最低点从事生产。这种成本不变行业的长期供给曲线,是一条水平线,$P = LAC$ 的最低点,斜率为零。

(2)成本递增行业的长期供给曲线。成本递增行业是这样一种行业,它的产量增加所引起的生产要素需求的增加,会导致生产要素价格的上升。如行业投入具有专用性,或者占有要素市场很大的份额,则随着行业产量的增加,投入要素价格上涨,长期平均成本不断上升,这种成本递增行业的长期供给曲线,是一条向右上方倾斜的曲线,具有正的斜率。

(3)成本递减行业的长期供给曲线。成本递减行业是这样一种行业,它的产量增加所引起的生产要素需求的增加,反而使生产要素的价格下降了。这是因为生产生产要素的行业具有明显的规模经济,随着行业产量的增加,长期平均成本不断下降,这种成本递减行业的长期供给曲线,是一条向右下方倾斜的曲线,具有负的斜率。

对于媒介市场来讲,初始时单个媒介企业处于长期均衡,媒介产品价格等于长期平均成本曲线的最低点,这可以构成行业长期供给曲线的一个点。当针对媒介产品的需求增加,表现为媒介产品本身价格的提高(也可能不提高)和广告价格的提高。此时媒介产品的供给会增加,这会带来两个变化:一个方面,由于供给增加,媒介产品本身价格的下降和广告价格的下降;另一方面,当所有的媒介企业都增加供给时,针对生产要素,如新闻纸、媒介经营管理人员的需求会增加,要素价格会提高。要素价格提高将推高媒介企业的长期平均成本曲线(这也是外在不经济的一种形式)。当最后形成新的均衡时,媒介产品的价格仍然等于长期平均成本曲线的最低点,这就构成了行业长期供给曲线的另外一个点。但是由于该曲线的位置已经提高,所以新的均衡点必然位于第一个点的右上方(产量增加,价格提高)。连接两个点,即构成完全竞争媒介行业的长期供给曲线。

可以发现,媒介行业属于成本递增行业,其长期供给曲线是一条向右上方倾斜的曲线,如图 2.14 和图 2.15 所示。

在图 2.14 中,初始均衡点是 E 点,在图 2.13 上的 E 点,媒介产品价格等于长期平均成本曲线的最低点,这也构成了图 2.15 的 E 点,但是当需求增加时,媒介产品供给也增加,要素价格也提高,长期平均成本曲线则向上平移。再次均衡时,均衡点是 F,这也构成了图 2.15 的 F 点。连接图 2.15 中的 E、F 点,就得到了完全竞争媒介行业的长期供给曲线。

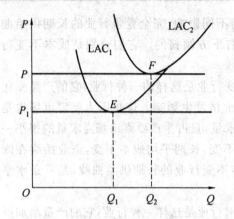 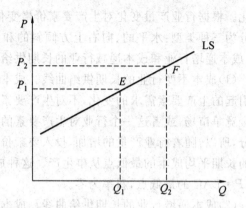

图 2.14　完全竞争媒介市场中企业成本的递增　　图 2.15　完全竞争媒介市场行业的长期供给曲线

第三节　不完全竞争市场与外部性

不完全竞争市场上,厂商对价格具有一定的控制力。不完全竞争市场包含垄断市场、垄断竞争市场和寡头垄断市场三种类型。这一节主要介绍三种不完全竞争市场上价格和产量的均衡。

一、完全垄断市场上价格和产量的决定

1. 完全垄断市场的特征及其形成原因

(1)完全垄断市场的特征:在一个行业中只有一家厂商的情况称作完全垄断。垄断简单地说就是独家销售。

(2)完全垄断形成的原因。

①专利。

专利指的是政府赋予发明人对其发明创造(发明、实用新型和外观设计)在一定时期内的独占权。专利在鼓励发明创造、促进技术信息交流、避免重复研究、推广新技术的应用方面,具有十分重要的作用。没有专利,人们便没有足够的动力去从事发明创造,不利于增加社会福利。但专利产品的价格比较高,为了使发明创造真正造福于全人类,必须规定一个合适的专利期限。专利期限的确定原则是 $MR = MC$。

②政府对经营权的特许与控制。

政府对许多产业实施准入限制,授予某个企业在某个行业享有经营的垄断权,作为回报,该企业同意限制它的价格和利润。

③自然垄断。

自然垄断指的是某个厂商的长期平均成本随着产量的增加而递减,以至于整个行业的产出由一家厂商生产比由两家或更多家厂商生产所耗费的平均成本低。自然垄断厂商的一个重要特征是固定成本很高,但增加一个单位产量的边际成本却相对很低。因此,规模的扩大将使长期平均成本递减。

④对原材料的控制及其他形式的行业"进入壁垒",例如,投入的高成本(巨额广告费用)等。

2.完全垄断厂商的需求曲线和收益曲线

(1)垄断厂商的需求曲线。

垄断厂商面对的需求曲线向右下方倾斜。垄断厂商对市场价格具有最大的或完全的控制力,减少销售量可以抬高市场价格,增加销售量可以压低市场价格。

(2)垄断厂商的边际收益曲线与总收益曲线。

①垄断厂商的边际收益曲线。

垄断厂商的需求曲线向右下方倾斜,决定了垄断厂商的边际收益曲线也向右下方倾斜且位于需求曲线的左下方。厂商增加产量降低价格时,不仅新增加的产量按较低的价格销售,而且原先的产量也按较低的价格销售,使得边际收益小于价格。

如果垄断厂商面临的需求曲线是线性的,则边际收益曲线与需求曲线在纵轴上的截距相等;边际收益曲线在横轴上的截距是需求曲线在横轴上的截距的一半。

设线性的反需求函数为

$$P = a - bQ$$

其中,a,b 为常数,且 $a > 0$、$b > 0$。

总收益函数和边际收益函数分别为

$$TR = PQ = aQ - bQ \tag{2.11}$$

$$MR = \frac{dTR}{dQ} = a - 2bQ \tag{2.12}$$

② 垄断厂商的总收益曲线:由于边际收益曲线向右下方倾斜,厂商的总收益曲线便是一条抛物线。

3.边际收益、价格和需求价格弹性之间的关系

由

$$TR = PQ$$

则有

$$MR = \frac{dTR}{dQ} = P + Q\frac{dP}{dQ} = P(1 + \frac{dP}{dQ}\frac{Q}{P}) \tag{2.13}$$

需求价格弹性 $E_d = \frac{dQ}{dP}\frac{P}{Q} < 0$,则

$$MR = P(1 - \frac{1}{|E_d|}) \tag{2.14}$$

①当 $|E_d| > 1$ 时,$MR > 0$,TR 递增,意味着厂商降低价格、增加销售量将增加总收益。

②当 $|E_d| = 1$ 时,$MR = 0$,TR 达到极大。

③当 $|E_d| < 1$ 时,$MR < 0$,TR 递减,意味着厂商提高价格、减少销售量将增加总收益。

4. 垄断厂商的均衡

(1) 垄断厂商的短期均衡。

① 短期均衡条件：$MR = MC$ 且 $AR > AVC$。

由于规模既定，垄断厂商短期均衡的情况与竞争厂商一样，也有盈利（$AR > SAC$）、收支相抵（$AR = SAC$）与亏损（$AVC < AR < SAC$）三种。

② 垄断厂商没有短期供给曲线。

垄断厂商根据 $MR = SMC$ 的原则决定产量。由于 $MR \neq P$，当市场需求变动引起 P 变动时，MR 可能不变，从而 SMC 不变，最终产量不变。于是在不同的价格下可能有相同产量，产量与价格之间不存在一一对应的关系。因此，垄断市场不存在供给曲线。

(2) 垄断厂商的长期均衡。

垄断厂商在长期以内不仅可以收支相抵，也可获得利润，因为其他厂商不能进入获得利润的垄断行业。

5. 垄断厂商的差别定价

(1) 差别价格（Price Discrimination）或价格歧视的含义。

所谓差别价格，是指垄断厂商为了获得最大利润，就相同的产品向不同的购买者索取不同的价格。

(2) 实行差别价格的条件。

① 厂商必须是垄断者，能够控制市场价格。

② 不同的消费者具有不同形状的需求曲线或不同的需求价格弹性（不同的消费者由于偏好、收入等因素的不同，在既定的价格下，对同种商品的需求往往会不同），购买一定量产品所愿意支付的最高价格不同。

③ 厂商了解不同消费者的需求曲线的形状或需求价格弹性，即了解不同消费者购买一定量产品所愿意支付的最高价格，以便对愿意支付较高价格的消费者索取较高的价格，对只愿意支付较低价格的消费者索取较低的价格，获得最大的利润。

④ 厂商能有效地区分不同的消费者或分割市场。厂商如不能有效区分消费者或分割市场，顾客可能会集中于低价市场采购，或者低价市场的顾客很可能会将购得的产品转向高价市场出售套利。

(3) 差别价格的形式。

① 一级差别价格。

一级差别价格是指垄断厂商根据消费者购买每单位产品愿意且能够支付的最高价格来确定每单位产品的销售价格。在一级差别价格下，若每单位产品的供给价格与需求价格相等，消费者剩余为零，则所有的消费者剩余都变成了生产者剩余。

一级差别价格常用于服务行业，因为服务的生产与消费是同时进行的，排除了被人倒卖的可能性。

② 二级差别价格。

二级差别价格是指按购买量的多少来确定不同的价格。在较少的购买量范围内索取较高的价格，超额购买部分则索取较低的价格。在二级差别价格下，一部分消费者剩余转化成了生产者剩余。

二级差别价格下的最低价格一定等于边际成本。若 $P > MC$，厂商增加一个单位产品的生产，就可以增加利润。因为在二级差别价格下，销售量的增加不会降低以前产量的价格，仅仅使新增销售量的价格降低。因此，新增一单位产品的销售价格，就是销售该单位产品所得到的边际收益，$P > MC$ 意味着 $MR > MC$，此时厂商增加产量就能增加利润。随着产量的增加，价格会降低，故二级差别价格下的最低价格一定等于边际成本。

二级差别价格常用于电力、煤气等可以方便地记录与计量客户消费量的行业。有时厂商按消费者购买时间的先后实行不同的价格（例如，航空公司即时乘机的机票价格最高。美国航空公司第二天的达拉斯－丹佛的票价为 1 220 美元，而提前 21 天预定的价格为 194 美元），也可以归到二级差别价格之中。代表厂商利益的发言人为这种价格歧视辩护说："如果旅客提前订票，我们就知道能得到多少收益。但是我们也希望向那些即时乘机的旅客提供机会，并抓住我们将失去的那种能够获得经济收益的机会。因此，即时订票的人要支付额外的费用。"

③ 三级差别价格。

所谓的三级差别价格，指的是垄断厂商把整个销售市场划分成若干个小市场，先按照 $MR_A = MR_B = \cdots = MR_n = \cdots = MR = MC$ 的原则，把产量分配到各个分市场中去（$\pi' = TR_1(Q_1)' + TR_2(Q_2)' - TC(Q)' = 0$），然后根据各个分市场的需求价格弹性的大小来制订相应的价格。需求价格弹性越大，则价格越低。

由于 $MR = P(1 - \dfrac{1}{|E_d|})$，$MR_A = P_A(1 - \dfrac{1}{|E_{dA}|})$，$MR_B = P_B(1 - \dfrac{1}{|E_{dB}|})$，根据 $MR_A = MR_B$，则

$$P_A(1 - \frac{1}{|E_{dA}|}) = P_B(1 - \frac{1}{|E_{dB}|}) \tag{2.15}$$

即

$$\frac{P_A}{P_B} = \frac{(1 - \dfrac{1}{|E_{dB}|})}{(1 - \dfrac{1}{|E_{dA}|})} \tag{2.16}$$

所以，若 P_B、E_{dB} 既定，则 $|E_{dA}|$ 越大，P_A 越低。

二、垄断竞争市场上价格与产量的决定

1. 垄断竞争市场的特征

(1)行业内厂商数量很多，厂商规模很小，厂商的行为互不影响，即每个厂商都可以不考虑其他厂商的行为而独立地决策。

(2)行业内各厂商生产的产品在形状、质量、产地、销售方式与售后服务等方面存在一定的差别。

(3)同类产品的差别必然造成竞争性与垄断性并存。

①产品的同类性导致竞争性。

产品的同类性→产品之间一定的替代关系→厂商对产品的价格没有完全的控制力；

某个厂商提高产品的价格,会使一些消费者购买其他厂商的产品→竞争性:竞争程度与产品的替代程度正相关。

②产品的差异性导致垄断性。

产品的差异性→不同厂商的产品不能完全替代→消费者对某个厂商的产品有一定的偏好,厂商对价格具有一定的控制力:厂商提高产品的价格,偏好该厂商生产的产品的消费者仍然购买→垄断性:垄断程度与产品差异程度正相关。

(4)厂商能够自由地进出行业。

(5)各经济主体具有完全信息。

2. 生产集团

(1)生产集团(产品集团)的含义。

所谓生产集团就是垄断竞争行业中产品非常相似、差别很小的厂商的总和。在一个垄断竞争行业中,可以有很多生产集团。

(2)引进生产集团概念的必要性。

引进生产集团概念是为了找到典型厂商或代表性厂商,以简化行业均衡的分析。

当一个行业中存在众多厂商时,我们总是首先分析典型厂商的均衡,然后再分析行业均衡。例如,在完全竞争行业,各厂商的产品完全相同,各厂商的成本曲线与需求曲线也完全相同。为了分析行业均衡,可以任选一个厂商作为代表性厂商或典型厂商来分析其均衡情况,其他所有厂商的均衡情况与该典型厂商相同。这样可以从厂商均衡轻而易举地导出行业均衡。

在垄断竞争的条件下,行业内厂商很多,各厂商的产品存在差别,各厂商的需求曲线与成本状况也不尽相同,没有一个厂商可以作为整个行业的代表性厂商。为了分析行业的均衡情况,只有逐个分析各厂商的均衡情况。由于厂商数量很多,这种分析非常麻烦。而且,由这种分析得出的结论也没有指导意义。

为了克服上述局限性,便提出了生产集团的概念。生产集团内各个厂商的产品的差别微不足道,可以将生产集团内各厂商的需求曲线与成本状况看成是相同的,于是可以任选一个厂商作为典型厂商来代表生产集团内的其他所有厂商,分析其均衡情况。然后就可以从厂商均衡导出生产集团的均衡。因此,在垄断竞争市场,厂商均衡不是同行业均衡相对,而是同生产集团均衡相对。

3. 垄断竞争厂商的需求曲线

(1)垄断竞争厂商面对的需求曲线向右下方倾斜,边际收益曲线位于需求曲线的左下方。

(2)主观需求曲线与客观需求曲线。

①主观或预期的需求曲线。

在生产集团内,当典型厂商变动产品价格而其他厂商的价格保持不变时,该厂商面对的需求曲线,称作主观需求曲线。主观需求曲线是典型厂商变动价格的动机,也称作预期需求曲线。

②客观的或实际的需求曲线。

在生产集团内,当典型厂商变动产品价格而其他厂商也同样变动价格时,该厂商面对的需求曲线,称作客观需求曲线。客观需求曲线是典型厂商变动价格的结果,也称作实际需求曲线。在同一生产集团内,各厂商的产品、成本状况与需求曲线相同,当一家厂商觉得有必要变动价格时,其他厂商也一定会跟着变动价格。

③主观需求曲线比客观需求曲线平坦的原因。

若其他厂商价格不变,某厂商单独降低价格,那么,不仅能增加自己原有顾客的购买量,而且还能将其他厂商的部分顾客吸引过来,这样该厂商的销售量会大幅度增加。反之,若该厂商单独提高价格,不仅减少自己原有顾客的销售量,而且还会将自己原有的部分顾客推给其他厂商,该厂商的销售量会大幅度减少。一定的价格变动会引起更多的需求量的变动,故主观需求曲线比较平坦。

4.垄断竞争厂商的均衡

(1)垄断竞争厂商实现均衡的方法。

垄断竞争厂商实现均衡的方法有变动价格、增加产品差别与增加销售费用三种。第一种方法称为价格竞争,后两种方法称为非价格竞争。

(2)垄断竞争厂商的短期均衡。

当主观需求曲线与客观需求曲线的交点同 MR 曲线(与主观需求曲线相对应)与SMC 曲线的交点位于同一产量水平时,垄断竞争厂商就达到短期均衡。因为此时,MR=SMC,典型厂商已经实现了利润最大化,没有调整价格与产量的必要。

垄断竞争厂商的短期均衡也有三种不同的状况,即盈利(AR>SAC)、收支相抵(AR=SAC)和亏损(AVC<AR<SAC)。实际上,由于规模不能调整,任何厂商的短期均衡均有这三种状况。

(3)垄断竞争厂商的长期均衡。

当主观需求曲线与客观需求曲线的交点同 MR 曲线(与主观需求曲线相对应)与LMC 曲线的交点位于同一产量水平时,并且在该产量上,主观需求曲线与长期平均成本曲线相切时,垄断竞争厂商就达到长期均衡。因此,垄断竞争厂商的长期均衡条件为MR=LMC且 AR=LAC。

因为 MR=LMC,垄断竞争厂商的规模既定不变;AR=LAC,则生产集团内的厂商数量不变。显然,垄断竞争厂商长期均衡时,也是收支相抵。

三、寡头市场

1.寡头市场的特征

(1)厂商规模巨大而数量很少。

势均力敌的几家厂商,控制了整个市场的销售量,他们对市场价格有比较大的控制力。

(2)各厂商的行为相互影响,单个厂商行为变动的结果具有不确定性。

寡头垄断厂商的行为相互影响。每一个厂商的价格和产量的变动都会影响到其竞争对手的价格和产量的变动,而竞争对手的价格和产量的变动,又会反过来影响自己的销售量和利润水平。因此,某个厂商变动价格与产量的结果如何,取决于竞争对手的反应。由于竞争对手的反应方式多种多样,具有不确定性,因此该厂商决策变动的结果也必然多种多样,具有不确定性。

每个厂商在做出新的决策时,都必须要考虑其竞争对手对该决策可能产生的各种不同的反应。

2.寡头市场没有统一的模型

(1)竞争对手不同的反应方式,导致厂商决策变动的结果不同,从而模型也不同。

由于竞争对手的反应多种多样、各不相同,厂商行为变动的结果便多种多样、各不相同,从而行业的均衡情况也多种多样、各不相同。因此,厂商行为变动结果的不确定性,使寡头市场上的模型也是多种多样、各不相同的。寡头市场没有统一的能够说明各寡头如何决定其产量与价格的模型。

在创立或介绍某一寡头模型时,首先必须对厂商如何变动决策、对手如何反应做出规定。

(2)寡头市场没有统一模型的其他原因。

①各寡头的产品既可相同也可以不同。若各寡头的产品完全相同,这些寡头称为纯粹寡头;若行业内各寡头的产品有一定差别,这些寡头就称为差别寡头。

②各寡头可能各自独立行动,也可能彼此勾结。

③在寡头垄断市场上,可能只有两家厂商(双头垄断),也可能有更多的厂商(多头垄断)。

3.非勾结性的寡头模型

(1)古诺模型。

古诺模型是由法国经济学家古诺(Augustin Curnot,1801—1877)在1838年出版的《财富理论的数学原理研究》一书中提出的,该模型也被称为"双头模型"。

①古诺模型的假定。

第一,市场上只有A、B两个厂商,它们生产和销售相同的产品;

第二,生产成本为零;

第三,市场需求曲线呈线性;

第四,A、B两个厂商都认为对方对自己产量(决策)的变动没有反应,即双方在进行产量变动时,都认为不论自己选择什么样的产量水平,对方的产量既定不变。这是最重要的假定。

②两寡头的需求曲线。

在寡头垄断市场,各寡头的需求曲线的形状取决于竞争对手对自己决策变动的反应方式。在古诺模型中,两寡头都认为对方对自己变动产量的决策没有反应,即假定对方的产量是固定不变的。因此,两寡头面对的需求曲线就是左移对方产量的距离以后的市场需求曲线,即任一厂商面对的需求量,就是市场需求量减去对方产量以后的剩余部分。

③厂商与行业的均衡产量:产量的调整过程。

在古诺模型中,均衡状态下,A、B两厂商的产量都为 $1/3Q_c$,行业的总产量为 $2/3Q_c$ (Q_c 为竞争市场产量),因为在 Q_c 上,存在完全竞争厂商决定产量的利润最大化原则$(P = 0 = \text{MC})$。

A 厂商的产量在调整过程中不断减少:

$$\frac{1}{2}Q_c \rightarrow \frac{1}{2}\left(Q_c - \frac{1}{4}Q_c\right) = \frac{3}{8}Q_c \rightarrow \frac{1}{2}\left(Q_c - \frac{5}{16}Q_c\right) = \frac{11}{32}Q_c \qquad (2.17)$$

即

$$\frac{1}{2}Q_c \rightarrow \frac{3}{8}Q_c \rightarrow \frac{11}{32}Q_c$$

最后的产量为

$$\left[1 - \left(\frac{1}{2} + \frac{1}{8} + \frac{1}{32} + \cdots\right)\right]Q_c = \left\{1 - \left[\frac{1}{2}\left(1 + \frac{1}{4} + \frac{1}{16} + \frac{1}{64} + \cdots + \left(\frac{1}{4}\right)^n\right)\right]\right\}Q_c$$

$$(2.18)$$

因为小括号中的数字为一个形如$(1 + r + r^2 + r^3 + \cdots + r^n + \cdots)$的无穷级数,其极限的和为$\dfrac{1}{1-r}$,则 A 厂商的均衡产量为

$$\left\{1 - \frac{1}{2}\left[\frac{1}{1 - \frac{1}{4}}\right]\right\}Q_c - \frac{1}{3}Q_c$$

B 厂商的产量调整过程为

$$\frac{1}{2}\left(Q_c - \frac{1}{2}Q_c\right) = \frac{1}{4}Q_c \rightarrow \frac{1}{2}\left(Q_c - \frac{3}{8}Q_c\right) = \frac{5}{16}Q_c \rightarrow \frac{1}{2}\left(Q_c - \frac{11}{32}Q_c\right) = \frac{21}{64}Q_c \,(2.19)$$

即

$$\frac{1}{4}Q_c \rightarrow \frac{5}{16}Q_c \rightarrow \frac{21}{64}Q_c$$

B 厂商最后的均衡产量为

$$\left(\frac{1}{4} + \frac{1}{16} + \frac{1}{64} + \cdots\right)Q_c = \left[\frac{1}{4}\left(1 + \frac{1}{4} + \frac{1}{16} + \frac{1}{64} + \cdots + \left(\frac{1}{4}\right)^n\right)\right]Q_c$$

$$= \frac{1}{4}\left[\frac{1}{1 - \frac{1}{4}}\right]Q_c = \frac{1}{3}Q_c \qquad (2.20)$$

④ 反应函数。

反应函数是指古诺模型中某一厂商的均衡产量是对方产量的函数。它描绘了一个厂商对另一个厂商产量变动的反应方式:当 B 厂商的产量增加时,A 厂商的产量必然减少。

设古诺模型中的两家厂商的成本为零,市场需求 $Q_0 = Q_A + Q_B$,市场价格 $P = a - bQ_0 = a - b(Q_A + Q_B)$。

$$\text{TRA} = aQ_A - bQ_{A2} - bQ_AQ_B$$

$$\text{MR}_A = \text{MC}_A = 0 = (aQ_A - bQ_{A2} - bQ_AQ_B) = a - 2bQ_A - bQ_B$$

得反应函数

$$Q_A = \frac{a - bQ_B}{2b} \qquad (2.21)$$

同理

$$Q_B = \frac{a - bQ_A}{2b}$$

⑤ 古诺模型的推广。

当只有两家厂商时,行业产量为

$$Q_A + Q_B = Q_0 = \frac{2a - bQ_0}{2b} \Rightarrow 2bQ_0 + bQ_0 = 2a \Rightarrow Q_0 = \frac{2a}{3b} \qquad (2.22)$$

令 $P = a - bQ_0 = MC = 0$,此时的产量为竞争产量,即

$$Q_c = \frac{a}{b}; \quad Q_0 = \frac{2}{3}Q_c$$

令寡头数量为 n,则

$$\text{行业产量 } Q_0 = \frac{n}{(n+1)}Q_c \qquad (2.23)$$

$$\text{各寡头产量} = \frac{1}{(n+1)}Q_c \qquad (2.24)$$

显然,厂商越多,寡头市场的产量越接近竞争市场产量。故竞争的一个重要条件就是厂商数量众多。

(2)斯威齐模型。

①斯威齐模型说明的主要内容。

斯威齐模型由美国经济学家保罗·斯威齐于 1939 年提出,用来说明寡头垄断市场价格刚性的寡头垄断模型。

市场价格不随供求的变动而变动称为价格刚性。价格刚性分完全价格刚性与局部价格刚性两种。完全价格刚性是指价格在任何条件下都不变,而局部价格刚性是指价格仅仅在一定条件下不变。这里所说的价格刚性是指局部价格刚性,成本在一定范围内变动时,价格却保持不变。

②斯威齐模型假定。

斯威齐模型假定,某寡头垄断厂商预期竞争对手对自己变动价格的反应是跟着降价而不跟着涨价,即寡头垄断厂商的预期比较悲观:认为如果自己降价,其他厂商会跟着降价,以维持他们的市场份额;而自己涨价时,其他厂商却不跟着涨价,以扩大他们的市场份额。

③寡头垄断厂商的需求曲线和边际收益曲线:需求曲线是折断的,从而边际收益曲线也折断,如图 2.16 所示。

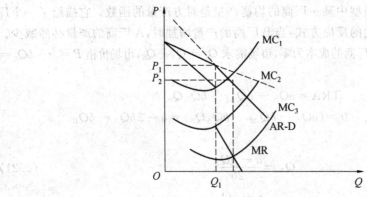

图 2.16　斯威齐模型图

④斯威齐模型结论:存在价格刚性。

在两条边际成本曲线 MC_1 和 MC_2 之间,边际成本可以随着要素价格的变动而变动,但在同一产量水平上,边际成本始终等于边际收益,故厂商的价格保持不变,即价格具有刚性。

⑤斯威齐模型的不足。

第一,没有说明初始的价格是怎样被决定的。微观经济学的中心任务就是说明价格是如何决定的,因为价格的决定过程实际上就是市场机制配置资源的过程。

第二,典型厂商关于竞争对手对于自己变动价格的反应方式的预期过于悲观,不符合现实。实际上,当一家厂商提高价格时,其他厂商也往往效仿,不会不跟着涨价。

4.勾结性寡头市场模型

寡头垄断规模巨大,实力雄厚。如果相互之间展开竞争,不仅得不到更多利润,而且往往两败俱伤。于是,他们常常联合起来,互相勾结以取得更大利润。寡头厂商之间的勾结可能是公开的(正式的),也可能是非公开的(隐蔽的)。

(1)公开的勾结:卡特尔。

①卡特尔是指为了维持较高价格通过明确的正式协议公开地勾结在一起的一群厂商。

②卡特尔的主要任务。

一是为各成员厂商的产品制订统一的较高的价格。卡特尔制订统一价格的原则是使整个卡特尔的利润最大化。如果行业中所有厂商都加入了卡特尔,那么卡特尔的价格和产量的决定同完全垄断厂商的价格和产量的决定是一样的,使卡特尔的边际收益等于边际成本,即 $MR=MC$。

二是在各成员厂商之间分配与较高的产品价格对应的较少的行业产量:为了维持较高的价格,各厂商的产量必须进行限额,而不能任意生产。

卡特尔分配产量定额的原则是使各个厂商的边际成本相等,并且与卡特尔均衡产量水平的边际成本相等,即 $MC_A=MC_B=\cdots=MC_n=MC=MR$。

上述的产量分配方式,是一种理想的分配方式,现实中很难实现。实际上卡特尔产量在各厂商之间的分配受到各厂商原有的生产能力、销售地区与谈判能力的影响。同时,卡特尔各成员厂商还可以通过广告、信用、服务等非价格竞争手段拓宽销路、增加产量。

③卡特尔具有不稳定性的原因。

当卡特尔所有其他成员厂商都把价格保持在较高水平,而某个厂商单独降低价格时,该厂商面临一条需求价格弹性较大的比较平坦的需求曲线。价格的微量下降可以大大地增加销售量,进而极大地增加总收益和利润。于是任一厂商都有足够的动机违背卡特尔对价格的规定,私自降低价格,增加产销量。一旦某一厂商这样做时,其他厂商必然仿冒,最终导致卡特尔的解体。因此,卡特尔具有不稳定性。

(2)非公开的勾结:价格领导。

由于公开的勾结性协议在有些国家被认为是非法的(例如,美国的大多数卡特尔协议都被1890年颁布的《谢尔曼法》认定是非法的),因此,寡头垄断厂商更多的是采取隐蔽的、非公开方式互相勾结。各个厂商共同默认一些"行为准则",如削价倾销是违背商业道德的,应相互尊重对方的销售范围等。价格领导是非公开勾结中的一种主要形式。

①价格领导的含义。

价格领导是指行业的价格由某家厂商率先制订,然后其他厂商均按此价格销售产品。

②价格领导的类型。

价格领导主要有三种类型,即支配型价格领先制、晴雨表型价格领先制与低成本型价格领先制。

支配型价格领先制是指生产规模特别巨大,在行业中具有支配力量的大厂商,在保证行业中其他厂商能够生存的情况下,根据自己利润最大化的需要来确定价格。其他小厂商按此价格销售,并按照边际成本等于价格的原则确定均衡产量。在这种情况下,小厂商可以出售他们愿意提供的一切产品,市场需求量与小厂商产量的差额由支配型厂商补足。

晴雨表型价格领先制是指掌握较多信息、能比较准确地预测市场行情的厂商首先制订一个合理的价格,其他厂商则以此价格为基础,制订相应的价格。晴雨表型厂商并不一定是行业中规模最大、效率最高的厂商,但他熟悉市场行情,了解市场需求状况与生产成本的高低,所以他制订的价格能够被其他厂商所接受。

低成本型价格领先制是指行业价格由成本最低的厂商的价格决定,其他厂商则按这一价格销售产品。对其他厂商来说,行业价格不是最优价格,但由于成本较高,自己的最优价格总是大于行业价格。如果按最优价格而不是按行业价格销售,自己的销售量将大大减少,结果是得不偿失的。较高成本的厂商按非均衡价格销售产品,实际上是牺牲一部分利润以避免与低成本厂商进行价格竞争可能造成的更大损失。

5. 成本加成定价

(1)成本加成定价的含义。

在实际生产中,许多寡头不是按 $MR=MC$ 原则来制订价格,而是按成本加成方式来制订价格。

成本加成定价是在估计的平均成本的基础上,加上一个赚头,确定价格的一种方法。

其基本方法是,先估算产量。产量通常是厂商生产能力的某一百分比,一般在 $2/3$ 到 $3/4$ 之间。然后算出平均成本,最后按厂商的预期目标与实际情况估算一个利润率 r。该利润率与平均成本之乘积就是单位产量的利润 $AC \cdot r$,通常称为加成或赚头,即 $P=AC(1+r)$。

(2)成本加成定价的优点。

成本加成定价法可以使价格相对稳定,价格不随产量变动而频繁变动,从而避免了价格竞争给各寡头垄断厂商可能带来的不利后果。另外,操作也比较简单,不需要去计算很难计算的边际成本。

(3)成本加成定价中的加成原则。

厂商如果根据需求价格弹性的大小反方向确定加成的多少,即 E_d 越大加成越小,E_d 越小加成越大,则成本加成定价法在长期中比较接近按 $MR=MC$ 原则制订价格的方法,能使厂商获得最大利润。

$$MR=P\left(1-\frac{1}{|E_d|}\right)=MC \Rightarrow P=MC\left(\frac{1}{1-\frac{1}{|E_d|}}\right)=MC\left(1+\frac{1}{|E_d|-1}\right) \quad (2.25)$$

若规模报酬不变,则

$$LAC = LMC$$

于是

$$P = LAC\left(1 + \frac{1}{|E_d| - 1}\right) \tag{2.26}$$

令 $\frac{1}{|E_d| - 1} = r$,则

$$P = LAC(1 + r) \tag{2.27}$$

由于 $\frac{1}{|E_d| - 1} = r$,显然,当 E_d 越大时,则加成 r 就越小;当 E_d 越小时,则加成 r 就越大。

6. 博弈论

(1)博弈论的含义与要素。

①博弈论的定义。

博弈论(Game Theory)又称对策论或游戏论,它是研究在利益与决策方面具有相互依存或相互制约关系的各决策主体如何决策以追求自身利益最大化的理论。

②现代博弈论的产生与发展。

1944年,约翰·冯·诺依曼(John Von Neumann)和奥斯卡·摩根斯特恩(O·Morgen·Stern)联合创作的《博弈论和经济行为》(Theory of Games and Economic Behavior),标志着现代博弈论的诞生。

1994年,约翰·纳什(John F. Nash)、约翰·海萨尼(John C. Harsanyi)和莱因哈德·泽尔腾(Reinhard Selten)共同获得诺贝尔经济学奖。这三位数学家在非合作博弈的均衡分析理论方面做出了开创性贡献,对博弈论和经济学产生了重大影响。

③博弈的基本要素。

一个完整的博弈至少包含三个基本要素,即局中人、策略集合及报酬或"支付"。局中人是指参加博弈的决策主体。局中人是"理性"的,有能力在一组可能的策略集合中做出合理的选择。在博弈中,局中人的数量常常是固定的;策略集合是指局中人可能选择的策略集合;局中人在采取一定的策略以后所得到的收益,称为"支付"。支付通常用货币或效用来度量。一般情况下,我们总是假定局中人了解不同决策的报酬高低,以选择能带来最高报酬的决策。

(2)博弈的种类。

博弈可以从不同的角度进行分类。

①按局中人的多少可以划分为双人博弈与多人博弈。

②按局中人是否合作可以分为合作博弈与非合作博弈。合作博弈中,局中人之间往往达成具有一定约束力的协议。例如,几个寡头联合限制产量提高价格就是合作。

③根据局中人决策的先后顺序,可以分为静态博弈与动态博弈。静态博弈是指局中人同时决策或行动,或者后行动者不知道先行动者选择了什么决策。动态博弈是指局中人的决策有先后次序,而且后行动者了解先行动者所做的决策并据此做出自己的选择。

④根据局中人是否掌握竞争对手的策略集合及其支付情况,可以将博弈分为完全信息博弈与不完全信息博弈。

⑤根据局中人的最后所得,可以将博弈分为零和博弈与非零和博弈。在零和博弈中,各局中人的支付总和为零,即一方所得恰好等于另一方所失。在零和博弈中,各方存在激烈的竞争。

(3)占优均衡与纳什均衡。

①占优均衡(Dominant Equilibrium)。

如果无论其他局中人选择何种策略,某个局中人所选择的某一策略总是能使自己的收益最大化,则该策略就是该局中人的占优策略(Dominant Strategy)。所有局中人的占优策略组合被定义为占优均衡。

可以用博弈论中经典的例子——"囚犯困境"来说明占优均衡。

有一天,一个富翁在家中被杀,财物被盗。警方在此案的侦破过程中,抓到两个犯罪嫌疑人 A 和 B,并从他们的住处搜出被害人家中丢失的财物。但是,他们矢口否认杀人,辩称是先发现富翁被杀,然后只是顺手牵羊偷了点儿东西。于是警方将两人隔离,分别关在不同的房间进行审讯,由地方检察官分别和他们单独谈话:"由于你的偷盗罪已有确凿的证据,所以可以判你一年刑期。但是,我可以和你做个交易。如果你单独坦白杀人的罪行,只判你 3 个月的监禁,但你的同伙要被判 10 年刑期。如果你拒不坦白,而被同伙检举,那么你就将被判 10 年刑期,他只判 3 个月的监禁。如果你们两人都坦白交代,你们都要被判 5 年刑期。"见表 2.6。

表 2.6　囚犯困境

A;B	交代	不交代
交代	—5,—5	—1/4,—10
不交代	—10,—1/4	—1,—1

就两个嫌疑犯的共同利益最大化来说,双方最好都选择不交代的策略。但对于每一个囚犯来说,不论对方交代与否,他所能选择的占优策略总是交代。

对方不交代 { 自己交代,仅仅被监禁 3 个月
自己不交代,将被监禁 1 年

对方交代 { 自己交代,被监禁 5 年
自己不交代,被监禁 10 年

因此,双方的最终结局就是交代。双方都交代就是囚犯困境中的占优均衡。

②纳什均衡(Nash Equilibrium)。

纳什均衡指的是在给定竞争对手的策略条件下,各局中人所选择的某一最优策略的组合。在纳什均衡下,局中人的策略都是针对竞争对手策略的最佳反应,因此,没有一个局中人能通过改变决策来增加自己的福利。纳什均衡有时也称非合作性均衡。因为各局中人在选择策略时没有共谋,他们只是选择对自己最有利的策略,而不考虑这种策略对社会福利或任何其他群体利益的影响。将自己的战略建立在对手总是会采取最佳策略的假定基础上,这是博弈的一个原则。

最优策略均衡一定就是纳什均衡,但纳什均衡不一定就是最优策略均衡。实际上,可以将最优策略均衡看成是纳什均衡的特例。在有些博弈中,可能存在多个纳什均衡。

(4)纳什均衡的意义。

①萨缪尔森认为,非合作性的纳什均衡对于各博弈方来说,不一定是有效率的均衡,但对于社会来说,往往是有效率的均衡,而合作性博弈均衡可能是低效率的均衡。

例如,完全竞争就是一个纳什均衡,每个经济主体都在考虑其他各方的价格策略以后做出决定,最后导致价格等于边际成本,利润等于零的有效结局。相反,如果厂商实行合作,则经济效率反而会受到影响。这也就解释了政府为什么要执行反托拉斯法的原因。

尽管非合作性的纳什均衡对于各博弈方来说不一定有效率,但如果上述博弈无止境地重复下去,只要双方采取"针锋相对"或"以牙还牙"的策略,结局可能会改善。如果对方采取欺骗策略,则自己也采取欺骗策略,以惩罚对方的欺骗;如果对方采取合作策略,则自己也采取合作策略,以鼓励对方的合作。这样,经过多次博弈以后,双方都会发现合作比不合作好。

另外,在一些其他场合,如污染、治安、军备竞赛与政治经济体制改革等博弈中,非合作性的纳什均衡常常是无效率的。非合作"纳什均衡"的无效率,表明了人们追求私人利益最大化的理性行为不一定都能够增加整个社会福利,从而对亚当·斯密的"看不见的手"的原理提出了挑战。

在对方不加限制地排放污染物的条件下,如果某一方购置污染治理设备,减少或消除污染,其产品价格必然提高,从而减少利润。显然双方都选择高污染策略是纳什均衡。此时,政府可以采取强制性措施,使企业达到低污染的合作性均衡。

②纳什均衡是一种非合作博弈均衡,由于在现实中非合作的情况要比合作的情况普遍,所以作为非合作博弈均衡,纳什均衡是对冯·诺依曼和摩根斯特恩的合作博弈理论的重大发展,甚至可以说是一场革命,极大地扩大了博弈论的应用范围,也促进了博弈论研究的深入与发展。

(5)博弈论与传统经济学的联系及区别。

①博弈论与传统经济学的联系。

二者都是研究决策主体为了追求最大化利益,在既定的约束条件下如何做出选择或决策的理论。

②博弈论与传统经济学的区别。

博弈论中的个人决策与传统微观经济学中的个人决策相比,目标相同,都是在给定的约束条件下追求个人效用或收益的最大化,但约束条件不同。传统微观经济学中个人决策与他人的决策无关。在资源、偏好或技术、预期等因素既定条件下,个人的最优决策仅仅是价格与收入的函数,而不是他人决策的函数。因此,传统微观经济学中个人在决策时,既不考虑自己的决策对他人的影响,也不考虑他人决策对自己决策的影响。

与此相反,博弈论中的个人最优决策与他人的决策密切相关,个人的最优决策是他人决策的函数。例如,在古诺模型中,某一厂商的最优产量是对方产量的函数。因此,博弈论中的个人在决策时,既要考虑自己的决策对他人决策的影响,又要考虑他人决策对自己决策的影响。

博弈论把他人的决策看成内生变量进行分析,注意到了事物之间的普遍联系,考虑到了人们之间决策的相互影响,从而拓宽了传统经济学的分析思路,使其能更加准确地描述与解释现实世界。博弈论重视理性选择的相互依赖性的深刻思想,不仅构成了现代微观经济学的重要理论,而且为宏观经济分析提供了重要的微观基础。

第四节　环境费用－效益分析

一、环境－效益分析相关概念

1.费用效益分析中的费用与效益

(1)费用。

费用指的是人类为达到某一目的而进行活动需要的支出。费用是价值的货币体现,费用包括直接费用和间接费用。

直接费用指的是建设活动需要的投资,包括建设投资和运转费、经营费等。这里指的建设活动包括环境保护设施、公共事业设施等。直接费用也称为内部费用。

间接费用也称为外部费用,间接费用包括两种概念的费用:一是相对于间接效益的费用,如对一水域进行污染治理,使得该水域的渔业得到了恢复并有更大的发展,因渔业的发展而建立了一些鱼产品加工厂,进行水产品的加工,建设和运转这些加工厂的费用就是对该水域进行污染治理的间接费用,如图 2.17 所示;二是建设活动对社会、环境造成的损失,如项目对环境造成的污染和破坏等,这种损失可以看作费用,也可以看作项目的负效益。

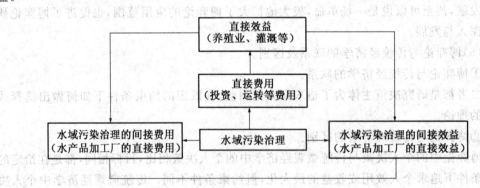

图 2.17　间接费用与间接效益

(2)效益。

效益指的是人类活动所产生的影响,从而在某一方面带来的效果或贡献。效益的表现方式有很多,如正效益和负效益、直接效益和间接效益、量化效益和非量化效益等。

①正效益和负效益。

正效益指的是人类活动通过对资源的利用,给人们提供生产资料、生存条件、消费资料和精神资料等功能,从而带给人们物质和精神的条件和享受。

负效益指的是人类活动所产生的损失。环境负效益指的是环境被污染和破坏后产生的各种损失。在环境费用效益分析中,各种损失均应在一定程度上转化为经济损失来进行分析。环境污染和破坏产生的经济损失可以分为直接经济损失和间接经济损失。

直接经济损失指的是由于环境污染和破坏直接对产品或物品的量和质引起下降而产生的经济损失。如大气中 SO_2 超过一定浓度,使农作物产量减少、质量下降而造成的经济损失。直接经济损失可以用市场价格来计量和分析。

间接经济损失指的是由于环境污染和破坏使得环境功能损害,而影响了其他生产和消费系统,从而造成的经济损失。如固体废物堆放,由于雨水淋溶引起地下水污染而间接造成水源污染,从而导致生产、生活用水的水处理费用增加;又如森林、草原退化,其固土能力、涵养水分能力、调节气候的功能等受到影响,从而在经济方面产生的损失等。间接经济损失一般可寻求它的机会成本、影子价格或影子工程费用,间接地进行计算。

②直接效益和间接效益。

效益包括直接效益和间接效益,也称为内部效益和外部效益。所谓直接效益指的是建设活动本身所产生的效益;间接效益指的是由于建设活动而带来的波及效益。例如,对污染的河流、湖泊进行治理,直接效益是治理的水体可进行灌溉和养殖,使农业收入增长和渔业收入增长;而由于农业产品和渔业产品的增加而建立了农渔产品加工厂,这样一来,产品加工厂的净收入则是对河流、湖泊进行污染治理的间接效益。

③量化效益和非量化效益。

效益的确定比较复杂,效益的量化更复杂。根据效益是否可以货币量化,效益分为量化效益和非量化效益。

量化效益指的是那些可以使用或参考市场价格,用货币进行估值的效益,如对污染的河流进行治理,使治理后的水体可用来进行灌溉和养殖的效益是可以货币量化的。非量化效益也称为无形效益,指的是那些不能或难以用货币衡量的效益。如经过治理消除了噪声干扰而产生的效益,环境空气改善使人们健康水平提高,以及绿化、美化环境产生的效益等,这些效益很难用货币来量化分析。

实施费用效益分析最关键,也最困难的是如何用货币的形式衡量建设项目与人的活动的环境效益和社会效益(包括正效益和负效益)。对于难以直接用货币量化的效益,应当尽可能采取技术措施间接货币量化,当然这样量化的货币值的准确性和有效性受到了很大的限制。

对于不可量化的无形效益,也可以通过其相关物理量指标的计算分析、综合评价等方法进行分析评价。

④环境保护措施的效益。

人类为了改善和恢复环境的功能或防止环境恶化采取了各种各样的措施,来减少环境破坏和污染产生的经济损失,这个效益是环境保护措施的效益。环境保护措施效益反映出环境改善带来的主要物料流失的减少、资源和能源利用率的提升、废物综合利用的提高等效益,也反映在环境污染和破坏造成的经济损失的减少等方面。需要说明的是,环境保护措施中的环境保护设施,在其建设和运行当中会带来新的污染,这种污染造成的损失是环境保护设施的负效益。在费用效益分析中不能忽略新的损失。

2. 费用效益分析基本表达式

费用效益分析的基本表达式（主要评价指标）有两种：一是费用效益比（Cost Benefit Ratio），二是净效益（Net Benefit）。

（1）费用效益比。

费用效益比简称费效比，一般表达式为

$$[C/B] = \frac{C}{B-D} \qquad (2.28)$$

式中　　$[C/B]$——费效比；

　　　　C——费用；

　　　　B——正效益；

　　　　D——负效益。

使用费效比的评价法则：若$[C/B] \leqslant 1$，项目可接受；若$[C/B] > 1$，项目不可接受。费效比的特点是表示出单位效益所需要付出的费用，是一个很有意义的评价指标。

费效比$[C/B]$也可以有其他表达方式，如式（2.29）所示。这种费效比是将负效益D作为损失，与费用C一同看作损失或支出，这种费效比也称为损失－增益费效比，其评价法则同上。

$$[C/B] = \frac{C+D}{B} \qquad (2.29)$$

（2）净效益。

净效益$[B-C]$的一般表达式为

$$[B-C] = (B-D) - C \qquad (2.30)$$

使用净效益的评价法则：若$[B-C] \geqslant 0$，项目可接受；若$[B-C] < 0$，项目应放弃。净效益的特点是直接表示出损益状况，概念清晰明了，便于做出决策。

二、环境费用－效益分析概述

1. 环境价值量核算

环境价值量核算从损失的角度来说，是在实物量核算的基础上，估算各种环境污染和环境破坏造成损失的货币价值。从一个方面来说，环境价值量核算包括环境污染价值量核算和环境破坏价值量核算。环境污染价值量核算的内容主要包括：大气污染价值量核算、水污染价值量核算、工业固体废物污染价值量核算、城市生活垃圾污染价值量核算和污染事故经济损失核算等。

计算环境价值量的两种基本方法是污染损失法和治理成本法，环境污染价值量核算包括环境退化成本核算和污染物虚拟治理成本核算。环境退化成本核算一般采用污染损失法，污染物治理成本核算一般采用治理成本法。

（1）污染损失法。

污染损失法指的是基于损害的环境价值评估方法。通过污染损失法核算的环境退化价值称为环境退化成本，也称为污染损失成本。环境退化成本指的是在目前治理水平下，生产和消费过程中所排放的污染物对人体健康、环境功能、作物产量等造成的各种损害的货币体现。

污染损失法借助一定的技术手段和污染损失调查,计算环境污染所带来的各种损害,如环境污染对人体健康、农产品产量、生态服务功能等的影响,采用一定的估价技术,进行污染经济损失评估。污染损失法的特点是具有合理性,能体现污染造成的环境退化成本,从而体现出环境污染的危害性。

(2)治理成本法。

治理成本法指的是基于成本的环境价值的评估方法。治理成本法是从防护的角度,计算为避免环境污染所支付的成本。治理成本法核算治理成本的思路很清晰,即如果所有污染物都得到了治理,则环境退化不会发生,因此,已经发生的环境退化的经济价值应为治理所有污染物所需的成本。治理成本法的核算基础是以污染实物量作为基础,乘以单位污染物的治理成本。治理成本法核算的环境价值包括环境污染实际治理成本和环境污染虚拟治理成本。

污染实际治理成本指的是目前已经发生的治理成本,总体是实际支出的环境污染治理的运行成本。污染实际治理成本包括污染治理过程中的材料药剂费、人工费、固定资产折旧、电费等运行费用等。污染虚拟治理成本指的是目前排放到环境中的污染物按照现行的治理技术和水平全部治理所需要的支出,不是实际支付的费用,虚拟治理成本的核算是以实际治理成本和污染实物量为基础进行的。实际的治理成本对应的是污染物的去除量和排放达标量,而虚拟治理成本对应的是污染物的未处理量和处理未达标量,由实际治理成本和虚拟治理成本这两部分构成的总体,这里称之为治理环境所需总成本。2004年,全国的废气实际治理成本约为 478.2 亿元,废气虚拟治理成本约为 922.3 亿元,治理环境所需总成本达到约 1 400.5 亿元。

治理成本法的特点在于其价值核算过程的简洁,而且容易理解,核算基础具有客观性,因此,更容易为环保部门和统计部门所使用。

2.环境费用-效益分析的条件

环境费用-效益分析是费用效益分析的基本原理和方法在环境经济分析中的应用。把费用效益分析应用于环境经济分析,不但是对费用效益分析在应用方面的发展,也是对环境经济分析方法的重要完善。

在人类对其自身的建设活动进行经济效益评价时,不能不考虑对环境的影响,不能不计算环境效益(包括正效益和负效益)的经济量。只有对经济效益、环境效益和社会效益进行综合分析,才能对一项活动做出科学合理的评价。环境费用效益分析是根据实际的环境状况,收集有关数据,计算环境污染或破坏引起的实物型损失,再对实物型损失进行货币量化的一种方法。环境费用效益分析可以从国家、地区及企业的角度对环境的效益、费用进行分析。

由于环境、环境资源、环境问题、环境经济的复杂性、多样性和特殊性,使得进行环境费用效益分析要适应这种复杂性、多样性和特殊性。同时,由于环境费用效益分析是费用效益分析的具体应用,所以进行环境费用效益分析必须具备费用效益分析的基本要求。

(1)能找出环境资源和质量变化的效益和损失。

环境资源的生产性和消费性决定了环境资源是生产过程和消费过程中不可或缺的要素,环境资源和质量的变化必然影响生产活动和消费活动的有效性,使生产活动的成本和利润发生变化,使消费活动的数量和质量受到影响。所以对人类某项活动进行费用效益分析时,首先是从中找出环境资源和质量变化的效益和损失。

(2)能找出货币化计量环境效益和损失的途径。

环境资源和环境质量一般没有直接的市场价格,但是环境资源的生产性和消费性都与人们的经济活动有着密切联系,这就给环境资源和环境质量的变化提供了货币化计量的途径。但是在具体货币计量方法上,还存在着相当程度的主观性,这也是环境费用效益分析中需要重点研究的问题之一。

(3)能进行环境资源的替代。

环境资源的替代是环境费用效益分析中一个间接量化的思路和方法。如消费性的环境资源的变化必然引起这类消费品的价值变化,这种影响程度正是消费性环境资源变化的价值计量,环境资源的替代可以用人工环境来代替自然环境资源,如用人造公园代替自然公园供人们休息、游览,而人工环境的价值是可以用货币来计量的。某些生产性环境资源也可以进行合理替代,包括同类生产性环境资源和相近生产性环境资源。在环境费用效益分析中,可以利用替代的思想和方法进行货币计量。

(4)环境费用效益分析的具体方法针对性要强。

由于环境资源和其功能的多样性,使环境费用效益分析的方法种类很多,这也要求在进行环境费用效益分析时,要有针对性强的具体分析方法。但目前不少方法还不成熟,需要深入研究,不断进行改进和完善。

3. 环境费用－效益分析程序

环境费用－效益分析的一般步骤如图 2.18 所示,具体步骤如下。

(1)明确要分析的问题。

费用效益分析的主要任务是分析所要解决的某一环境问题各方案的费用和效益,通过比较,从中选出净效益最大的方案为决策提供依据。因此,在环境费用效益分析中,首先要清楚分析的对象,分析问题所涉及的范围、地域及时间跨度等。例如,某地区拟建一建设项目,在它的建设和建成使用过程中会对附近环境产生不良影响,而且主要是大气和水体,所以进行环境费用效益分析的时候,重点是对该建设项目大气和水体所产生的污染进行费用效益分析。而且要分别对该建设项目在建设期和投入使用期分别进行分析,并要考虑大气和水体的影响范围等。

(2)环境功能分析。

环境功能指的是环境通过自身的结构和特征而发挥的有利的作用。环境问题带来的经济损失,是由于环境的功能遭到破坏,反过来影响人类活动和人体健康。环境的功能是多方面的,环境问题带来的损失也是多方面的。因此,要计算环境问题产生的经济损失,首先要弄清楚被研究的环境与资源对象的功能是什么。例如,森林的功能有涵蓄水分、固结土壤、调节气候、保护动植物资源、提供木材和林业产品等;河流的功能有发展渔业、灌溉田地、航运、水源(生产和生活)、防洪、观赏和娱乐等。环境功能的大小强弱是因地而异

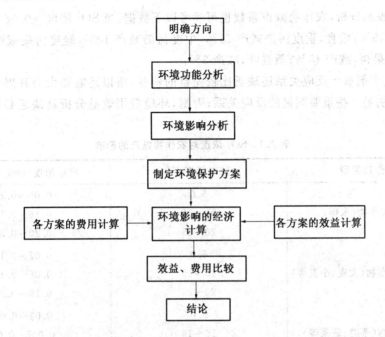

图 2.18　环境费用—效益分析一般步骤

的,需要实地测量,进行分析评价。例如,据统计,正常草原的载畜能力为 1.05 头羊/hm^2。

(3)环境质量影响分析。

进行环境质量影响分析,首先需要调查分析(研究对象)不同时期的环境质量状况,然后要分析确定研究对象对环境质量所能产生的影响及影响程度。环境被破坏或污染了,环境功能就受到了损害,环境质量就受到影响。对环境质量影响分析的关键是确定环境污染和破坏与环境功能受到的相应损害之间存在的定量关系,这种关系称为剂量—反应关系(Dose-response Relationship)。

环境污染物对人体及其他生物危害的程度,主要取决于污染物进入的剂量。机体反应强弱和环境污染物量的大小密切相关。人们通常交替运用效应和反应来说明个体或群体对一定剂量的有害物质的反应。引起个体生物学的变化称为效应,引起群体的变化称为反应。环境污染物进入机体的剂量,一般用机体的吸收量来表示,单位常用毫克数来表示。污染物对机体所起的作用主要取决于机体对污染物的吸收量。

多数的剂量—反应关系曲线呈现出 S 形,剂量开始增加时,反应变化不明显,随着剂量的继续增加,反应趋于明显,到一定程度后,反应变化又不明显。也有一些剂量—反应关系表现为直线或抛物线。具有明显剂量—反应关系的污染物,易于定量评定它们的危害性。对机体产生不良或有害生物学变化的最小剂量称为阈剂量或阈值。低于阈剂量,没有观察到对机体产生不良效应的最大剂量称为无作用剂量。阈剂量或无作用剂量是制定卫生标准和环境质量标准的主要依据,阈剂量的研究,可为标准的制定提供科学依据。

剂量—反应关系通常可以利用科学实验或调查统计分析得到。例如,通过进行污染地区与未被污染地区或本地区污染前后进行比较分析,表明大气中 SO_2 浓度大于 0.06 mg/m^3 对农作物有减产影响,其剂量—反应关系见表 2.7。

另外，根据分析，农作物减产系数也可参考以下数据：当 SO_2 浓度 >0.06 mg/m³ 时。蔬菜，减产 15%；粮食，重度污染减产 15%，中度污染减产 10%，轻度污染减产 5%，平均减产 10%；果树，减产 15%；桑蚕叶，减产 5%。

我国关于剂量－反应关系还缺乏比较完整的资料，所以还需要大力开展这方面的研究工作，特别是一些重要剂量的反应关系；否则，环境费用效益分析就缺乏必要的科学依据。

表 2.7　SO_2 浓度对农作物减产的影响

农作物类型	减产幅度/%	SO_2 浓度/(mg·m⁻³)
抗性农作物（水稻）	5.0	0.09～0.16
	10～15	0.16～0.19
	20～25	0.20～0.32
中等抗性农作物（大麦、小麦等）	5.0	0.07～0.10
	10～15	0.08～0.17
	20～25	0.19～0.28
敏感农作物（芋类、蔬菜等）	5.0	0.03～0.05
	10～15	0.037～0.05
	20～25	0.12～0.16

（4）制定环境保护方案。

根据环境污染和破坏的程度，以及环境质量受影响的程度等，制定拟采取环境保护措施的方案。环保方案改善环境功能的效益主要取决于环保方案改善环境的程度。例如，一个降噪方案可以使声环境质量得到改善，降低噪声 25 dB，而另一个方案可降低 20 dB，显然第一个方案的效果要好于第二个方案，这是方案对比的一个主要依据。同时，环保方案的制定还要考虑成本费用等因素。所以环境保护方案要制定出可行的多种方案，通过比较、分析、评价，选择最优方案。

（5）确定费用与效益。

确定费用首先要确定环境损害在经济方面受到的损失，也就是要计算出环境污染和破坏的货币损失值，这是环境费用效益分析中十分困难但又是核心的工作。要根据具体环境损害的状况，选择合适的、针对性强的计算模型和方法，环境污染经济损失分析估算程序见下面说明。至于将环境损害的经济损失计入费用，还是负效益，应根据具体要求和情况而定。另外，还要计算环境保护方案的费用，环保方案的费用主要包括投资和运行费用，费用的计算相对容易，而且具有较高的准确性，在具体计算中，要按有关规定和要求进行。

还有就是计算环境保护方案的效益。根据方案可以改善环境质量的程度和由此使环境功能改善的状况，计算各种方案对环境改善的效益，这种效益也要货币量化。除此之外，还要计算采用某种环保方案可能引起的新污染而产生的经济损失，并纳入环境费用效益分析当中。

（6）费用与效益的比较分析。

把计算确定出来的效益和费用，根据各自形成的具体时间，考虑资金的时间价值，统一折算成现值进行分析,计算出评价指标,如净效益或费用效益比,再根据评价标准进行分析,最后选择最优的环保方案,或根据不同的目的进行评价。

4.环境污染经济损失分析程序

(1)环境污染经济损失分析估算基本步骤。

如图 2.19 所示,在环境污染经济损失估算过程中,首先要明确所进行污染经济损失分析的对象,据此确定计算范围。一般是对水、大气、固体废弃物、噪声等污染造成的损失进行分析,其超标部分作为计算范围。目前环境污染经济损失的计算范围还仅限于可以量化计算部分。同时,确定计算范围还包括时间基准,即环境污染经济损失计量以什么时间段为估算基准。确定计算范围也要包括区域界限,即确定环境污染主要范围和需考虑的波及范围。

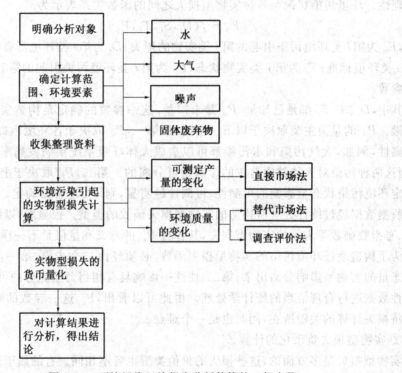

图 2.19 环境污染经济损失分析估算的一般步骤

其次,收集整理相关资料是环境污染经济损失计算的基础。环境污染使区域环境质量不断发生变化,由于这些变化的数据基本上是在有关部门进行监测后以统计资料的形式存在,所以收集这些资料是分析工作的前提。

再次,对实物型损失进行货币量化,这是环境污染经济损失计算的核心内容。一般是根据剂量一反应关系来确定环境质量变化造成的影响。在实际工作中也多采用对污染地区与对照区(相对清洁区)或本区域污染前后进行比较的方法确定环境质量变化造成的影响。在具体货币量化的方法上,要根据具体情况采用适合的环境经济费用分析方法,如应用直接市场法、替代市场法、调查评价法等进行分析估算。

最后,应对计算结果进行分析,对部分结果进行合理的修正,对一些难以进行货币量化的因素予以说明,得出结论。

（2）环境经济损失计算的理论步骤。

由图 2.19 可以看出,环境污染经济损失计算包括两个主要的估算过程,一是由环境状态计算实物型损失,二是将实物型损失货币量化。以下分别从理论上对这两方面予以说明。

① 由环境状态计算实物型损失。

环境污染状况,可以用反映环境质量的污染物浓度来表示。因此,计算由环境污染引起的实物型损失,关键是建立环境污染状况（污染物浓度）与各种实物型损失之间的函数关系。由于每种环境污染的影响是不确定的,可能只产生一种影响,也可能产生多方面的影响,有的影响还可能产生相互作用,注意分清这些影响的关系,有利于函数关系式建立的合理性。环境污染状况与各种实物型损失之间的函数关系表示为

$$F_{ij} = f(D_i, S_i, T_j, P_{ij}) \tag{2.31}$$

式中,F_{ij} 为第 i 类环境污染引起的第 j 类实物的损失;D_i 为第 i 类环境污染状态的量值;S_i 为第 i 类环境标准;T_j 为第 j 类实物状态;P_{ij} 为第 i 类环境污染引起的第 j 类实物损失的计量参数。

其中,D_i、S_i、T_j 都是已知量,P_{ij} 是未知量,这一参数的确定是构造实物型损失函数的关键。P_{ij} 的量值主要取决于以下三个因素:第一,P_{ij} 取决于各环境污染状态量影响的可分离性,例如,大气污染和水污染都可以造成人体呼吸系统疾病发病率和死亡率的增加,但这两种污染对人体健康造成的影响是可分离的。第二,P_{ij} 取决于上述被分离出来的特定环境污染状态量影响的可测性,可测性越明显,则 P_{ij} 越容易确定。第三,P_{ij} 取决于由所测数据经过统计处理所构造的实物型损失函数的类型。很显然,以线性函数、指数函数、幂指数函数等表示的实物型损失,其各自 P_{ij} 的意义和量值是不一样的。

为了构造表征环境污染的实物型损失函数,必须经由三个步骤:第一,将这一环境污染状态量的实物型影响分离出来;第二,使这一影响具有相当乃至充分的可测性;第三,对可测性数据进行合理恰当的统计学处理。由此可以看出,P_{ij} 这一参数的确定,是环境污染经济损失计算的关键所在,同时也是一个难点。

② 实物型损失货币化的计算。

实物型损失是多方面的,这些损失的价值类型也各不相同。有的属于选择价值,有的属于存在价值,它们各自的货币化途径也不同。实物型损失货币化可表示为

$$M_{jk} = g(F_j, q_{jk}) \tag{2.32}$$

式中,M_{jk} 为第 j 类实物损失所体现的第 k 类价值;F_j 为第 j 类实物损失;q_{jk} 为第 j 类实物的第 k 类价值的价格。

由式（2.32）可见,q_{jk} 的确定是建立货币化函数的核心,这也是造成环境污染经济损失计算困难的另一个原因。在环境费用效益分析中,直接价值损失可以用市场价格来计算,间接价值损失可以用影子价格或替代价格来计算,选择价值和存在价值可由调查评价法得到的意愿型价格来体现。可以看到,替代价格、影子价格、意愿价格越来越受主观意愿的影响,q_{jk} 确定的科学性在很大程度上取决于主观意愿的合理程度。

在实物型损失货币化中,不同的价值计算方法将产生不同程度的误差。一般认为,采

用市场价格,受客观条件的影响较多,产生的误差与争议也相对较小;而采用影子价格和替代价格,产生的误差和争议则稍大;采用意愿型价格,受人的主观认识的影响最大,因此,产生的误差和争议也最大,有时这种误差往往是数量级的。所以,有时为了比较精确地对实物型损失进行货币化,对结果的表述可以不仅是一个简单的数值,而是给出这一结果可能的取值范围。

第三章 环境管理政策

第一节 污染管理政策的基本原理

一、污染管理政策的基本原理

环境管理政策是经济管理理论在环境问题上的一种具体应用。随着环境问题在现代社会的凸现,如何运用经济管理的理论解决环境管理问题成为环境经济学的主要研究领域之一。经济管理研究的是政府以各种方式影响个人或企业的行为。相关的理论主要有两个:公共利益理论和利益群体理论。其中,公共利益理论属于规范经济学理论。该理论认为经济管理的目的就是为了提高公共利益。由此出发,经济管理之所以必要,主要是出于三方面的原因:第一,竞争不充分;第二,信息不充分;第三,外部性的存在。而利益集团理论则属于实证经济学理论。该理论认为经济管理旨在提高某个特殊的社会群体的特殊利益,例如,私人企业的利益,低收入群体的利益等。也就是说,通过政府的干预调整社会不同利益集团之间的关系。

在传统的规范经济理论当中,竞争不充分,尤其是自然垄断的存在是需要政府介入的第一个原因。例如,从效率的角度出发,一个城市中有两个自来水公司同时向一个区域供水显然是不经济的。对于这样具有自然垄断性质的行业,政府的介入作用在于当只有一家企业提供供给时,防止消费者剩余因垄断价格的存在而受到侵蚀。与此同时,政府介入的另一项重要作用在于维护竞争的市场秩序,防止因企业过度合并而造成的垄断。美国从 1890 年谢尔曼反托拉斯发起的一系列反托拉斯法,以及据此对那些被判定为垄断的大企业的分割就是为了营造一个自由竞争的市场环境。

需要政府介入的第二个原因是在市场条件下的信息不充分。信息不是无偿的,获取信息往往需要付出高昂的代价,因此,消费者在进行交易的时候,对于商品的性能、质量等方面的情况可能并不完全了解。并且,当获取信息的代价可能远高于消费者从商品中所获得的收益,消费者主观上也可能缺乏获取信息的迫切希望。例如,曾有人戏称的消费者多是"十项全能"——去菜市场买菜,除了具备一双识别注水肉的慧眼之外,还必须配备手秤、验钞机等,甚至是便携式农药残留测试仪。即便这样也不能保证买到放心菜。这一描述虽显夸张,但政府介入的必要性可见一斑。在市场经济国家,通常政府部门对于信息不充分的干预是较为间接的。例如,要求厂商将信息充分公开化。如果消费者因信息不充分而遭受损害,厂商将受到相应的处罚等。政府也可以采取较为直接的方式干预市场活动。例如,规定某些产品的市场准入门槛。

需要政府介入的第三个原因就是必须由政府出面提供社会所需的有益公共物品,处置有害公共物品。我们将更多地关注有害公共物品和外部性问题。由前面章节的学习可知,由于非竞争性与非排他性的作用,自由竞争的市场往往难以有效地提供公共物品的供给,而政府介入则被认为能够有效地矫正市场失灵。也就是说,由政府直接提供公共物品的供给可能是一种更加富有效率的供给方式。常见的例子如国防。对于有害公共物品,政府介入的常见方式是通过设立某种制度或规则限制其产生。例如,为了控制污染,政府往往会出台相应的标准、法律、法规等。

利益群体理论则强调寻租是管理的基本原理。所谓寻租指的是私人或企业利用政府获取额外私利,常见的途径如通过政府授权获得在某一领域的特许经营权。为此,私人或企业就有可能对政府进行游说,要求政府设立某些对他们有利的规章制度,就是使他们在某些社会经济活动领域享有特权,而所有这些都不可能发生在一个自由竞争的市场上。在一定程度上,正是通过对寻租的研究,使我们知道了管理存在的原因。

二、污染管理的政治经济学含义

制定环境管理政策的难点在于政府如何能够使污染者的行为符合社会期望。这之所以成为难点,主要是因为社会所期望的事物往往与污染者私人利益最大化的愿望相矛盾。这使污染者接受监管的积极性大打折扣,政府也因此而难以做到完全掌控污染者的动向。而在对污染者实施管理之前,政府首先要明确的是,最佳社会污染水平到底是多少。很显然,这是一项比管理污染者更加艰巨的任务。事实上,政府在环境管理上面临着双重压力,既有来自公众的压力也有来自污染者的压力。

即便是在高度简化的条件下,政府—污染者—公众的关系也显得十分的复杂而微妙。例如,虽然政府依法对污染者实施管理,但控制污染可能并不是政府有关部门的唯一目标。虽然政府部门应当代表公众的利益实施污染管理,其目的在于使公众利益最大化,但企业也可能对政府行为产生较大影响。再比如,虽然公众希望企业积极配合政府部门的监管,控制污染排放,但如果企业的盈利水平因此而下降的话则会引起股东的不满。又如,公众虽然是企业污染排放的受害者,但同时也是企业所提供商品和服务的消费者。虽然公众不满于企业的污染排放,但如果政府实施污染控制的结果是减少了商品与服务的供给或提高了价格,这也可能引起公众的不满。不言而喻,如何理顺诸多错综复杂的关系,协调各方利益,同时又与政府进行环境管理的最终目标保持一致并非易事。虽然仔细梳理政府—污染者—公众之间的关系并不是本书的重点内容,但我们必须要明确的是,通过对三者关系的研究不仅有助于我们明了环境管理政策应当是怎样的,而且有助于我们理解正在施行的某项环境管理政策为什么会是这个样子的,而不是其他的形式。

第二节　最优污染水平和污染者负担原则

一、最优污染水平

1.最优污染水平的基本概念

从经济学角度出发解决环境问题的关键之一,就是如何利用最小的投入来获得最优的环境效益,这也是在社会、经济发展的同时,协调经济发展与环境保护关系的重要途径。

污染物总是伴随着社会、经济活动而不断产生的,环境管理的目的之一就在于控制污染物的产生量,使其产生的环境效益和社会效益最优。而影响这一目标的两个关键因素是边际治理成本和边际损害成本,其关系如图 3.1 所示。

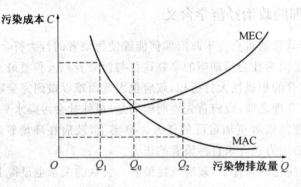

图 3.1　最优污染水平

在图 3.1 中,横轴代表的是污染物排放量,纵轴代表的是污染成本。曲线 MAC 为污染物的边际治理成本曲线,其向右下方倾斜,意味着随着污染物排放量的不断增加,每单位量污染物的治理成本逐渐减少,即边际治理成本逐步减少;曲线 MEC 为边际损害成本,其向右上方倾斜,意味着随着污染物排放量的不断增加,每单位量污染物所造成的损害成本不断增加,即边际损害成本逐步增加。治理成本与损害成本之和即为社会总成本。进行环境管理的目的不是仅仅考虑如何将污染水平控制在最低水平,而是要将环境污染造成的社会总成本控制到最低水平。

厂商生产商品追求其利润最大化,即只要边际私人纯收益大于 0,厂商扩大生产规模就会有利可图。在环境管理不严的情况下,厂商出于利润最大化的动机,会提高污染排放水平(如 Q_2 点),降低边际治理成本。同时,厂商生产过程中所产生的环境污染,迫使社会为此支付外部成本。随着污染物排放量的增加,边际损害成本不断增加,出现较高的社会总成本;在环境管理过于严格的情况下,厂商迫于压力会缩小生产规模,从而减少污染物的排放量(如 Q_1 点),但这时边际治理成本就会增加,也会造成较高的社会总成本。根据以上分析,在环境管理不严或者过于严格的情况下,都会造成较高的社会总成本的支出。

从图 3.1 中还可以看出,当污染物排放量达到 Q_o 时,边际治理成本等于边际损害成本,此时社会总成本是最小的,所以该点被称为污染物的最优污染水平。在关于最优污染水平的分析中,可知在经济发展过程中,彻底消除环境污染是不可能做到的。环境经济学需要解决的问题不是消除环境污染而是控制环境污染。所以,最优污染水平是一定的社会经济发展的产物,并随发展水平的变化而不断变化。

2.影响最优污染水平的几个主要因素

(1)环境容量。

当自然环境受到破坏时,自身有一定的承载能力,只要在其承载能力范围内,人类生存和自然环境就不会受到明显影响,这就是环境容量。当生产规模及相应的污染物排放量低于环境承载力时,环境的自净能力可以将污染物净化到不至于影响人类生存和生态系统的程度,社会也不必支付相应的社会成本。但是如果污染物排放量大于环境承载力时,社会就不得不支付这部分费用了。所以,在分析和解决环境问题时,需要正确地认识和考虑环境容量的作用。

(2)存量污染物和流量污染物。

按照能否被自然环境净化来划分,污染物可以分成存量污染物和流量污染物。存量污染物指的是那些不容易被环境降解为无害物质,因而在自然环境中聚集并继续污染环境的污染物(如重金属等)。只要排放存量污染物,就会对环境造成一定的负面影响。流量污染物就是指能够较快地被环境稀释或降解为无害物质的污染物。只要排放的速度没有超过环境承载力,流量污染物就不会积聚下来。但是如果流量污染物的排放速度超过了环境承载力,就会造成污染物积聚,排放量中超出年度环境自净能力的部分便会累积,此时,流量污染物也会具有存量污染物的特征。随着年污染物排放量中超出年度环境自净能力部分的逐步累积,社会为同一个污染物排放量所支付的外部成本是递增的,而为了使环境污染继续保持在当年的最优污染水平之上,生产规模及相应的污染物排放量就必须减少到相应的水平。由此即可看出,从污染物的累积效应方面来看,环境自净能力决定最优污染水平。

(3)环境资源的使用者成本。

前面讨论的是只有在污染物排放量超过环境自净能力时,才会导致外部不经济和外部成本。但是这并不意味着当污染物排放量低于环境自净能力时,经济当事人除了支付生产成本外,就不需要支付其他成本。由于环境容量和净化能力属于稀缺资源,因而使用资源的主体就需要向这些资源的所有者支付一定的使用费用。而对环境自净能力的使用方面,又存在着多种选择。因而对环境资源的所有者来说,经济当事人因使用环境自净能力而能够获得的私人纯收益中的最高值,就成为这些经济当事人使用该环境资源的使用者成本。此时,该环境资源的所有者就应该按照经济当事人从使用该环境资源中获取的最高收益来计算和征收使用者成本。在这一过程中,虽然对最优污染水平的决定没有影响,但却对污染者的私人纯收益有直接影响,并直接影响到生产者的生产决策(降低生产规模还是采取措施治理环境污染以保持或增加生产规模)。

在环境保护的实践中,由于经济、政治、社会、科学技术等多方面的原因,经常无法获得边际治理成本和边际损害成本的准确信息，因此，代表最优污染水平的 Q_0 点只能近似获得。

从最优污染水平的分析中可以看出，在经济发展过程中要彻底消除环境污染是不可能做到的。环境经济学研究和解决的重要问题之一，就是综合考虑环境与经济的因素，力求社会净效益的最大化。

3. 控制污染物排放的主要途径

在环境管理的实践中，控制向环境中排放污染物，主要有两种途径。

（1）从宏观上控制向环境中排放污染物。

从宏观上控制向环境中排放的污染物主要是通过国家的宏观政策，调整发展方向，鼓励发展无污染、少污染的生产行业，从而减少污染物的排放。但是在现有的技术条件下，有污染行业还不能完全被无污染行业取代，如造纸、制革等行业。所以仅从宏观上进行调整，还不能完全达到消除污染的目的。

（2）从微观上促使排污者减少排放量。

从微观上控制污染物的排放，大致经历了以下三个阶段。

①简单禁止。即禁止生产者向环境中排放污染物。但由于经济、科学技术等原因的限制，要求生产者做到"零排放"是不可能的。所以，简单禁止向环境排放污染物的控制方式达不到控制污染的效果。

②国家投资治理污染。即排污者造成的污染状况，由国家来承担治理责任。这显然是不合理的，不仅加重了国家的负担，对排污者也未形成任何压力，同时还鼓励排污者排污，这实质上也是"先污染后治理"。

③污染者负担原则。简单禁止和国家投资治理污染都不能控制污染物的排放，各国都在不断探索和寻找新的控制方式，到 20 世纪 70 年代，提出了污染者负担原则，要求污染者承担相应的治理责任。

二、污染者负担原则

1. 污染者负担原则的产生

污染者负担原则（Polluter Pays Principle），又称为 3P 原则（PPP 原则），是经济合作与发展组织（OECD）环境委员会于 1972 年 5 月在《关于环境政策的国际经济方面的控制》一文中提出的。提出 3P 原则，主要是针对以往污染者将外部不经济性转嫁给社会的不合理现象，目的是实现外部不经济性的内部化。

3P 原则指的是污染者应当承担治理污染源、消除环境污染、赔偿受害人损失的费用。3P 原则提出后，随即被许多国家采纳利用。目前，OECD 成员国及国际社会都采用这一原则作为制定环境政策的一个基本原则。

一般来说，3P 原则是一项非补贴原则，各成员国不应该通过诸如补贴或税收优惠一类的手段来代替污染者承担污染控制费用。1974 年，OECD 在《关于实施 PPP 原则的建议》中提出，作为一项一般原则，除非例外的情况下，各成员国不应该通过补贴或税收优惠政策来帮助污染者承担污染控制费用。这里所指的例外情况，主要是指由于采用 3P 原则而带来严重困难的工业、严格规定的过渡时期、处于转型过程中的国家及面临环境政策产生社会经济问题的国家等。因此，污染者负担原则可以被解释为"非补贴规定"，即污染者应当承担污染控制的全部费用。

3P 原则是环境管理的支柱，它可以促使排污者积极主动地治理污染，否则将在经济上受到制裁。各国在运用 3P 原则时，关于负担责任有着不同的规定，综合起来讲，主要包括三种。

(1)等额负担。即要求污染者负担治理污染源、消除环境污染、赔偿损害等一切费用。从理论上说，等额负担是公平合理的。日本等国主要采取这样的责任形式。

(2)部分负担。即要求污染者只负担治理污染源、消除环境污染、赔偿损害等的部分费用。采用这种负担方式，主要是考虑到污染者的支付能力，若全部由污染者来承担，会加重其经济负担，甚至使其不能进行正常的经济活动。我国现行政策实际上采用的就是部分负担。

(3)超额负担。即污染者除负担因排放污染物而产生的全部费用外，还承担相应的罚款。由于这种方式带有惩罚的性质，一般较少采用。

3P 原则可以应用到财政收费、补偿或责任等政策中。在实施的过程中，越来越多的国家通过应用 3P 原则使用经济手段进行环境管理。为了使其能够更有效地执行，在很多情况下，3P 原则通过基本标准、许可证等强制手段来实施。

2. 污染者负担原则的完善

经济合作与发展组织（OECD）最初所建立的 3P 原则中还留有一些问题尚未明确。首先，3P 原则未对什么样的当事人应该看作污染者给予正确的界定，而把对污染者的识别留给了国家权力机关。其次，3P 原则没有明确指出污染者需要支付多少费用。1989年 OECD 签署了《关于突发性污染中应用 PPP 原则的建议》，这实际上是把损害赔偿的经济原则同法律原则结合起来。1991 年制定的《理事会建议》也开始强调环境政策中采用经济手段使损害成本内部化的必要性。这两项建议书最终促进了 3P 原则的具体化，使应支付的费用超出了预防措施的成本范畴。《关于突发性污染中应用 PPP 原则的建议》中提出，污染者不但应该负责预防事故发生所采取的措施而产生的成本，而且应该负责事故发生后限制和减少损害所采取的措施而产生的成本，以及清理和去除污染活动而产生的成本。

在环境管理的实践中，3P 原则的应用领域已经逐步扩大到资源利用范围，即在"污染者负担原则"的基础之上增加了使用者付费原则（广义的污染者负担原则）。对于一些特殊的污染问题，使用者付费原则有时会比污染者负担原则更加有效。例如，对于一些污染排放量很小、自行处理又很不经济的污染排放者，行之有效的办法就是利用污染集中处理设施集中处理污染物。那么这样一来，污染排放者就转变为集中处理设施的使用者，这些使用者必须付费才能取得公共设施的使用权。例如，污染排放量较小、污染物比较简单、经营规模较小的工商企业就可以通过这种方式来承担在生活和经济活动中排放污染物应负的责任。在这种情况下，污染者负担原则就演变成使用者付费原则。

第三节　环境管理政策的基本模式

尽管政府—污染者—公众之间的关系错综复杂,具体的环境管理措施不胜枚举,但是我们依然可将其归为命令—控制模式(直接管制)与经济激励模式两大类。

一、命令—控制模式

命令—控制模式类环境管理政策是当今环境管理领域的一种主要模式。尽管具体形式多种多样,但其基本特征是政府要求污染者采取相应的步骤解决污染问题。具体来说,政府有关部门首先要收集起必要的相关信息,接着要制订企业实施污染控制的具体步骤,最后命令污染者按照政府规定的步骤实施污染控制。显然,在命令—控制模式下,政府有关部门应是污染控制的专家,有能力为企业解决污染问题开出具体有效的药方。

实施命令—控制模式类环境管理政策的前提是一个国家或地区有污染控制的法律,有关部门根据这些法律规定每个企业、每个行业、每个消费者的污染物排放的种类、数量与方式,并针对污染者生产的产品与生产工艺制定污染指标。污染者对相关规定、法律、指标等的遵守是强制性的。对于违规行为,管理者将处以法律或经济制裁。美国的《清洁空气法案》是命令—控制模式的典型。该法案要求美国国家环保局(EPA)分类列出所有新增污染源的最小污染控制量。为此,美国国家环保局开展了广泛的调查,详细了解全国所有类别企业的生产过程。尽管这样做要耗费巨大的人力、物力和财力,但至少在主要污染行业,EPA必须彻底清查企业的生产过程。例如,在轮胎制造业,EPA雇请专家对该行业的生产过程进行调查,编制了《控制技术指南》,并以此指导新进入的企业采取恰当的污染控制措施;在家具制造业,政府对厂商所使用的家具贴面类别、油漆车间的通风设施等均有明确规定;在电力行业,政府强制火电厂通过运用某种技术以降低二氧化硫的排放。

命令—控制模式类的环境管理政策多种多样。政府针对不同行业的特点分别制定有针对性的管制措施。例如,汽车的排污量与行驶里程是密切相关的,行驶里程越长,排放的废物也就越多。但考虑到监管成本,有关部门几乎不可能采取控制行驶里程的管制措施。相对简便的对策是制定新车的排放标准,加强对汽车制造商的监管。具体措施有规定新车百公里的一氧化碳排放量、要求汽车加装尾气净化装置等。再比如,火电厂排放的污染物主要是煤燃烧后释放的二氧化硫。毫无疑问,燃的煤量越大,排放的二氧化硫也越多。但是从效率的角度出发,政府的监管并不是针对火电厂的燃煤量,而是要求其使用优质煤。具体措施是规定火电厂燃煤的二氧化硫含量。

虽然命令—控制模式也对违规者施以罚款的措施,有时甚至是相当严厉的经济处罚。但这与经济激励模式是截然不同的。命令—控制模式的显著特征是将污染者的减排决策权收归政府部门统一行使。它与经济激励模式的区别主要体现在两个方面。

(1)在命令—控制模式下,污染者无权选择减排手段。也就是说,为了达到既定的减排目标,当可行的减排手段可能不止一个时,究竟应当采取何种手段,这就取决于政府部门而不是企业。尽管对某个企业而言,采取手段 A 是更经济、更有效的,但是如果政府要求采取手段 B,该企业也必须要执行。

(2)在命令—控制模式下,不同污染者的边际污染控制成本是不同的。通过前面章节的学习,我们知道,富有效率的减排对策是使不同污染者的边际污染控制成本相等。也就是说,那些边际污染控制成本高的污染者减排量少些,而那些边际污染控制成本低的污染者的减排量则应该多一些。但是,命令—控制模式缺少使各污染者边际污染控制成本均等化的机制。例如,当政府有关部门要求污染者使用某种污染控制设备时,该污染者无权控制自身的减排量。即使污染者能够以更经济的方式达到同样的减排量,也必须按照政府的要求办事,否则将会招致处罚。但是,命令—控制模式有时也规定了在一定范围内企业选择的自由。例如,规定企业单位产量的最大污染排放量,而不具体规定企业所采取的减排手段。

命令—控制模式的突出优点在于能够更为灵活地应对复杂的环境问题,同时更易于确定污染排放总量。例如,在城市中,分布于各处的各类工厂共同造成的城市的环境污染,但是,各工厂所排放污染物的类别、数量是各不相同的,这使得我们难以通过制定切实有效的税率或其他经济激励措施控制企业的污染排放。此外,由于政府部门不可能充分获取相关信息,因此,我们并不能确定污染者对于政府制定的税率将做何反应。换言之,经济激励措施的效果具有相当的不确定性。相比之下,命令—控制模式对于污染控制的结果则显然更具确定性——直接规定污染物排放数量、直接控制污染者的行为。除此之外,命令—控制模式的另一个优点在于简化了污染控制监控。例如,如果政府要求企业使用某种污染控制设备,那么,相应的监管措施便可简化为检查企业是否按要求安装了该设备即可,除检查工作外,相应的监管部门最多是检查该设备是否处于工作状态。这显然比定时定点地监测污染者的排污量要省时省力得多。

当然,命令—控制模式的缺陷也是不容忽视的。

(1)由于获取信息代价不菲,因此,切实有效的命令—控制类环境管理政策往往是成本高昂的。这在客观上使得命令—控制模式类措施的有效性大打折扣。由于每个企业、每个行业都有其特殊性,所以说,为其量身定制污染控制手段和减排量就需要进行非常仔细而全面的调查。这显然需要耗费大量的人力、物力和财力。即便如此,信息不充分的问题依然不能得以圆满解决。例如,政府部门不可避免地需要污染者的协助,以便更充分有效地获得有关污染排放量和污染控制成本的信息。对于污染者而言,这意味着拖延时间、歪曲事实,至少在有时候对自己是有利的。

(2)命令—控制模式削弱了社会经济系统追求以更有效的方式实施污染控制的动力。换言之,命令—控制模式的革新动力不足。某种污染控制手段一旦被确定下来,往往在很长时间内不会再改变。由于污染控制规章的变更是一个相当复杂而昂贵的过程,因此,即使社会上已经出现了更富有效率的污染控制技术或设备,政府部门往往也很难在较短时间内采纳。对于污染者而言,是否认真落实政府的减排要求具体表现为是否安装政府指定的污染控制设备,因此,污染者成为被动的算盘珠,而不愿意对有关污染控制的研发进行投资。这是命令—控制模式一个明显的不足之处。

(3)命令—控制模式的缺陷还在于,污染者只要为污染控制付费而不必对污染排放造成的损害负责。这实质上是对企业污染排放发奖金。例如,在命令—控制模式下,以再生材料为原料的环保企业往往举步维艰。在很大程度上这是由于那些直接以自然资源为原料进行生产的企业不必支付相应的环境损害费用,而只要付费进行污染控制造成的。相比之下,如果企业选择以再生材料为原料,则意味着其生产成本中已经包含了为减少或消除环境损害而发生的费用,所生产的产品在价格上显然是不具有竞争优势的。但由此产生的结果却是我们所不愿意看到的:企业过量攫取自然资源使环境遭受了重大的污染。

(4)命令—控制模式难以满足边际均等原则。只有对各污染者的污染控制成本做出完全正确评估时,政府部门才有可能据此制定相应的污染控制手段和减排量,各污染者的边际污染控制成本也才有可能会相等。但这显然会使污染控制的代价变得极其高昂,甚至是任何一个社会都难以承受的,因而是不具有可行性的。这也是命令—控制模式存在的最大问题。命令—控制模式类措施的科学性因此受到极大的质疑。以牺牲效率来换取排污的公平性是经济学家对命令—控制模式的主要批评意见。

为了更好地发挥命令—控制模式类管理措施在实践中的作用,许多国家的政府越来越注重与工作对象——企业、行业协会等的事前沟通(亦称之为谈判),这在一定程度上克服了命令—控制模式缺乏灵活性的弱点,较为有效地解决了事前由政府说了算,事后出现执法不严或有法不依的问题。但是,这种沟通的不利之处在于为污染者对管理者施加更大的影响提供了机会。在极端情况下,污染者甚至能够预先阻止政府采取某种管制措施。

二、经济激励模式

经济激励模式是命令—控制模式的对称形式,它通过采取某些与利益相关的措施,鼓励环境友好的行为,惩罚对环境有害的行为,从而引导污染者的行为符合公众利益。经济激励模式的运用与高昂的污染控制监管成本不无关系。换句话说,如果对企业污染控制进行监管的成本高昂,甚至使监管变得不可能的话,那么,通过对企业的环境行为运用经济手段进行刺激则不失为一种有效的对策。如果将经济激励具体化为物质刺激的话,我们会发现,在现实生活中,它几乎无处不在,在很多时候是非常有效的。针对污染问题的经济激励措施大致可分为三类:课税(收费)制、许可证制和责任制。

(1)课税(收费)制是要求污染者对其单位污染排放支付相应的税(费)。恰当设置的污染税(费)就是庇古税。很显然,如果污染者必须为其污染排放支付从量税的话,不断减少相应的税(费)支出就成为其寻求如何减少排放的动力之所在。污染税(费)是应用最广、最典型的非市场性经济激励措施。其他的措施还有使用者收费、产品收费、税收减免、管理收费、押金制、补助金等。

(2)许可证制允许污染者就污染权进行交易。许可证制的起点类似于命令—控制模式,即规定企业的污染权(污染物排放量)。所不同的是,许可证制允许企业间就污染权进行交易。正是在这个意义上,我们认为这是一项市场性的经济激励措施。交易使污染权成为一种具有价值的物品。对污染者而言,这意味着污染是有代价的,有时甚至是很昂贵的。反之,减少污染排放则意味着减少所需购入的污染权。这就是排污的机会成本。随着排污量的不断下降,污染者甚至可以出售所节余下来的污染权。

在此,值得一提的是,尽管污染税(费)制与许可证制分别属于非市场性与市场性经济激励措施,但在理论上,二者的管制结果应当是一样的。二者不同的是,在信息充分的条件下,污染税(费)制的实行有助于我们确切了解污染控制的边际成本,但不能确定排污量。许可证制的实行有助于我们确切了解排污量,但难以准确掌握污染控制的边际成本。

(3)责任制的出发点是认为致害者应当对受害者所遭受的损害负责。就环境问题而言,如果 A 意欲从事有风险的活动(例如,污染排放),那么,在做出决策时,A 必须将其风险活动可能引发的所有潜在损害都进行充分考虑。在实行责任制时,政府有关部门不必要求或指导污染者应当如何行事,只是使其意识到他(她)必须对污染行为造成的所有损害负责。显然,这有利于污染者谨慎抉择,尤其是当污染者所欲采取的行动具有较大风险时。同时也有利于污染者在行动之前就制定行之有效的损害预案。在美国,环境法具有溯及既往的特点。也就是说,即使污染排放行为发生在相关环境法规出台前,但只要造成环境损害,污染物的排放者就必须对此负责。换句话说,环境责任具有终身制的特点,而污染排放行为则与定时炸弹无异。这与其他领域"既往不咎"的立法原则有很大不同。"法溯及既往"和惩罚性赔款使企业更加严肃认真地考虑其行为可能产生的环境后果。

以垃圾堆场为例,潜在的损害包括散发恶臭、渗沥水污染土壤与地下水、滋生蚊蝇、沼气引发爆炸、附近居民的健康损失、当地经济机会的丧失、自然景观破坏等。但同时我们也知道,如果采取恰当的预防措施,上述潜在危害大多是可以避免的,至少其损害程度是能够有效减轻的。反之,如果采取听之任之的态度,上述潜在危害发生的概率就变得很高,甚至成为必然事件。显然,在其他条件相同的情况下,如果不必对潜在损害负责的话,垃圾堆场是缺乏采取预防措施的动力的。图 3.2 是对这个例子的图示说明。在图中横轴表示垃圾堆场的预防投入。显然,预防投入的增加意味着垃圾堆场预防成本的增长,同时,由于预防措施能够有效减少损害的发生,因而垃圾堆场的损害赔偿成本就会相应减少。不言而喻,巨大的损害赔偿风险将促使垃圾堆场采取社会所期望的预防措施。

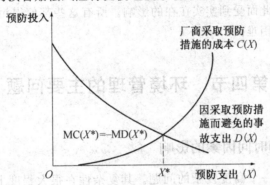

图 3.2 预防措施成本与损害成本的关系

与命令—控制模式相比,经济激励模式具有明显的优点。首先,经济激励模式对信息充分的要求弱于命令—控制模式。例如,实行排污权制后,政府有关部门不必了解某个企业对该制度的反应是决定购买排污权,还是添置污染控制设备,或者是对生产流程进行革新。其次,经济激励模式为污染者不断追求以更经济的方式减少污染排放提供了动力。这是因为在经济激励模式下,污染者所要支付的不仅是污染控制设备的费用,还包括污染损害的费用。换言之,前文所提及的命令—控制模式对污染者的污染奖励不存在了。最后,经济激励模式下的大多数污染控制措施与边际均衡原则是一致的。例如,污染者会自动地将其边际污染控制成本设定在相当于污染税(费)的水平上。再如,当企业就排污权进行交易时,排污权的价格实际上决定了企业污染排放的机会成本。而在图3.2中我们看到,污染者将边际减排成本设定在相当于边际损害的水平上。这也是经济激励模式最为突出的优点。

正是这最后一条优点使人们认为,经济激励模式与命令—控制模式相比,经济激励模式才是成本更有效的污染控制模式。但是,在过去的几十年里,困扰环境经济学与环境管理的主要问题却是为什么属于命令—控制模式的环境管理政策在全世界大行其道呢?研究经济激励模式中存在的问题也许会有助于我们理解这个问题。

经济激励模式的问题首先在于,人们通常假设经济激励模式能够简洁有效地应对复杂的环境问题。众所周知,污染排放的不利影响可能是跨越时空的。对于这样一个高度复杂的问题提出行之有效的对策显然并非易事。

其次,经济激励模式的问题在于难以克服时间上的滞后性。在分析经济激励模式的优越性时我们指出它对信息充分性的要求不如命令—控制模式严格。这意味着在运用经济激励措施进行污染控制时存在着大量的不确定性因素。这也意味着,随着事态的发展,政府部门应当根据所掌握的信息对所实施的经济激励措施进行及时的调整。例如,调整税(费)率,调整排污权的分配等。但是,在实践中,这种调整往往是十分困难的,距离"及时"的要求有很大的差距。

最后,经济激励模式的问题在于相关税(费)的征缴在实践中存在困难。例如,设定污染税(费),向企业征收污染从量税(费)固然能够使政府增加大笔的收入,但从污染者的角度来说,这实际上是其财富的大量外流。因此,污染者是强烈希望减少,甚至免除这笔开支的。此外,如果企业因无力支付污染税(费)而选择关停的话,虽然惠及未来,但现任政府的税收收入却将因此而受到实实在在的影响。所有这些都使得污染税的税种设立、征缴面临着巨大的现实困难。

第四节　环境管理的主要问题

一、空间因素与时间因素的影响

环境污染管理是一个高度复杂的问题。其复杂性在很大程度上是由环境本身造成的。众所周知,污染者向环境中排放污染物,但特别值得注意的是,污染者的行为之所以会造成环境损害,在很多时候是因为周围环境中的污染达到一定程度后所引发的。只有当空气中或水体中的有害物质达到一定浓度后才会对人体的健康造成损害。从这个意义上来说,我们可以认为在达到这个极限的浓度之前,即使污染者向环境排放污染物也不会对人的健康造成损害。政府有关污染管理部门更关注于浓度的原因正是在于,只有当环境中的污染物达到一定浓度后才有可能导致损害的发生。对于浓度本身,政府部门无疑是很难控制的,所能控制的只是污染者的排放。虽然污染者的排放是导致环境中污染物浓度提高的原因,但显然这并不是唯一的原因。空间因素对于污染物在环境中的转化(迁移、稀释、化合、腐烂、沉淀),时间因素对污染物转化方式和危害程度的影响,都是极端复杂的。

不言而喻,针对排放进行的污染管理已经是非常困难的了。尽管完美的环境管理政策应当以减小污染损害和污染物的浓度为基本目标,但是,如果还要考虑到空间与时间因素的话,则无疑会使污染管理变得难上加难。因此,在污染控制实践中,综合考虑时间与空间因素的污染管理大多只出现在对敏感地区的管理中。例如,为了减少扬沙和沙尘天气的损害,北京规定在一定区域范围内,正在施工的工地必须实行遮盖,并应避免在春季强风天气下进行施工。上海为缓解中心城区的大气污染状况,规定了对高排放车辆的限行措施等。

二、效率有效与成本有效

从效率的角度出发,当污染排放的控制成本等于环境污染所造成的损害时,我们可以认为此时的排放是有效排放。但是由于污染所造成的损害因时间与空间的不同而呈现出差异性,因此,我们几乎不可能全面而准确地评估污染排放所造成损害。此外,如果考虑人们对环境质量的需求可能受到传统文化、社会经济发展水平、价值观念等因素的影响的话,准确估量污染损害几乎是不可能的。这使得有效污染排放的可操作性成为问题。在实践中,污染控制目标更多的是依据人们的期望而设定的总量目标或者浓度目标。这显然极有可能与有效污染排放相去甚远。

在此以上海为例,即使同样属于中心城区,但各个区的人口密度、经济繁荣程度、产业类别都呈现出很大的差异性。对于污染损害而言,即使是同样浓度的某种污染物,它对各个区所造成的损害显然各不相同。从污染控制的效率角度出发,有关部门似乎应当为每个区量身定制每种污染物的控制目标,但这会使污染控制变得极其复杂而完全不具有可行性。其中主要的障碍至少包括我们并不确切地知道污染损害程度、构成及污染物的迁移、转化等。因此,最终我们所得到的可能是一个折中的方法,即针对所有区,针对主要行业,针对主要污染物的浓度或排放总量制定相应的控制目标。很明显,这些污染控制目标极有可能是以污染控制效率损失为代价的。

值得我们注意的是,在污染控制中,即使我们最终所制定的污染控制目标是一个以牺牲效率为代价的折中方案,但是在如何实现这一目标的问题上,依然存在效率问题,如何以成本最小化的方式实现既定的污染控制目标。循着这样的思路,由于污染者的污染控制成本各不相同,如果我们能够以最小化的成本实现既定的污染控制目标,那么,相应的污染管理就可以被认为是成本有效的。

这是一个十分重要的概念。尽管在污染管理中,有效污染排放是难以做到的,但成本有效的污染管理却是很有可能实现的。在污染控制实践中,许多污染管理并没有做到成本有效。除了因管理规则本身不甚合理导致污染控制开支过大之外,其中一项现实而可理解的原因是污染控制往往涉及公平问题。因为,有时从成本有效的角度出发,减少污染排放的责任可能只落到少数个人或企业的身上。而从社会角度出发,这可能是有悖公平的,因而也必然会遭人反对。

三、基于环境损害的管理与基于排放的管理

在前面的分析中,我们指出污染控制目标既可以是环境中的污染物浓度目标,也可以是污染物排放总量目标。相应的污染控制措施既可以是针对污染者向环境排放的污染物的浓度,同时也可以是针对污染者的排污总量。例如,假设位于中心城区的污染者 A 的 1 个单位的排放对环境污染物浓度的影响不同于位于远郊的污染者 B,这就意味着,同样的污染排放但二者所造成的环境损害程度是不同的。此时,如果环境管理政策是环境损害取向的,那么,环境污染物浓度取向的污染控制措施应当对两个污染者区别对待;如果环境管理政策是基于排放量而制定的,那么,污染物总量控制取向的污染控制措施则对二者一视同仁,而不考虑二者实际所造成的环境损害的严重性的差异。

四、环境管理的主要问题

有关命令—控制管理模式与经济激励管理模式的激烈争论一如既往。尽管不论是在发达国家还是发展中国家,命令—控制模式在环境管理中均占据着主导地位,但各国政府都在尝试更多地运用经济激励管理机制,有些遵循经济激励管理模式设计的管理措施也初显成效。然而,究竟应当如何评价经济激励措施依然是一个悬而未决的问题。环境问题的复杂性决定了我们几乎不可能试图用一揽子的经济激励措施有效地加以解决。例如,在我国(其他许多国家也是如此)垃圾清运与处理、污水处理、道路保洁等是由当地政府或准政府机构来经营的。对于这样的运作模式,缺乏严格的预算约束是其共同特点。因此,我们很难想象在这些机构中,经济激励机制能发挥多大的作用。也许命令—控制模式能更有效地发挥作用。总之,尽管从理论上讲,命令—控制管理模式存在种种弊端,但简便易行、效果立竿见影应当是其在环境管理实践中依然活跃的主要原因。在任何国家或地区,环境管理政策都是一系列经济、社会、政治因素综合作用的结果,其总的发展趋势是由过去单一的命令—控制措施向命令—控制措施与经济激励措施相结合的综合性措施转变。

如何获得所需要的信息是环境管理中的重要问题之一。在环境管理实践中,政策的好坏及其在实践中能否被贯彻执行,在很大程度上都有赖于管理者能否全面准确地了解污染者的情况,包括其对环境管理政策的可能的反应、如何避免污染者钻政策的空子等。因此,如何确保污染者所提供的相关信息全面、准确就成为环境管理必须面对的问题。其中的难度是不言而喻的。

污染的风险是环境管理必须面对的又一个问题。以有毒有害废弃物的填埋场为例,尽管我们相信不论是设计、建造还是在使用过程中,有关部门都会尽其所能地使之不对人类与环境产生危害。但是,由于人的技术条件、认识水平、工作人员的责任心等因素的影响,其对周边居民带来不利影响的风险依然存在。在世界各地,因填埋场有害物质渗漏对附近居民造成损害的案例屡见不鲜。虽然我们不能说渗漏直接导致了癌症的发生,但有一点是可以肯定的,即有害物质的渗漏将大大提高附近居民患癌症的可能性。对于这样的问题,我们是否充分意识到其中潜在的风险,并提出行之有效的对策呢?又如,当我们决定兴建一座核电站时,对于可能发生的核泄漏事故,你准备好了吗(不论是资金上的还

是技术上的)？又如,如果今天的污染排放行为在 30 年后,甚至更久远的时间才显现出环境损害结果,相应的环境管理政策应当是怎样的呢?

环境保护与促进区域经济发展是环境管理中时常出现的一对矛盾。也就是说,对于某个地区,何种程度的环境管理是适度的呢? 过于严厉的环境保护政策会将投资者拒之门外,而过于宽松的政策显然又不利于当地环境资源的可持续利用。更让决策者举棋不定的是,本地相对严格的环境管理极有可能将潜在的投资者引向附近其他地区,长此以往,区域经济发展就成了问题。此外,如果周边地区的污染殃及本地的话,那么,当地政府又该如何行事呢? 如果类似的问题发生在国与国之间,那么,一国政府可采用经济的、外交的,甚至是其他更为激烈的手段遏止污染者的排污行为,但如果是在国内的不同地区之间呢? 由此而引发的另一个问题是,我们应当实行怎样的环境管理,是针对各个地区制定不同的环境管理政策(如各省分别制定各自的环境政策),还是实行“一刀切”,执行一种全国统一的环境政策?

一项环境保护措施究竟使谁受益(到底是谁在承担相应的成本)也时常在环境管理中引发热烈的讨论。尽管“谁污染、谁治理”“谁受益、谁付费”“污染者付费”等是较为公认的环境保护费用分担模式,但是,在实践过程中,谁是环境保护的受益者,谁又是环境保护的真正买单者却并不是一个简单的问题。例如,某个地区原先由于环境脏乱不堪,商品房的销售情况一直不理想。经过一番整治后,优美的环境固然使居民受益,但开发商从不断上升的房价中获得了更大的经济收益。如果整治行动是由政府发起的,那么,治理费用则是全体纳税人共同分担的。房地产开发商是最大的受益者,但却未必是最大的费用负担者。在这个问题上,更为极端的情况是出现了“甲治理、乙收益”的情况。

第五节　环境经济政策

一、环境政策手段的类型

环境政策是指国家结合经济、社会和环境保护的实际情况,为保护和改善环境所确定、实施的战略、方针、原则、路线、措施和其他对策的总称。为达到环境政策确定的目标,可以采取多种措施和手段。目前,在环境保护领域应用的环境政策手段多种多样。从对管理对象的约束性来看,可以分为经济政策、命令—控制型政策、信息手段和自愿行动等。世界银行将环境政策手段分为创建市场、利用市场、实施环境法规、鼓励公众参与四大类。在中国,一般将环境政策手段分为法律手段、行政手段、经济手段、技术手段、信息手段五大类。在不同的社会政治、经济条件下,各种手段的组合使用所达到的效果也不尽相同。应根据不同条件对环境政策手段进行选择或组合,以达到促进环境资源合理利用和有效配置的目的。

1. 环境政策的行政手段

环境政策的行政手段是指政府有关行政机关运用行政的手段和方法,直接对环境经济系统中的各种活动进行管理和调控。这种手段的主要内容是由政府颁布相关的环境制度和环境标准等。我国主要使用环境影响评价、"三同时"制度、限期治理制度、污染物排放标准、严重污染企业的关停并转、排污申报和许可证制度、环境目标责任制、污染物排放总量控制制度等行政手段。行政手段具有直接对活动者行为进行控制,并且在环境效果方面存在较大确定性的突出优点。但也存在着信息量巨大、运行成本高、缺乏灵活性和应变性、缺乏激励性和公平性等缺点。

2.环境政策的法律手段

环境政策的法律手段是指依靠法制机构,运用法律的强制性,按照一定法律规范来管理和调控环境经济系统。环境政策的法律手段是以法律的权威性为作用估计值,在一定范围内调整环境经济系统中的各种关系。在我国,已经形成包括宪法、环境保护基础法、环境保护单行法、环境保护部门规章、环境保护行政法规、地方性环保法规和规章、环境标准在内的环境保护法规体系,为我国的环境保护提供法律基础。法律手段具有强制性和公平性的优点,但也存在事后性、缺乏激励性和法律制裁标准过低等缺点。环境政策的法律手段和行政手段都具有强制性,因此,通常将这两类手段称为环境政策的强制性手段。

3.环境政策的经济手段

环境政策的经济手段是指为了达到环境保护和经济发展相协调的目标,利用生态规律和经济利益关系,根据价值规律,运用价格、投资、信贷、税收、成本和利润等经济杠杆,影响或调节有关当事人经济活动的政策措施。与行政手段和法律手段相比,环境政策的经济手段具有较高的灵活性、经济效果良好、筹集环保资金和激励性等优点,但同时也存在环境效果不明确、技术水平限制等缺点。虽然环境政策的经济手段具有以上优点,但必须注意的是,环境政策的经济手段是建立在行政手段和法律手段基础上的,是强制性手段的必要补充,不可能完全取代强制性手段。

4.环境政策的技术手段

环境政策的技术手段是指政府通过向广大公众、企业等推荐使用有利于环境保护的技术、工艺及设施的方式,提高资源和能源的利用效率,调整产业结构、引导产业发展、从源头上减少污染。环境政策的技术手段的总体思想是,推荐使用高质量、低消耗、高效率的适用生产技术,重点发展附加值高、技术含量高、符合环保要求的产品,重点发展投入成本低、去除效率高的污染治理适用技术。环境政策的技术手段属于鼓励性或倡导性的指导性规范,不具有强制性。

5.环境政策的信息手段

环境政策的信息手段是指通过各种媒体将环境行为主体的有关信息进行公开,通过社区、公众和媒体的舆论,对污染行为主体产生改善其行为的压力,从而达到保护环境的目的。对于政府来说,通过信息公开可以获得新的信息,为正确制定污染控制政策提供依据,提高污染控制和环境保护的效率;对于企业来说,随着公众环境意识的提高,环境友好产品的需求越来越高,企业环境信息的公开有助于拓宽市场,促使企业治理污染;对于公众来说,开展信息公开工作,是公众了解环境信访和投诉的作用和程序,逐步提高他们的环保意识,而环保意识的增强又会对环境信息公开提出更高的要求,形成环境管理部门与公众社区相互促进的良性循环,最终有利于环境改善。

综上所述,环境政策的手段各具优缺点,单独使用哪一种手段都不能实现既定的环境目标。所以,环境政策的发展应形成行政手段、法律手段、经济手段、技术手段和信息手段的组合,并对环境经济系统中的各种活动共同发生作用。我国常用的环境政策手段情况见表3.1。

表 3.1 我国常用的环境政策手段

行政手段	法律手段	经济手段	技术手段	信息手段
污染物排放浓度控制	宪法	排污收费制度	环境保护技术政策要点	公布环境状况公报
污染物排放总量控制	环境保护基础法	二氧化硫排放权交易	关于防止水污染、煤烟型污染的技术政策	公布环境统计公报
环境影响评价制度	环境保护单行法	二氧化碳排放权交易	化工环境41项技术政策	公布河流重点断面水质
"三同时"制度	其他部门中的环境保护规范	重点工程、环境友好产品等的补贴	燃煤二氧化硫污染防治技术政策	公布大气环境质量指数
限期治理制度	环保行政法规	生态补偿费试点	危险废物污染防治技术政策	公布企业环保业绩试点
排污许可证制度	环保部门规章	环境税	生活污水、生活垃圾处理及污染物防治技术政策	环境影响评价公众听证
污染物集中控制	地方性环保行政法规和规章	绿色信贷政策	制浆造纸工业环境保护技术政策及污染防治对策	加强各级学校环境教育
城市环境综合整治定量考核	环境标准		废弃家电与电子产品污染防治技术政策	中华环保世纪行(舆论媒体监督)

二、环境政策手段的发展

随着经济的不断发展及环境问题的不断变化,世界各国的环境政策也在不断变化。虽然强制性的政策手段仍占主导地位,但是,在总体上,环境政策手段正在向经济手段、综合规划、信息手段和自愿行动的方向发展。在这个发展过程中,保证国家环境保护职能的同时,更加注重市场经济手段引导企业和公众的生产和消费行为,更加注重社会公众参与环境保护所发挥的重要作用。这种政策手段的结合可以实现在保证环境效果的同时,提高管理者管理工作的灵活性和管理效率。环境政策手段的发展趋势见表3.2。

表 3.2　OECD 国家环境政策的发展趋势

内容 ＼ 时间	20 世纪 70 年代	20 世纪 80 年代	20 世纪 90 年代到现在
	命令—控制手段	市场手段	混合途径
环境政策	污染治理 法规 单介质 增长极限	预防与防止 法规改革 环境税费 可交易许可证 定价政策 多介质 消费者需求	长远规划 可持续发展 法规与经济措施 寿命周期分析 污染预防与控制 自愿协商 对话

根据世界银行的研究报告《里约后 5 年——环境政策的创新》，提出新形势下成功的环境政策需要考虑以下几个方面。

(1)实现资金的可持续性。最为成功的环境政策是那些认识到有限的外部资源和政府财政的窘迫并进而能够产生财政收入的政策，如排污收费、征收环境税、取消有害于环境的补贴等。

(2)确保管理的可持续性。在政策变革中要认识到在实施新政策中的许多管理方面的约束，如机构、人员、设备、技术、法律等方面。

(3)建立对变革的支持体系。成功的环境政策的实施必须要有相应的支撑体系，如法律、政策、技术及支持主体等方面。

(4)实现综合决策。环境与发展密不可分，宏观经济决策会影响到环境，环境政策也会影响到宏观经济。因此，必须实现环境与经济的综合决策。

三、环境经济政策的框架

在 20 世纪 80 年代末，由于经济合作与发展组织（OECD）成员国必须解决范围日益扩大的各类问题，环境政策的出现已发展到影响经济和政治利益发展的地步。基于可持续发展观，各国达成一个共识：经济政策与环境政策不可分割。两者的相互结合也是确保经济政策和环境政策产生更大经济效益的一种途径。而提高这种经济效益的一个重要方法就是，通过使用经济手段，更广泛地发挥和利用市场在环境保护中的作用。1989 年 6 月，在 OECD 部长级会议上发表的联合公报中要求，在"决定价格和其他机制如何用于达到环境目标时"，应开辟"新领域"，即"环境经济政策"。联合国里约环境与发展宣言，明确要求各国要重视经济政策，把环境费用纳入生产和消费决策过程。在市场经济体制下，环境经济政策是实施可持续发展战略的关键措施。

1.环境经济政策概念

环境经济政策是为了达到环境保护和经济发展相协调的目标，利用经济利益关系，对环境经济活动进行调节的一类政策体系。环境经济政策属于经济激励型的环境政策，是一种在传统的行政手段和法律手段逐渐不能满足环保工作需要的前提下逐渐发展起来的政策。环境经济政策的概念也有广义和狭义的解释。

广义的环境经济政策指的是可以纳入经济范畴的环境政策,它是环境保护工作与经济工作相互交叉、结合的产物,反映了环境保护与经济发展间的协调关系。

狭义的环境经济政策指的是根据价值规律的要求,运用价格、信贷、税收、投资、微观刺激和宏观经济调节等经济杠杆,调整或影响市场主体,使其产生消除污染行为的一类政策。

2.环境经济政策特点

环境经济政策的原理主要是环境价值和市场刺激理论,借助环境成本内部化和市场交易等经济杠杆调整和影响社会经济活动当事人。环境经济政策与强制型环境政策(行政和法律)相比,主要具有以下特点。

(1)经济效果较好。

环境经济政策是以市场为基础,直接或间接地向政策控制对象传递市场信号,影响其经济利益,从而使其改变不利于环境保护的行为。这种宏观管理模式不需要进行全面监控政策对象的微观活动,因此,不需要像实施行政手段那样,建立庞大的执行管理机构并需要高额的执行成本来支持。所以,与强制型环境政策相比,环境经济政策能以较低的费用来实现相同或更高的环境目标。

(2)具有较高的灵活性和动态的效果。

环境经济政策通过市场把有效保护和改善环境的责任,从政府转交到环境责任者手里。在通过市场传递信号的过程中,不是用行政手段和法律法规强制环境责任者改变其行为,而是把具有一定行为选择余地的决策权交给他们,使其能以他们认为对自身最为有利的方式来对这些刺激做出反应,从而使环境管理更加灵活,可以适用于具有不同条件、能力和发展水平的政策对象。同时,环境管理还要求污染者必须为其造成的污染支付费用。环境经济政策的实施,使其在政策的引导下来追求利润最大化。环境经济政策刺激污染者不断进行技术革新,在兼顾环境效益的同时,寻求经济发展。

(3)有利于筹集环保资金。

环境经济政策的实施,不但可以刺激政策对象调整自己的行为,而且还可以筹集到大量的资金。这些资金不仅可以用于污染的防治,还可以用于纠正其他不利于可持续发展的经济行为。同时,还可以借助环境经济政策,把一些具有经济效益的环保产业推向市场,以减轻政府的财政负担。

3.环境经济政策基本功能

(1)筹集资金。

通过实施环境经济政策,可以筹集一定的资金用于环境保护和可持续发展建设。我国从20世纪70年代末期开始实施排污收费制度,截至2008年底,累计征收排污费1 420.09亿元,累计从排污资金中安排污染治理资金1 339.50亿元。

(2)刺激作用。

通过实施环境经济政策,借助市场机制的作用,给市场主体施加一定的经济刺激。当人们的行为符合环境保护和可持续发展的要求时,行为人将获得相应的经济利益;反之,行为人将会受到相应的经济处罚。通过环境经济政策,给市场经济主体施加一定的经济刺激,从而促使人们主动地去保护环境。例如,建立适应环境保护和可持续发展要求的税收政策,当人们的行为符合环境保护、可持续发展的要求时,就会享受到相应的减税、免税的优惠,反之则会增加税收。

(3)协调作用和公平作用。

环境经济政策可以有效地将环境保护行为与行为人的经济效益结合起来,从而协调经济发展与环境保护之间的关系,以实现可持续发展。

此外,实施环境经济政策,还可以兼顾环境社会关系调控过程中的公平与效率。

4.环境经济政策的组成

环境经济政策主要包括以下几大部分。

(1)环境资源核算政策。

目前世界各国和地区普遍使用"国内生产总值(GDP)"这一指标来衡量国家和地区经济发展及国民富裕程度,但 GDP 不能反映在经济发展的同时所付出的环境代价。因此,还必须建立完善的环境资源核算政策,以全面评价经济发展的成果。在环境资源核算政策的基础上,逐步建立科学、合理、公平、有效的环境资源有偿使用制度。

(2)财政政策。

政府是环境保护和环境管理的主体,政府发挥环境保护和管理职能时,必须建立和完善财政政策来支持和促进环境保护。作为环境经济政策的财政政策主要包括:政府"绿色"采购制度、财政补贴、环境税收和环境性因素的财政转移支付等。

(3)环保投资政策。

环境保护需要大量资金的支持,建立和完善环保投资政策是确保环境保护工作顺利进行的必要条件。

(4)信贷政策。

根据环境保护和可持续发展的要求,对不同的对象实行不同的信贷政策,即对环境保护和可持续发展有利的项目实施优惠信贷政策;反之,则实施严格的信贷政策。通过这种方式来引导开发者做出符合经济和环境利益的决策。

(5)环境管理的经济手段。

环境经济政策调节、控制和引导经济主体行为的作用主要是通过实施各种环境管理的经济手段来实现的。所以,环境管理的经济手段是环境经济政策的实现措施,是环境经济政策体系中的一个重要组成部分。采用的经济手段主要有排污收费、环境税、排污权交易、绿色信贷、生态补偿政策和押金—退款制度等。这些经济手段适用于污染控制、资源利用、自然保护、流域、区域综合环境管理、国际和全球环境问题及生产、消费等领域。

5.环境经济政策实施

(1)实施条件。

实施以市场为基础的环境经济政策,必须具备以下几个条件。

①比较完备的市场体系。

环境经济政策是政府通过经济刺激手段,向经济行为主体传递市场信号,以达到改变其行为的目的。因此,环境经济政策的实施是否能达到预期的效果,取决于市场的完备程度。如果市场功能不健全,政府就失去了传递信号的中介,或者导致市场信号失真。而被管理对象在这种情况下则有可能对市场信号反应迟缓,甚至对这些经济刺激根本不产生反应。如果是这样,环境经济政策的实施也就失去了它的意义。

②相关的法律保障。

市场经济是法制的经济,参与市场运行的环境经济政策,只有在相关的法律保障之下,才具有合法性和权威性。因此,必须不断调整和完善相关的政策法规,使其为实施环境经济政策提供法律保证。同时,还要授权政府主管部门制定政策的实施细节和管理规定。

③实施能力。

环境经济政策的有效实施还需要有配套的具体实施规章、实施机构的人力资源和财力支持。例如,排污收费制度的实施,需要制定具体的实施细则和详细的收费标准,建立负责费用征收、资金使用及管理的环境监督管理机构。

④相应的数据和信息。

必要的数据信息也是环境经济政策制定和实施的重要条件。管理者想要最大限度地接近最优污染水平进行调控,那么就必须尽可能多地掌握关于污染控制成本函数及环境损害函数等数据信息。

⑤宽松的经济环境。

宽松的经济环境是环境经济政策实施的一个充分条件。如果一个国家或地区的大部分企业都面临严重的经济困难和生产不足,同时又有通货膨胀问题,在这种情况下,实施环境经济政策往往起不到应有的效果。

(2)影响实施的因素。

环境经济政策涉及社会经济生活的众多部门和群体,其实施的影响因素错综复杂。但从总体来看,影响环境经济政策实施的因素主要有以下几个方面。

①相关政策的制约。

现行的法规框架为环境经济政策的选择划定了有限的生存空间,在这个空间范围内,环境经济政策与其他经济政策之间只能是配合而不能是冲突,否则其实施就不具备现实的可行性。

②政策可接受性。

环境经济政策实施后,会对政策涉及的利益集团产生不同的影响。各利益集团将从自身利益的角度出发,反对或支持政策的实施,最后的结果将取决于两方面力量的对比及它们对决策过程的影响。当反对的力量大到足以影响决策过程时,该项环境经济政策就会被修改或者放弃。因此,考虑一项环境经济政策能否实施,政策的可接受程度是需要评估的。

③公平性的考虑。

由于环境经济政策涉及经济利益的再分配,缴纳排污费或纳税者并不一定是税赋的最终承担者,因此,必须全面衡量环境经济政策对不同对象及不同收入水平阶层产生的影响。考虑到受影响最大的往往是一些低收入阶层,因此,为了提高政策的可实施性,有必要采取一些实施前的减缓措施和实施后的补偿措施。

④体制问题。

环境经济政策是一种克服市场失灵和政策失灵的手段,它的实施必然会引起现行管理体制的一些变革。因此,通常需要对现行体制做出一些适当调整,从而为环境经济政策的实施提供支持。

⑤管理上的可行性。

管理上的可行性不仅会影响到环境经济政策的选择,而且还会影响具体政策的执行。例如,我国正在推行的排污许可证制度,由于其技术含量高,在许多地区难以操作,在一定程度上妨碍了该项制度在全国范围的推广。

⑥产业政策。

各级政府为实现特定时期的经济目标而制定了一些产业政策,这些政策有时也会影响到环境经济政策的实施。例如,为扶持和保护国内某些产业提供财政补贴和征收高额关税,为了鼓励出口而对有关产业或企业提供补贴等,都会妨碍环境经济政策的实施。

此外,一些部门和地方政府担心,实施环境经济政策会给企业造成经济负担,影响经济效益的提高,所以可能对某些环境经济政策的实施持消极或抵触的态度,干扰环境经济政策的实施。

第六节　中国的环境经济政策

一、中国环境经济政策的发展

1992 年,联合国环境与发展会议《关于环境与发展的里约热内卢宣言》的原则中指出,考虑到污染者原则上应当承担污染费用的观点,各国政府应当努力促使环境费用内部化,并且适当地照顾到公众的利益,而不歪曲国际贸易和投资。

我国对于这一原则在国内的执行,在《中国环境与发展十大对策》(1992 年)中的第七大政策中就明确提出,要"运用经济手段保护环境",并指出:"各级政府应更多地运用经济手段来达到保护环境的目的,按照资源有偿使用的原则,要逐步开征资源利用补偿费,并开展对环境税的研究;研究并试行把自然资源和环境纳入国民经济核算体系,使市场价格准确地反映经济活动造成的环境代价;制定不同行业污染物排放的时限标准,逐步提高排污收费的标准,促进企业污染治理达到国家和地方规定的要求;对环境污染治理、废物综合利用和自然保护等社会公益性明显的项目,要给予必要的税收、信贷和价格的优惠;在吸收和利用外资时,要把环境保护工作作为一项同时安排的内容,引进项目时,要切实把住关口,防治污染向我国转移。"

1994 年 3 月 25 日,国务院第 16 次常务会议讨论通过的《中国 21 世纪议程》中明确提出了要"有效利用经济手段和市场机制"促进可持续发展。具体目标是"将环境成本纳入各项经济分析和决策过程,改变过去无偿使用环境并将环境转嫁给社会的做法""有效利用经济手段和其他面向市场的方法来促进可持续发展"。

2001年12月,国务院批准的《国家环境保护"十五"计划》的保障措施中提出:"政府要综合运用经济、行政和法律手段,逐步增加投入,强化监管,发挥环保投入主体的作用。积极运用债券和证券市场,扩大环保筹资渠道。发挥信贷政策的作用,鼓励商业银行在确保信贷安全的前提下,积极支持污染治理和生态保护项目;积极稳妥地推进环境保护方面的税费改革。研究对生产和使用过程中污染环境或破坏生态的产品征收环境税,或利用现有税种增强税收对节约资源和保护环境的宏观调控功能,完善有利于废物回收利用的优惠政策。"

2005年12月,国务院发布的《国务院关于落实科学发展观加强环境保护的决定》(国发〔2005〕39号)中指出,加强环境保护必须"建立和完善环境保护的长效机制",其中的一项重要工作就是"推行有利于环境保护的经济政策,建立健全有利于环境保护的价格、税收、信贷、贸易、土地和政府采购等政策体系"。

2006年4月,时任国务院总理温家宝在第六次全国环境保护会议上特别强调"做好新形势下的环保工作,要加快实现三个转变:……三是从主要用行政办法保护环境转变为综合运用法律、经济、技术和必要的行政办法解决环境问题,自觉遵循经济规律和自然规律,提高环境保护工作水平"。

为促进环境友好型社会的建设,根据国务院《关于落实科学发展观加强环境保护的决定》和国务院《关于节能减排综合性工作方案》的有关要求,国家环保总局于2007年5月与有关部门共同启动了国家环境经济政策研究与试点工作,以争取在环境财政税收、绿色资本市场、区域生态补偿、排污权交易等方面取得突破,并最终建立健全且有利于环境保护的环境经济政策体系。

2007年9月9日,时任国家环保总局副局长潘岳在第十二届"绿色中国论坛"上提出,在建立和完善环境保护机制方面,中国应先建立绿色税收、环境收费、排污权交易、绿色资本市场、生态补偿、绿色贸易、绿色保险七项环境经济政策,形成我国环境经济政策的架构,并制定了路线图。

2007年12月,国务院批准的《国家环境保护"十一五"规划》中提出规划实施的保障措施之一——"完善环境经济政策。建立能够反映污染治理成本的排污价格和收费机制;进一步完善排污收费制度;完善信贷政策,鼓励银行特别是政策性银行对有偿还能力的环境基础设施建设项目和企业治污项目给予贷款支持。探索建立环境责任保险和环境风险投资;完善生态补偿政策,建立生态补偿机制"。

2011年,为指导和推进全国环境保护法规和环境经济政策的制定与实施,依据《国民经济和社会发展第十二个五年规划纲要》、国务院印发的《"十二五"节能减排综合性工作方案》、《国务院关于加强环境保护重点工作的意见》和环境保护部"十二五"规划总体安排中关于建立完善的环境保护法规政策体系,实施有利于环境保护的经济政策等相关要求,特制定《"十二五"全国环境保护法规和环境经济政策建设规划》。

2013年度环境经济政策改革宏观形势趋好,政策体系建设加快,改革不断向纵深发展,环境经济政策作为生态文明制度建设的重要内容也被认可,在《中共中央关于全面深化改革若干重大问题的决定》中,首次明确提出建立系统完整的生态文明制度体系,其中着重强调了资源有偿使用制度、建立以市场化的手段解决环保问题的制度等环境经济政策内容。

2014 年,国家约出台 30 项环境经济政策,地方各省(自治区、直辖市)出台有关政策 202 项,相比 2012 年和 2013 年分别增加了 20.1% 和 52%。北京、上海、广东等 22 个省(自治区、直辖市)均有数量不等的环境经济政策出台。其中,东部地区占比 78.2%,中、西部地区分别占比 19.8% 及 2%。政策类型以环境资源定价政策、环境财政政策居多。

2016 年是"十三五"规划的起始年份,创新运用环境经济政策,完善环境经济政策体系在各国家综合性发展规划、政策中受到高度重视。《国民经济和社会发展第十三个五年规划纲要》将环境经济政策改革创新作为绿色发展的重要手段和核心内容,《"十三五"节能减排综合工作方案》专门用两节内容强调了创新运用环境经济政策在节能减排中的重要性,《"十三五"生态环境保护规划》也将环境经济政策作为生态环保制度创新的重要方面。这些重要的综合性规划和政策都明确提出了环境经济政策改革创新的方向。2016年,环境经济政策体系建设进入快速发展期,特别是绿色金融、环境税、生态补偿等重点环境经济政策在 2016 年度取得重大突破,标志着环境经济政策体系在不断逐步健全完善。

2017 年,党的十九大报告明确提出要"发展绿色金融""健全环保信用评价""建立市场化、多元化生态补偿机制"等,这为进一步加快环境经济政策建设提供了崭新动力。在国家高度重视和地方积极推进下,环境经济政策不断向生产、流通、分配、消费全过程延伸,调控范围在扩大,调控功能在增强,绿色金融、生态保护补偿、环境保护税、排污权有偿使用与交易、环境保护领域 PPP 等政策取得了阶段性突破,价格、财税、金融等关键性的政策机制不断健全,我国基本建立了行之有效的环境经济政策体系。

从上述可以看出,我国在社会经济发展的同时,为了实现建设和谐社会的目标,环境经济政策越来越受到关注和重视,在我国环境政策中其地位逐步加强,发挥着越来越重要的作用。

二、中国环境经济政策实施的意义

与传统的行政手段和法律手段"外部约束"的强制性相比,环境经济政策是一种"内在约束"力量,具有增强市场竞争力、促进环保技术创新、降低环境治理与行政监控成本等优点。在我国的环境保护实践中,对作为调控主体的行政手段进行了最大限度的创新,从首次叫停超过千亿元投资的建设项目到圆明园听证,从区域限批到流域限批,行政手段的作用可以说是发挥到极致,但仍然不能解决我国日益严峻的环境问题。在这样的背景之下,环境经济政策在环境政策体系中的作用日益受到重视,因为这一政策体系是最能形成长效机制的办法,与其他手段进行组合应用,能最大限度地满足环境保护的需求。

我国在环境保护事业中采用环境经济政策具有其发展的必然性,主要原因有以下几个方面。

(1)在环境保护和管理的过程中,我国制定的大多数环境政策是以计划经济体制为背景的。在计划经济体制向市场经济体制转轨的过程中,原有的这些老政策必然会与新的经济体制发生冲突,使得政策的效力大大减弱。在市场经济体制下,应主要依靠市场机制来调控各种行为。但是,由于经济外部性及公共商品的存在,加之市场条件的不完善,必然会出现"市场失灵"。在环境保护领域,"市场失灵"更为明显,这就需要政府干预。环保实践证明,建立并实施环境经济政策是政府干预环境保护的最佳途径。因为通过环境经济政策可以很好地将经济发展与环境保护结合起来,实现二者的协调,以实现经济、社会的可持续发展。

(2)环境保护涉及社会经济的各个方面,国内外的环境保护实践经验已经证明,环境保护工作需要运用法律的、行政的、经济的、技术的、教育的等多种手段,其中经济手段在环境保护工作中起着十分重要的作用。根据经济学理论,环境问题是外部不经济性的产物,为解决环境问题,必须从环境问题的根源入手,通过一系列政策、法规、措施,将外部不经济性内部化,理论和实践经验均已说明,环境经济政策是将外部不经济性内部化的最为有效的途径。

(3)长期以来,我国的环境保护投资一直受到资金供给和投资体制的双重制约,不能满足环境保护的需要。而环境经济政策资金筹集的功能正好能够解决这一燃眉之急。

(4)我国地域辽阔,各地自然条件和经济发展水平都不尽相同。使用传统的强制型环境政策,往往会因为过分强调环境效果而忽视了经济效益和社会公平。环境经济政策留给政策调控对象较大的自主决策空间,可以很好地照顾地区之间的差异,有利于具体环境问题的具体分析和具体解决。

环境经济政策作为宏观经济政策的重要组成部分,对中国环保事业具有特定的功能和重要的地位,对于推动我国环境保护事业,贯彻落实科学发展观具有以下重要的意义。

(1)环境保护与经济发展,反映了生产过程的两个不同侧面。它们既有相互促进、互为条件的一面,也存在相互制约、互相矛盾的一面。因此,从客观上就要求在制定环境政策时考虑经济条件和经济政策,在制定经济政策时要考虑环境保护和环境政策,从而必然产生协调这两者之间关系的环境经济政策。

(2)环境污染与破坏的产生,主要在于开发者或排污者只注意获取局部的、近期的、直接的效益,却忽视了那些长远的、间接的经济损失。所以在一定程度上,可以说保护和改善环境的活动之所以发展不平衡,主要是由于利益分配不公正、不合理的结果。环境经济政策针对这种利益分配,力求公正、合理地来处理、协调国家、集体和个人之间,污染者与被污染者之间,以及其他方面的各种经济关系,运用经济手段促使人们关心环保事业,限制那些对环境有害的经济开发活动,对那些肆意破坏资源、污染环境的行为,运用经济手段进行处罚,这就抓住了关键环节,从而强化了环境管理工作。

(3)我国的环境经济政策是运用环境经济理论来调节环境经济系统的产物。环境经济政策的基本内容包括:把环境保护规划纳入国民经济发展规划,搞好经济发展与环境保护间的综合平衡;对物质资源进行合理开发和充分利用,把提高资源利用率、转化率,减少废弃物排放作为扩大再生产的主要途径;在经济生产过程中解决环境污染和破坏;运用税收、信贷、补贴、利润、价格等价值工具来协调人们防治污染、保护环境资源的活动;完善环保投资方式,加大环境保护投入等。由此可见,我国的环境经济政策着眼于运用经济手段来调控人们的行为,力求采用灵活多样的方式来协调经济发展与环境保护间的关系,以最小的劳动消耗和投资获取最佳的经济、社会、环境效益,从而使我国经济持续发展。

(4)环境经济政策是强化环境管理、打开环保工作局面的有力武器。用经济杠杆来调节环境保护方面的财力、物力及其流向，调整产业结构和生产力布局，实施"责、权、利"相结合，国家、集体和个人利益相结合，从而使环境管理落到实处。尤其自 2005 年 1 月，国家环保总局宣布停建金沙江溪洛渡水电站等 13 个省市的 30 个违法开工项目开始，到 2006 年，国家环保总局查处 10 个投资约 290 亿元的违法建设项目，对 11 家布设在江河水边环境问题严重的企业挂牌督办，到 2007 年初，国家环保总局首次启动"区域限批"政策来遏制高污染、高耗能产业的迅速扩张，再到 2007 年 7 月，对黄河、长江、淮河、海河四大流域水污染严重、环境违法问题突出的 6 市 2 县 5 个工业园区实行"流域限批"，对流域内 32 家重污染企业及 6 家污水处理厂实行"挂牌督办"。2005～2007 年的这四次环境执法活动已经将行政手段在现有的法律法规体系中进行了最大限度的创新，但是仅在短期内有效，并未形成一个长期的有效机制。在这样的背景下，作为宏观经济手段重要组成部分的环境经济政策应该是现阶段能够形成长效机制，与行政管理手段相结合，推动我国环保事业发展，落实科学发展观的重要支撑。

三、中国环境经济政策的内容

1. 中国环境经济政策的基本内容

自中华人民共和国成立以来实行的环境经济政策主要包括以下几项。

（1）排污收费政策，它是"污染者负担原则"在污染防治领域的具体化，是中国环境管理制度和经济刺激手段的核心组成部分。现行的排污收费已覆盖废气、废水、废渣、噪声、放射性五大领域和 113 个收费项目。

（2）征收资源税的政策，包括超额使用地下水的收费、征收土地税、征收矿产资源税和实行土地许可证制度等。

（3）奖励综合利用的政策，包括对开展综合利用有显著成绩和贡献的单位及个人给予表扬奖励、对开展综合利用的生产建设项目实行奖励和优惠、对开展综合利用生产的产品实行优惠。

（4）环境保护经济优惠政策，包括价格优惠政策、税收优惠政策、财政援助政策（国家拨款和财政补贴）、银行贷款等。

（5）关于环保资金渠道的环保投资政策。中国环境经济政策实施基本情况见表 3.3。

随着社会主义市场经济体制的建立和不断完善，环境保护事业的不断深入，我国的环境经济政策也在不断地发展和完善。经过 30 多年的发展，我国已初步建立包含排污收费、财政政策、生态补偿等种类较多的环境经济政策体系。但这些已有的环境经济政策体系真正在全国范围内实施并发挥实际作用的并不多。有些环境经济政策虽然有政策性规定，但是由于没有配套的措施，并没有起到应有的作用。例如，中国人民银行于 1995 年制定政策，要求各级金融机构"对不符合环保规定的项目不贷款"，但是由于没有配套的措施，这项很好的环境经济政策并没有得以实施。又如，我国虽然已经建立了差别税收政策，但是，与发达国家相比，我国的差别税收政策种类较少，应用领域较窄，环境税收政策仍处于初创阶段，环境资源核算、生态保护补偿金、排污许可证交易、污染责任保障仍处于起步阶段。

表 3.3　中国环境经济政策实施基本情况

环境经济政策类型	实施部门	实施内容
环境财政政策	环保	环境污染治理,改善生态环境质量
环境价格政策	物价、财政和环保	资源价格调控
生态环境补偿政策	土地管理、财政和环保	完善重点生态功能区转移支付机制
环境权益交易政策	环保	建立排污权有偿使用和交易政策体系
绿色税收政策	财政、环保、税收和物资	积极推动环境保护税征管前期准备
绿色金融政策	金融	促进环保和经济社会的可持续发展
环境市场政策	企业	加强第三方治理实践的引导和规范
环境与贸易政策	环保、外交	禁止洋垃圾入境
环境资源价值核算政策	财政	推进自然资源资产负债表
行业环境经济政策	工信、环保	持续推动资源环境"领跑者"政策实施

2. 中国环境经济政策的完善

在新的经济发展形势和环境保护要求日益提高的情况下,环境保护的政策手段必须要跟上形势发展的步伐。根据《国务院关于落实科学发展观加强环境保护的决定》和第六次全国环境保护会议的要求,做好新形势下的环保工作,必须进行由主要依靠行政办法转变为综合运用经济、法律、技术和必要的行政办法解决环境问题,提高环境保护工作水平,改善环境质量。

在环境经济政策体系方面,国家环保总局和有关部门进行了研究和试点,提出在现有的环境经济政策体系中,应加快七项环境经济政策的建立、完善和实施。这七项政策分别为:环境税、排污权交易、绿色资本市场、绿色保险、生态补偿、环境收费和绿色贸易,这就是我国于 2007 年确定的环境经济政策架构和发展路线,如图 3.3 所示。

3. 环境税

环境税也被称之为绿色税收,是指对环境保护有积极影响的税种。广义的环境税是指税收体系中与环境资源利用和保护有关的各种税种和税目的总称,包括专项环境税(独立型环境税)与环境相关的资源能源税和税收优惠(融入型环境税),以及消除不利于环保的补贴政策和收费政策。狭义的环境税主要指的是对开发、保护和使用环境资源的单位和个人,按其对环境资源的开发利用、污染、破坏程度进行征收的一种税收,即独立环境税,具体内容如下。

(1)清除那些不利于环保的相关补贴和税收优惠政策。如按照国务院关于限制"两高一资"(高能耗、高污染、资源性)产品出口的原则,取消或降低这类产品的出口退税(率)。

(2)研究融入型环境税改革方案。研究适合征收进出口关税、降低或者取消高污染产品的出口退税名录,提出有利于环境保护的企业所得税、消费税和资源税改革建议方案。

(3)研究独立型的环境税方案。如对产生重污染的产品征收环境污染税的问题。征收企业的环境税是中国税制改革的一个重要方向,已经列入财政部、税务总局和环保部的

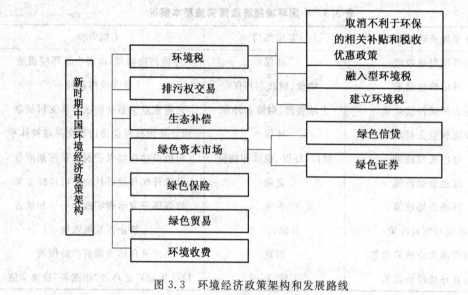

图 3.3　环境经济政策架构和发展路线

重要议事日程。

2010 年 3 月,我国环境税开征方案已经上报国务院,环保部、财政部和税务总局等相关部门也在研究具体实施细则。同时,环境税的立法工作也正在不断推进。全国人大常委会预算工作委员会和财政部正在研究环境税立法工作,这一新进展意味着我国开征环境税的步伐再次加快。由于环境税的复杂性,环境的整体定义和税的完整性研究还存在偏差。环保部希望把以下几个税种都包含进来,例如,环境资源税、环境能源税、环境关税、污染物税等。每个税目下面还可再分子税,如污染物税可分为硫税、碳税、垃圾税、噪声税、有毒化学品税等。但具体实施起来并不容易,所以实施环境税还要有一个过程。

4.绿色资本市场

构建绿色资本市场是一个可以直接遏制"双高一低"(高能耗、高污染、效率低)企业融资的有效政策手段。通过直接或间接"斩断"污染企业资金链条,迫使其重新制定发展决策。

(1)绿色信贷。

根据环境保护及可持续发展的要求,对不同的信贷对象实行不同的信贷政策,具体来说,对有利于环境保护和可持续发展的鼓励类投资项目,要简化贷款手续、优惠利率,积极给予信贷支持;对限制类投资项目,要区别对待存量项目和增量项目,对增量项目不提供信贷支持,允许存量项目的企业在一定时期内整改,按照信贷原则给予必要的信贷支持;对于淘汰类项目,要从防范信贷风险的角度,停止各类形式的授信,并采取措施收回和保护已发放的贷款;对于不列入鼓励类、限制类和淘汰类的允许类项目,在按照信贷原则提供信贷支持时,要充分考虑项目的资源节约和环境保护等因素。

(2)绿色证券。

在直接融资渠道方面,通过环保部门和证监部门的共同协作,制定包括资本市场初始准入限制、后续资金限制和惩罚性退市等内容的审核监管制度,对没有严格执行环评和

"三同时"制度、不能稳定达标排放、环保设施不配套、环境事故多、环境影响风险大的企业，要在上市融资和上市后的再融资等环节进行严格限制，甚至以"一票否决制"截断其资金链条。而对环境友好型企业的上市融资则提供各种便利条件。

5. 生态补偿政策

生态补偿既包括对生态系统和自然资源保护所获得效益的奖励或破坏生态系统和自然资源所造成损失的赔偿，也包括对造成环境污染的主体进行收费，是以改善或恢复生态功能为主要目的，以调整保护或破坏环境的相关利益者的利益分配关系为对象，具有经济激励作用的一种制度。这项政策不仅是环境与经济的需要，更是政治与战略的需要。

在我国现行的几类政策中，都含有生态补偿的作用。第一类在政策设计上明确含有生态补偿的性质，如生态公益林补偿金政策和退耕还林还草工程、退牧还草工程、天然林保护工程、水土保持收费政策、"三江源"生态保护工程等。第二类可以作为建立生态补偿机制的很好平台，但未被充分利用好，如矿产资源补偿费政策。第三类看似属资源补偿性的，实际上会产生生态补偿效果，如耕地占用补偿政策。第四类是政策设计上没有生态补偿性质，但实际上发挥了一定作用，今后将发挥更大作用，如扶贫政策、财政转移支付政策、西部大开发政策、生态建设工程政策。

6. 排污权交易

排污权交易是利用市场力量实现环境保护目标和优化环境容量资源配置的一种环境经济政策。排污权交易最大的好处就是既能降低污染控制的总成本，又能调动污染者治污的积极性。上海市在1985年就实行了水污染物的排污权交易试点工作，此后太原、平顶山等城市相继进行了大气污染物质排污权交易的试点工作，但由于市场机制、污染物质的适应范围、排污交易的运营机制不健全等原因，排污权交易并未在全国范围推行，也未发挥其应有作用。因此，在新的形势下，应加强对这项政策的研究和实践。

7. 绿色保险

绿色保险也被称为环境生态保险，是在市场经济条件下，进行环境风险管理的一项基本手段。其中，以环境污染责任保险最具代表性，就是由保险公司为被保险人因投保责任范围内的污染环境行为而造成他人的人身伤害、财产损毁等民事损害赔偿责任提供保障的一种手段。利用保险工具来参与环境污染事故处理，有利于分散企业经营风险，促使其快速恢复正常生产；有利于发挥保险机制的社会管理功能，利用费率杠杆机制促使企业加强环境风险管理，提升环境管理水平；有利于使受害人及时获得经济补偿，稳定社会经济秩序，减轻政府负担，促进政府职能转变。

8. 绿色贸易

20世纪80年代后，在国际贸易当中，西方国家开始普遍设立绿色贸易壁垒对国外商品进行准入限制的贸易措施。绿色贸易主要通过技术标准、卫生检疫标准、商品包装和标签等规定来强制性实施，其内容涉及产品研制、开发、生产、包装、运输、使用、循环再利用等，整个过程采取有效的环境保护措施。中国加入WTO之后，必须对我国的贸易政策做出相应调整。

要改变单纯追求数量增长，而忽视资源约束和环境容量的发展模式，平衡好进出口贸易与国内外环保的利益关系。一方面,应当严格限制能源产品、低附加值矿产品和野生生物资源的出口,并对此开征环境补偿费,逐步取消"两高一资"产品的出口退税政策,必要时开征出口关税。另一个方面,应强化废物进口监管,在保证环境安全的前提下,鼓励低环境污染的废旧钢铁和废旧有色金属进口;征收大排气量汽车进口的环境税费;积极推进国内的绿色标识认证。在保障机制方面,首先,需构建防范环境风险法律法规体系,例如,应加快制定生物遗传资源保护法、生物安全法、危险化学品防治法、臭氧层保护条例、电子废物污染防治管理办法,并发布外来入侵物种的黑名单;其次,建立跨部门的工作机制,例如,实施国际通用的遗传资源获取与获益分享的机制,保护好我国的遗传资源;还有,需要加强各部门联合执法,对走私野生动植物、废旧物资、木材与木制品、破坏臭氧层物质的违法行为进行严惩。

9. 环境收费

环境收费在经济合作与发展组织(OECD)成员国使用比较广泛。根据 OECD 最新统计,OECD 成员国已经实施 250 项环境收费。

排污收费制度是我国环境管理的制度之一,自 1979 年确立至今,不断发展和完善,尤其是 2003 年《排污收费条例》的公布实施,对排污费的计征、使用、管理都进行了改革。这项制度的核心在于,当排污者上缴的排污费高于自己治理的费用时,排污者才会积极地开展环境污染治理。目前,中国的排污收费水平过低,不能对排污者产生太大压力。所以,今后要继续完善排污收费制度,提高污水处理费征收标准,促进电厂脱硫,推进垃圾处理收费。

在完善已有的排污收费制度的同时,还需运用价格和收费手段推动节能减排的开展。一是推进资源价格改革,包括水、煤炭、天然气、石油、电力、供热、土地等价格;二是促进资源回收利用,包括鼓励资源再利用、发展可再生能源、生产使用再生水、垃圾焚烧、抑制过度包装等。

以上七项环境经济政策并不是新创的,而是包含在我国已建立的环境经济政策体系中的。但是由于政策的运营机制、保障机制及技术等方面的原因,这些政策在我国的开展和应用十分有限。在新的形势下,应当加快这七项环境经济政策的研究和实施,以促进环境保护的法律、行政、经济、技术和教育手段综合效益的提高,推进我国环境保护事业的发展。

第四章 环境管理的经济手段

第一节 环境税

一、税收概述

1.税收的定义

税收是国家为满足社会公众需要,由政府按照法律规定,强制地、无偿地参与社会剩余产品价值分配,以取得财政收入的一种规范形式。税收是一项重要的宏观经济调控手段,其主要功能是组织收入和经济调节。

税收的特点:首先,税收是政府行使行政权力所进行的强制性征收;其次,税收是将社会资源的一部分从私人部门转移到公共部门,以获得政府履行其职能所需的经费;再次,税收通过整体偿还的方式使个体受益,即纳税人从公共服务中享受利益,得到一般性的补偿。

2.我国的税收制度

在1992年10月,中国共产党第十四次全国人民代表大会确定了我国经济体制改革的目标是建立社会主义市场经济体制,按照社会主义市场经济体制的要求,遵循统一税法、公平税负、简化税制、合理分权、理顺分配关系、保证财政收入的指导思想,我国进行了新的税制改革。截至1997年底,中国实施的新税制由7类29个税种组成。

(1)流转税类:流转税类通常是在生产、流通或者服务领域中,按照纳税人取得的销售收入、营业收入或者进出口货物的价格(数量)征收的,包括消费税、增值税、营业税和关税。

(2)所得税类:所得税类是按照生产、经营者取得的利润或者个人取得的收入征收的,包括个人所得税、企业所得税、外商投资企业所得税。

(3)资源税类:资源税类是对从事资源开发或者使用城镇土地者征收的,包括资源税、耕地占用税和城镇土地使用税。

(4)财产税类:财产税类是对各类财产征收的,包括房产税、城市房地产税和遗产税。

(5)特定目的税类:特定目的税类是为了达到特定的目的,对特定对象进行调节而设置的,包括城市建设税、固定资产投资方向调节税(目前暂停征收)、车辆购置税、土地增值税、燃油税、社会保障税等7种。

(6)行为税类:行为税类是对特定的行为征收的,包括车船使用税、车船使用牌照税、契税、印花税、证券交易税、屠宰税和筵席税等 8 种。

（7）农业税类：农业税类是对取得农业收入或者牧业收入的企业、单位和个人征收的，包括农业税（含农业特产税）和牧业税 2 种。

根据国务院关于实行分税制财政管理体制的规定，我国的税收收入分为三部分：一是中央政府的固定收入，包括关税、消费税、车辆购置税、船舶吨税和海关代征的增值税；二是地方政府的固定收入，包括城镇土地使用税、城市房地产税、土地增值税、房产税、遗产税、耕地占用税、固定资产投资方向调节税、车船使用税、车船使用牌照税、契税、屠宰税、农业税、牧业税及其地方附加税；三是中央政府与地方政府共享税，包括增值税（不包括海关代征的部分）、企业所得税、营业税、个人所得税、外商投资企业和外国企业所得税、资源税、城市维护建设税、印花税、燃油税、证券交易税。

至 2018 年，中国的税制一共设有 18 种税收，即增值税、消费税、车辆购置税、关税、企业所得税、个人所得税、土地增值税、房产税、城镇土地使用税、耕地占用税、契税、资源税、车船税、船舶吨税、印花税、城市维护建设税、烟叶税和环境保护税。

二、环境税

1.环境税的推进

税收是一项重要的宏观经济调控手段，同时，税收政策在环境保护工作中也可以发挥重要的作用。在增加宏观调控、保护环境的职能后，就形成了"环境税"（绿色税收）的概念。根据目前国际上对环境税的界定，我国现行税种中与环境相关的税种主要有消费税、资源税和车船税，同时在其他一些税种中也制定有与环境保护相关的一些税收政策，例如，增值税、企业所得税、关税等。

2010 年 3 月，我国环境税开征方案已经上报国务院，环保部、财政部和税务总局等相关部门也正在研究具体实施细则。现阶段我国环境税工作的推进，主要包括以下三个方面。

（1）对现有税收政策进行绿色化改进，通过税制的一些优惠规定鼓励环境保护行为，如增值税、消费税和所得税中的税收减免、加速折旧等规定；消除不利于环境的税收优惠和补贴，如按照国务院关于限制"两高一资"（高污染、高能耗、资源性）产品出口的原则，取消或降低这类产品的出口退税（率）。

（2）研究融入型环境税改革方案。将环境因素融入现有税种，如在消费税中增加污染产品税目、提高资源税税率，考虑资源生产和消费过程中生态破坏和环境污染损失因素，如研究适合征收进出口关税、降低或者取消高污染产品的出口退税名录等。

（3）研究独立型的环境税方案。即在税收体系中引进新的环境税税种，逐步设置一般环境税、污染排放税、污染产品税等环境税税目，用来调节生产和消费行为。

2.环境税的效应

按照经济学家庇古的福利经济学理论，政府可以通过征税的办法迫使生产者实现外部效应的内部化。当生产者在生产过程中产生一种外部社会成本时，政府应该对其征税，而且该税收等于生产者生产每一连续单位的产品对环境所造成的损害，以使其产生的外部效应内部化。

（1）环境税的数理模型。

美国经济学家范里安（Varian H. R）在他的著作《微观经济学：现代观点》中以上游的钢厂和下游的渔场为例，构建了如下的环境税数理模型。

假设条件：

假设企业 A 生产某一数量的钢 S，同时产生一定数量的污染物 X 倒入到一条河流中。企业 B 为一个位于河流下游的渔场，因而受到了企业 A 排出的污染物的不利影响。

假设企业 A 的成本函数由 $C_S(S,X)$ 给出，其中 S 是其生产钢的数量，X 是钢的生产过程中所产生污染物的数量。

假设企业 B 的成本函数由 $C_F(F,X)$ 给出，其中以 F 表示鱼的产量，X 表示污染物的数量。

企业 A 不加治理地排放污染物，使得钢的生产成本大幅度下降。而由于污染物排入河中，却使得鱼的生产成本增加。所以，企业 B 生产一定数量鱼的成本，取决于企业 A 所排放的污染物的数量。

（2）最优化问题。

钢厂 A 的利润最大化模型为

$$\max_{S,X} P_S S - C_S(S,X) \tag{4.1}$$

渔场 B 的利润最大化模型为

$$\max_{F,X} P_F F - C_F(F,X) \tag{4.2}$$

表示利润最大化的条件，对钢厂而言是利润函数对钢产量的一阶导数为零，利润函数对污染产出的一阶导数等于零，即

$$\begin{cases} \mathrm{d}[P_S S - C_S(S,X)]/\mathrm{d}S = 0 \\ \mathrm{d}[P_S S - C_S(S,X)]/\mathrm{d}X = 0 \end{cases} \Rightarrow \begin{cases} P_S = \mathrm{d}C_S(C,X)/\mathrm{d}S \\ 0 = \mathrm{d}C_S(S,X)/\mathrm{d}X \end{cases} \tag{4.3}$$

表示利润最大化的条件，而对渔场来说，鱼的利润函数对鱼的产量的一阶导数等于零，即

$$\mathrm{d}[P_F F - C_F(F,X)]/\mathrm{d}F = 0 \Rightarrow P_F = \mathrm{d}(C_F(F,X))/\mathrm{d}F \tag{4.4}$$

由以上的条件可以说明，在利润最大化点上，增加每种物品产量的价格，应该等于它的边际成本。对于钢厂来说，污染也是它的一种产品，但根据上面的分析，企业的污染成本为一常数，而且为零。因此，确定使利润达到最大化的污染供给量的条件说明，在新增单位的污染成本为零时，污染还会继续产生。钢厂在做利润最大化计算时，只考虑了产钢的成本，而未计入污染治理的成本，所以，这样一来，就产生了钢厂的外部不经济性。随着污染增加而增加的渔场成本就是钢厂生产的一部分社会成本。

（3）税率的确定。

为了使钢厂减少污染排放，一种有效的办法就是对其征收税金。假设对钢厂排放的每单位污染征收 t 数量的税金，这样，钢厂的利润最大化问题就变成

$$\max_{S,X} P_S S - C_S(S,X) - tX \tag{4.5}$$

这个问题的利润最大化条件将是

$$\begin{cases} P_S - \mathrm{d}C_S(S,X)/\mathrm{d}S = 0 \\ -\mathrm{d}C_S(S,X)/\mathrm{d}X - t = 0 \end{cases}$$

综合上面的分析可以得出

$$t = d[C_S(S, X)]/dX \tag{4.6}$$

（4）环境税的效应分析。

环境税的实施对不同经济主体（如生产者、消费者和政府）的经济效果影响是不同的，具体分析如下。

① 环境税效应分析的基本模型。

如图 4.1 所示的几何模型，横轴所代表的是某种产品的市场需求量，纵轴表示其价格。假如对代表性生产者征收的税 t 等于它所造成的边际损害成本 MEC，则对于整个行业的征税额就是所有生产者单位产品征税额的总额。由于征税，使得行业的供给曲线由 S 移动到 S'。产品出售到市场后，税收由生产者和消费者共同分担。

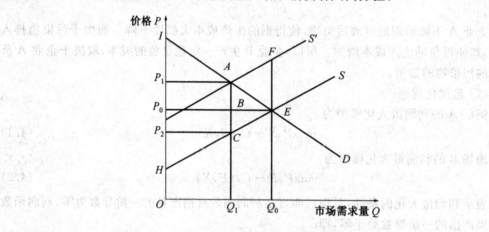

图 4.1　环境税的效应分析

② 环境税收手段对不同经济主体的效应分析。

为了分析税收手段对不同经济主体的效应，需要使用消费者剩余和生产者剩余这两个概念。

对生产者的影响：征税前生产者剩余是价格线 $P = P_0$ 以下、供给曲线 S 以上的三角形面积，即 $\triangle P_0 EH$ 的面积。征税之后，产品的总产量由原来的 Q_0 下降到了 Q_1，生产者剩余为 $\triangle P_2 CH$ 的面积，则生产者剩余的增量为梯形 $P_0 P_2 CE$ 的面积。这个梯形面积包括两个部分：一是矩形 $P_0 P_2 CB$ 的面积，这是生产者对政府税收的贡献；二是 $\triangle BCE$ 的面积，这是生产者为减少有污染产品产出的损失。这里用 $\triangle PS$ 表示生产者剩余的增量，那么就有

$$\triangle PS = -(\square P_0 P_2 CB + \triangle BCE)$$

对消费者的影响：征税前消费者剩余是价格线 $P = P_0$ 以上、需求曲线 D 以下的三角形面积，即 $\triangle P_0 EI$ 的面积。征税以后，产品的总产量由原来的 Q_0 下降到 Q_1，消费者剩余为 $\triangle P_1 AI$ 的面积，则消费者剩余的增量为梯形 $P_0 P_1 AE$ 的面积。这个梯形面积包括两个部分：第一是矩形 $P_0 P_1 AB$ 的面积，这是消费者对政府税收的贡献；第二是 $\triangle ABE$ 的面积，这是消费者为减少有污染的产出付出的代价。这里用 $\triangle CS$ 表示消费者剩余的增量，则

$$\Delta CS = -(\Box P_0 P_2 AB + \triangle ABE)$$

生产者和消费者负担税额比重的大小主要取决于需求曲线和供给曲线价格弹性的大小。如果供给曲线一定,有污染的产品的需求曲线越富有弹性,生产者承担的税额比重越大;需求曲线越缺乏弹性,那么消费者承担的税额比重越大。如果需求曲线一定,有污染的产品的供给越富有弹性,消费者承担的税额比重越大;供给曲线缺乏弹性,则生产者承担的税额比重越大。

对政府的影响:通过强制性的税收手段,政府从中获得了税收,其数量是矩形 $P_1 P_2 CA$ 的面积。其中,矩形 $P_0 P_2 CB$ 是来自于生产者剩余的损失,矩形 $P_0 P_1 AB$ 是来自于消费者剩余的损失。

对环境的影响:因为征税税率是按照单位产品所造成的社会损失来计算的,即每减少一个单位的产出,就可以带来相当于 t 的环境收益。征税使得产量从 Q_0 减少到 Q_1,则环境收益就等于菱形 $AFEC$ 的面积,而且恰好为 $\triangle AEC$ 面积的 2 倍。

对整个社会净收益的影响:以上四个方面的总和即为税收手段对整个社会的净收益,以 ΔWS 来代表社会净收益,则

$$\Delta WS = \Box P_1 P_2 CA + 2\triangle AEC - (\Box P_0 P_2 CB + \triangle BEC) - (\Box P_1 P_2 AE + \triangle ABE)$$
$$= 2\triangle AEC - (\triangle BEC + \triangle ABE)$$
$$= \triangle AEC$$

$\triangle AEC$ 的面积就是对产生外部不经济性的企业实施征税的社会净收益。

由以上分析可以看出,对产生污染的企业征收环境税,不仅可以使社会获得正的净效益,而且还能兼顾到有污染产品和无污染产品的社会公平性。如果对无污染的产品也进行征税,那么从社会净效益来看,其表现就是一种损失,损失的数量是 $\triangle AEC$ 的面积。主要原因在于,对有污染产品征税和对无污染产品征税所得到的社会净收益中存在着环境收益的差异。对有污染产品征税可以产生 2 个 $\triangle AEC$ 面积的环境收益,而对无污染产品征税则不会产生环境收益。所以,征收环境税,不仅可以使效率得到提高,而且可以促进社会公平,既保证了无污染产品的价格优势,又使有污染产品的生产者和消费者共同来分担税收,间接地刺激他们选择生产或消费"环境友好"的产品。

三、环境税的作用

1. 有利于调节环境污染行为,减少污染物排放量

通过征收环境税,使得企业承担环境污染造成的外部成本,把环境污染的外部不经济性内部化,将环境核算纳入企业的经济核算。企业若不对其造成的环境污染进行治理,随着环境污染程度的不断加重,企业将要缴纳越来越多的环境税,企业的成本也随之增加,在价格不变的情况下,企业的利润则会相对减少,为了获得最大利润,企业必须采取措施治理污染,减少污染物的排放量。在这种情况下,企业的利润函数中不仅包括产量和价格这两个自变量,而且还包括环境污染和治理情况内容的自变量。这样一来,将更有利于促使企业在生产决策中做出"环境友好"的选择。

2. 有利于资源优化配置

通过征收环境税,使造成环境污染或资源消耗者承担其排放污染量或资源补偿等量

的税收,从而矫正市场机制的缺陷,使资源得到优化配置,保障社会福利最大化。

3.为环境资源的永续利用提供资金保障

通过征收环境税,一方面可以调节环境污染和资源消费的行为;另一方面征收的环境税可以用于环境保护的各项公益项目,从而为环境综合治理和资源永续利用提供及时、充足、稳定的资金保障。

四、环境税的实践

目前,我国与环境有关的税种包括资源税、消费税、车船使用税、车辆购置税、城市维护建设税及城镇土地使用税和耕地占用税等。近些年来,我国增加了对部分造成环境污染的产品实行提高税率的税收惩罚措施,而对环保产品实行税收优惠。此外,主要还开展了资源税的征收工作。我国与环境有关的税收见表 4.1。

表 4.1　我国与环境有关的税收

税种	内容	环境效果
资源税	原油、天然气、煤炭、其他非金属矿原矿、黑金属矿原矿和有色金属矿原矿	对资源的合理开发利用有一定的促进效果
消费税	烟、酒、汽油、柴油、汽车轮胎、摩托车、高档手表、游艇、木制一次性筷子、实木地板等	环境效果不明显
车船使用税	机动船、乘人汽车、载货汽车、摩托车	环境效果不明显
城市维护建设税	按市区、县城、城镇分别征收	增加了环境保护投入
城镇土地使用税和耕地占用税	对大城市、中等城市、小城市、县城等按占用面积分别征收	有利于城镇土地、耕地的合理利用
差别税收	利用"废料"为主要原料进行生产,减免企业所得税;用煤矸石、粉煤灰等废渣生产建材产品,免征增值税;对油母岩炼油、垃圾发电实行增值税即征即退;煤矸石和煤系伴生油母页岩发电、风力发电增值税减半;废旧物资回收经营免征增值税;低污染排放小轿车、越野车和小客车减征 30% 的消费税;对自来水厂收取的污水处理费,免征增值税	环境效果良好

我国于 1984 年 10 月 1 日起征收资源税,其主要目的是调节资源开发者之间的级差收益,使资源开发者能在大体平等的条件下竞争,同时促使开发者能够合理开发和节约使用资源。我国部分资源税税目、税额见表 4.2。

表 4.2 我国部分资源税税目、税额

税目	税额	税目	税额
原油	8～30 元/t	黑色金属矿原矿	2～30 元/t
天然气	2～15 元/km³	有色金属矿原矿	0.4～30 元/t
煤炭	0.3～5 元/t	固体盐	10～60 元/t
其他非金属矿原矿	0.5～20 元/t	液体盐	2～10 元/t

虽然我国已经开始征收资源税,但是,我国的资源税制度还很不完善,突出表现在资源税征收项目不全,目前仍没有对水资源、草原资源、森林资源、海洋渔业资源等生物资源征收资源税。

除了资源税之外,我国目前还征收一些与环境相关的税种,如消费税、城市维护建设税、城镇土地使用税和耕地占用税、固定资产投资方向调节税、车船使用税等。这些税种的设置目的并不是保护环境,但其的实施为保护环境和削减污染提供了一定的经济刺激和资金。

有关研究资料显示,我国的环境税及与环境相关的税收呈现出逐年上升的趋势,其税收额占总税收的 8% 左右,占 GDP 的 0.8%～0.9%。

随着环境问题的日益突出,政府对环境保护的重视,环保投资需求的增加及公众环保意识的增强,中央和地方政府越来越重视利用环境税对环境行为的调控。财政部世行贷款研究项目(中国税制改革研究)专门对我国开征环境税进行研究。国家环保总局计划利用环境税的刺激作用来控制环境污染,增加环保投入。为了解决严重的大气污染问题,北京市财政局专门就利用环境税筹集资金的可行性进行了立项,对开征环境税进行全面系统的研究。1999 年 10 月,中国环境科学研究院向财政部、国家税务总局和北京市财政局分别提交了有关建立环境税的政策研究报告,提出了环境税的两个实施方案。一个方案是建立广义的环境税,依据"收益者付费"原则,对公民征收广义的环境税。例如,在现行的城市维护建设税的基础上加征一个环境税,或者在商品最终销售环节加征环境税。另一个方案是对污染产品进行征税。目前我国对排污者征收排污费,但对污染产品却没有相应的征税。因此,建议对污染产品开征产品税。正在考虑的污染产品税有含磷洗涤剂差别税、包装产品税、散装水泥特别税和高硫煤污染税等。

第二节 排污收费制度

排污收费制度是目前在国内外环境管理工作中采用的一种主要的经济手段,它的内容已扩大到环境的诸多要素方面,如气、水、固体废弃物、噪声等污染的控制。排污收费制度在我国也已经实施了 30 多年,对促进污染治理,控制环境恶化,提高环境保护技术水平发挥着重要的作用,已成为我国环境保护的一项基本制度。

一、排污收费的理论基础

排污收费的理论基础主要是环境资源价值理论和经济外部性理论。1972 年 5 月，OECD 提出了"污染者负担"原则，排污收费即是在这一原则的基础上形成并发展起来的一种有效的经济手段。

长期以来，人们对像水、空气等公共环境资源的使用完全没有考虑支付任何费用，也没有任何使用者主动限制自己使用这些免费的环境资源或改善资源状态。然而，在这种情况下，资源使用者所获得的"内部经济性"是以免费使用这些环境资源为基础的。而因使用公共资源造成的"外部不经济性"则强加给社会来承担。使用经济手段解决这一问题，需要建立污染损害的补偿机制。征收排污费在一定程度上体现了环境资源的价值，并且通过这种补偿作用可以使环境资源的使用者改变排污行为，有效地利用越来越稀缺的环境资源。政府可以通过调节补偿费用，让生产者或消费者在抉择自身利益的时候，将环境资源的费用考虑进去，从而使环境问题的外部不经济性内部化。

1.排污费与最优污染水平

排污费对污染物排放量的影响，如图 4.2 所示。

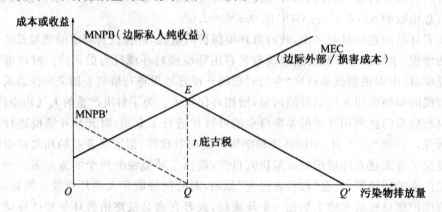

图 4.2　排污费与最优污染水平

在图 4.2 中，MEC 代表边际外部成本，MNPB 代表边际私人纯收益，这两条曲线相交于 E 点，在与 E 点对应的污染物排放 Q 水平下，边际私人纯收益与边际外部成本相等，所以，Q 就是最优污染水平。

生产者为了追求最大限度的私人纯收益，希望将生产规模扩大到 MNPB 线与横轴的交点 Q' 处。如果政府向排污的生产者征收一定数额的排污费，生产者的私人纯收益就会减少一部分，MNPB 线的位置、形状及它与横轴的交点也会发生变化。假定政府根据生产者的污染物排放量，对每一单位排放量征收特定数额 t 的排污费，使得 MNPB 线向左平移到 MNPB$-t$ 线位置，即 MNPB′与横轴恰好相交于 Q 点。这就说明，在政府的控制及生产者追求利益最大化的条件下，最有效率的情况是将生产规模和污染物的排放量控制在最优污染水平上。

在实际中，对最优污染水平和达到最优污染水平时的边际私人纯收益的估计，都会存在误差,有时误差还相当大。但只要排污费的征收有助于使污染物排放接近最优污染水平,征收排污费就是可取的。

2.排污费与污染治理成本

图4.2有一个隐含的前提,就是当政府征收排污费时,生产者只能在缴纳排污费和缩小生产规模这两种方案中进行选择。但事实上,在考虑自身经济利益的情况下,生产者还可能做出购买和使用污染物处理设施,在扩大生产规模的同时将污染物的排放量控制在最优污染水平,这也是政府征收排污费的目的之一。所以,当政府征收排污费时,生产者就有三种选择:缴纳排污费、减产或者追加投资购买和使用污染物处理设备。生产者面对这三种可能性的最优选择,可以用图4.3表示。

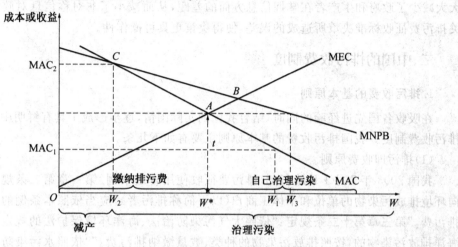

图4.3 三种可能性存在时的生产者决策

图4.3横轴中的W代表污染物的排放量。MEC线代表边际外部成本曲线;MNPB线代表生产者没有安装环保设备,其污染物排放量随生产规模的扩大而同比例增加的条件下,生产者的边际私人纯收益曲线;MAC代表污染治理的边际成本曲线;MAC_1和MAC_2则代表污染物排放量为W_1和W_2条件下的边际治理成本。

因为存在通过治理污染来减少污染物排放的可能性,生产者的决策和排污费的征收标准都会发生一些变化。若政府对某一特定污染物排放量的排污费征收标准既高于生产者的边际私人纯收益,又高于其边际治理成本时,生产者就可能做出减产或购买并且安装环保设备的选择。在图4.3中W_2点的右侧,生产者的边际私人纯收益高于边际治理成本,在这一区间,生产者在利润最大化的促使下会治理污染,而不是缩小生产规模;而在原点到W_2点这一区间,生产者的边际治理成本高于边际私人纯收益,从自身经济利益考虑,生产者却宁愿选择减产。因此,在原点到W_2点之间,MNPB可以看作减少产量是减少污染的唯一途径的治理成本曲线。

当存在购买和安装环保设备的第三种选择时,最优污染水平及排污费的征收标准,就应该根据MEC和MAC两条曲线的交点A来决定。从图4.3中可以看出,当污染物的排放量低于W^*时,生产者支付的边际治理成本高于社会为此付出的边际外部成本。由于生产者支付的边际治理成本也是社会总成本中的一部分,所以此时对社会来说,不治理比治理有利;当污染物的排放量高于 W^* 时,生产者支付的边际治理成本低于社会为此付出的边际外部成本,此时,对于社会来说,治理比不治理更有利。为了防止生产者为追求最大限度的利润而将污染物的排放量增加到超过 W^* 的程度,从而损害全社会的利益,根据 W^* 对应的边际外部成本来确定排污费的征收标准,可以促使生产者从自身利益考虑,将污染物排放量控制在 W^* 的水平上。

与根据 MNPB 线与 MEC 线的交点来确定排污费的征收标准相比,根据 MAC 线和 MEC 线的交点来确定排污费的征收标准有一个很显著的优点。边际私人纯收益属于生产者的营业秘密,政府在这方面所掌握的信息远远少于生产者;而从事生产和安装环保设备的生产者乐于向社会公布有关设备的性能和经济效益等方面的资料。所以,这样一来,大大减少了政府和生产者在掌握信息方面的差距,从而减小了非对称信息对政府做出有关排污费征收标准决策所造成的误差,使得决策更具可操作性。

二、中国的排污收费制度

1. 排污收费的基本原则

在吸收各国先进经验的同时,结合我国的实际国情,逐步形成了具有鲜明中国特色的排污收费制度。我国排污收费的基本原则主要有如下几条。

(1)排污即收费原则。

我国 2003 年 7 月 1 日施行的《排污费征收使用管理条例》第一章第二条规定:“直接向环境排放污染物的单位和个体工商户(以下简称排污者),应当依照本条例的规定缴纳排污费。”第三章第十二条规定:“依照大气污染防治法、海洋环境保护法的规定,向大气、海洋排放污染物的,按照排放污染物的种类、数量缴纳排污费。”“依照水污染防治法的规定,向水体排放污染物的,按照排放污染物的种类、数量缴纳排污费;向水体排放污染物超过国家或者地方规定的排放标准的,按照排放污染物的种类、数量加倍缴纳排污费。”“依照固体废物污染环境防治法的规定,没有建设工业固体废物贮存或者处置的设施、场所,或者工业固体废物贮存或者处置的设施、场所不符合环境保护标准的,按照排放污染物的种类、数量缴纳排污费;以填埋方式处置危险废物不符合国家有关规定的,按照排放污染物的种类、数量缴纳危险废物排污费。”“依照环境噪声污染防治法的规定,产生环境噪声污染超过国家环境噪声标准的,按照排放噪声的超标声级缴纳排污费。”

排污即收费是我国新的排污收费制度的一项重大改革措施。

(2)征收程序法定化原则。

根据《排污费征收使用管理条例》,排污费的征收必须依据法定程序进行,即排污申报登记→排污申报登记核定→排污费征收→排污费缴纳,不按照规定缴纳,经责令限期缴纳,拒不履行的,强制征收;否则,将视征收排污费程序违法。

(3)强制征收原则。

《排污费征收使用管理条例》第十四条规定:“排污者应当自接到排污费缴纳通知单之日起 7 日内,到指定的商业银行缴纳排污费。”第二十一条还规定:“排污者未按照规定缴纳排污费的,由县级以上地方人民政府环境保护行政主管部门依据职权责令限期缴纳;逾期拒不缴纳的,处应缴纳排污费数额 1 倍以上 3 倍以下的罚款,并报经有批准权的人民政府批准,责令停产停业整顿。"此外,《中华人民共和国环境保护法》《中华人民共和国水污染防治法》《中华人民共和国固体废弃物污染环境防治法》《中华人民共和国环境噪声污染防治法》等都对不按规定缴纳排污费的违法行为做出强制征收的相关规定。

(4)"收支两条线"原则。

《排污费征收使用管理条例》第四条规定:"排污费的征收、使用必须严格实行'收支两条线',征收的排污费一律上缴财政,环境保护执法所需经费列入本部门预算,由本级财政予以保障。""收支两条线"原则可以确保排污费的有效利用,避免挤占、截留、挪用的发生;否则,将按该条例第二十五条,追究有关监督人员的法律责任。

(5)专款专用原则。

《排污费征收使用管理条例》规定,排污费作为环境保护专项资金,全部纳入财政预算管理,用于重点污染源防治、区域性污染防治、污染防治新技术、新工艺的开发、示范和应用,以及国务院规定的其他污染防治项目等,任何单位和个人不得挤占、截留和挪作他用;否则,将依照本条例的相关规定,追究有关人员的法律责任。

(6)缴纳排污费不免除其他法律责任原则。

《排污费征收使用管理条例》规定:"排污者缴纳排污费,不免除其防治污染、赔偿污染损害的责任和法律、行政法规规定的其他责任。"缴纳排污费是排污者应尽的一种法律义务,其与因污染产生的各种法律责任不能相互代替。

2. 排污费征收有关概念

(1)污染当量(当量是指与特定或俗成的数值相当的量)。

污染当量是根据各种污染物或污染排放活动对环境的有害程度、对生物体的毒性及处理的技术经济性,规定的有关污染物或污染排放活动的一种相对数量关系。新的收费标准在设计时,为简化和统一收费方法,引入了污染当量的概念,并主要应用于水污染收费和大气污染收费之中。

(2)污染当量值。

污染当量值即表征不同污染物或污染排放量之间的污染危害和处理费用相对关系的具体值,单位以千克(kg)计。

以水污染为例,将污水中 1 kg 最主要污染物化学需氧量(COD)作为基准,对其他污染物的有害程度、对生物体的毒性及处理的费用等进行研究和测算,结果是 0.5 g 汞、1 kg COD 或 10 m³ 生活污水排放所产生的污染危害和相应的处理费用是基本相等的,即污水中汞的污染当量值是 0.000 5 kg,COD 的污染当量值是 1 kg。

而废气则是以大气中主要污染物烟尘、二氧化硫作为基准,按照上述类似的方法得出其他污染物的污染当量值。

(3)污染当量数。

对于某种污染物计算其污染当量数的公式为

$$污染当量数 = \frac{排放量}{污染当量值} \tag{4.7}$$

其中

$$排放量 = 排放浓度 \times 介质体积 \tag{4.8}$$

（4）收费单价。

收费单价就是每一污染当量的具体收费标准。

污水的收费单价是根据 12 000 多套污染治理设施的固定资产折旧、物耗、能耗、管理费用、维修、人工费用等进行测算后，得出 COD 的平均治理成本为 1.32 元/kg。按照排污收费应略高于污染治理成本的原则，每一污染当量收费单价目标值为 1.4 元。按照上述类似方法，得出废气的每一污染当量收费单价目标值为 1.2 元。考虑到我国的经济水平及排污者现阶段的经济承受能力，为保证新收费标准的顺利施行，我国将污水和废气的每一污染当量收费单价分别定为 0.4～0.7 元和 0.3～0.6 元。

3. 排污收费计算方法

按照新的排污收费方式，污水、废气按污染物的种类、数量以污染当量为单位实行总量排污收费，噪声实行超标收费，固体废物和危险废物实行一次性征收排污费的政策。各类污染物排污费的计算方法如下。

（1）污水排污费计算。

①计算污染物排放量。

依据排污单位某排污口排放污染物的种类、浓度和污水排放量，计算所有污染物的排放量为

$$某一污染物的排放量（kg/月或季度）=\frac{污水排放量（t/月或季度）\times 该污染物的排放浓度（mg/L）}{1\ 000}$$

$$(4.9)$$

②计算污染物的污染当量数。

在计算确定了污染物排放量的基础上，依据国家规定的污染物当量值，计算某排污口所有污染物各自相应的污染当量数。

一般污染物污染当量数为

$$某污染物的污染当量数=\frac{该污染物的排放量（kg/月或季）}{该污染物的当量值} \qquad (4.10)$$

pH、大肠菌群数、余氯量污染当量数为

$$某污染物的污染当量数=\frac{污水排放量（kg/月或季）}{该污染物的污染当量值（kg）} \qquad (4.11)$$

色度污染当量数为

$$色度污染当量数=\frac{污水排放量（月或季）\times 色度超标倍数}{色度的污染当量数（t 倍）} \qquad (4.12)$$

③确定收费因子。

确定污水排污费收费因子：根据同一排污口征收污水排污费应按污染物的污染当量数从大到小的顺序，收费因子最多不超过三项的原则，首先在计算各种污染物的污染当量数的基础上，对污染物因子从大到小进行排序。然后选定污染当量数排在前三项的污染物因子为该排污口计征污水排污费的收费因子。

确定超标收费因子：根据超标加一倍征收超标排污费的原则，从确定的计征排污费的三项污染物因子中，找出所有超标的污染物因子。判断污染物是否超标按照以下步骤进行。

　　a.确认污染物执行的排放标准。有地方标准的按照地方标准执行；无地方标准有行业标准的,应先执行行业标准；无行业标准的,应执行综合标准。

　　b.确认污染物类别。

　　c.确认污染物执行的标准时限。

　　d.确认污染物执行的功能标准。

　　④计算污水排污费。

　　根据排污即收费和超标按污水排污费加一倍征收超标排污费及污水进入城市污水处理厂征收了污水处理费不再征收污水排污费,但超标时应按污水排污费加一倍征收超标排污费的原则。

　　污水排污费的计算公式为

$$污水排污费(元/月)=污水排污费征收标准(元/污染当量)\times(\alpha\times第一位最大污染物的$$
$$污染当量数+\alpha\times第二位污染物最大污染物的污染当量数+$$
$$\alpha\times第三位最大污染物的污染当量数) \qquad (4.13)$$

式中,α 为公式系数,当污染物超标时,$\alpha=2$；当污染物不超标时,$\alpha=1$；当污染物不超标又征收了污水处理费时,$\alpha=0$。

　　(2)废气排污费的计算。

　　废气排污费的计算方法和步骤如下。

　　①计算污染物排放量。

　　a.实测法。

$$某污染物的排放量(kg/月)=\frac{废气排放量(m^3/月)\times该污染物排放浓度(mg/m^3)}{10^{-6}}$$

或

$$某污染物的排放量(kg/月)=该污染物的排放量(kg/h)\times生产天数(天/月)\times$$
$$生产时间(h/天) \qquad (4.14)$$

　　b.物料衡算法。

　　利用单位产品污染物排放量系数计算：

$$某污染物的排放量(kg/月)=产生该污染物的产品总量(产品总量/月)\times该污染$$
$$物的单位产品排放系数(kg/单位产品) \qquad (4.15)$$

　　利用单位产品废气排放量与污染物排放浓度计算：

$$某污染物的排放量(kg/月)=产生该污染物的产品总量(产品总量/月)\times单位$$
$$产品废气排放量系数(m^3/单位产品)\times单位产品该$$
$$污染物的排放浓度系数(kg/m^3) \qquad (4.16)$$

　　利用单位产品废气排放量与污染物百分比浓度计算：

$$某污染物的排污量(kg/月)=产生该污染物的产品总量(产品总量/月)\times单位产品$$
$$废气排放量系数(m^3/单位产品)\times废气中该污染物的$$
$$百分比浓度(\%)\times该污染物的气体密度(kg/m^3)$$
$$\qquad (4.17)$$

　　c.燃料燃烧过程中污染物排放量的计算。

燃料在燃烧过程中,产生大量的烟气和烟尘,烟气中主要污染物有二氧化硫、氮氧化物和一氧化碳等,其计算方法如下。

燃煤过程中污染物排放量的计算:

燃煤烟尘排放量(kg/月)

$$= \frac{1\,000 \times 耗煤量(t/月) \times 煤中的灰分(\%) \times 灰分中的烟尘(\%) \times [1-除尘效率(\%)]}{1-烟尘中的可燃物(\%)}$$

$$\tag{4.18}$$

$$燃煤\ SO_2\ 排放量(kg/月)=1\,600 \times 耗煤量(t/月) \times 煤中的含硫分(\%) \tag{4.19}$$

$$燃煤\ NO_x\ 排放量(kg/月)=1\,630 \times 耗煤量(t/月) \times [0.015 \times$$

$$燃煤中氮的\ NO_x\ 转化率(\%)+$$

$$0.000\,938](其中,0.015\ 为燃煤的含氮量) \tag{4.20}$$

$$燃煤\ CO\ 排放量(kg/月)=2\,330 \times 耗煤量(t/月) \times 燃煤中碳的质量分数(\%) \times$$

$$燃煤的不完全燃烧值(\%) \tag{4.21}$$

$$焦炭\ CO\ 排放量(kg/月)=2\,330 \times 焦炭耗用量(t/月) \times 焦炭中碳的质量分数(\%) \times$$

$$焦炭的不完全燃烧值(\%) \tag{4.22}$$

以上计算公式中的 $1\,000$、$1\,600$、$1\,630$、$2\,330$ 为单位换算系数值。

液体燃料燃烧过程中污染物排放量的计算:

$$燃油\ SO_2\ 排放量(kg/月)=2 \times 燃料耗量(kg/月) \times 燃油中硫的质量分数(\%)$$

$$\tag{4.23}$$

$$燃油\ NO_x\ 排放量(kg/月)=163 \times 燃料耗量(kg/月) \times [燃油氮的\ NO_x\ 的转化率(\%) \times$$

$$燃油中氮的质量分数(\%)+0.000\,938] \tag{4.24}$$

$$燃油\ CO\ 排放量(kg/月)=2\,330 \times 燃料耗量(kg/月) \times 燃油中碳的质量分数(\%) \times$$

$$燃油的不完全燃烧值(\%) \tag{4.25}$$

以上计算公式中的 2、163、$2\,330$ 为单位换算系数值。

气体燃料污染物排放量的计算:

$$气体燃料\ SO_2\ 排放量(kg/月)=气体燃料耗量(m^3/月) \times 气体中\ H_2S\ 的质量分数(\%) \times 2.857$$

气体燃料 CO 排放量(kg/月)

$$\tag{4.26}$$

$$=气体燃料耗量(m^3/月) \times 气体燃料的不完全燃烧值(\%) \times$$

$$[CO\ 质量分数(\%)+CH_4\ 质量分数(\%)+C_2H_2\ 质量分数$$

$$(\%)+C_2H_8\ 质量分数(\%)+C_3H_8\ 质量分数(\%)\ +$$

$$C_4H_{10}\ 质量分数(\%)+C_5H_{12}\ 质量分数(\%)\ +C_6H_6\ 质量分$$

$$数(\%)+H_2S\ 质量分数(\%)+\cdots] \tag{4.27}$$

②计算污染当量数。

$$某污染物的污染当量数=\frac{该污染物的排放量(kg/月)}{该污染物的污染当量值(kg/月)} \tag{4.28}$$

③确定收费因子。

根据烟尘和林格曼黑度只能选择收费额较高的一项作为收费因子的规定,对燃料燃烧排污费收费因子的确定,首先计算出每项污染物的收费额后,选择其中收费额较高的前三项污染物作为排污收费因子。

a.一般污染物的排污费计算。

某污染物的排污费(元/月)＝废气污染当量值征收排污费标准(元/污染当量)×
该污染物的污染当量数 (4.29)

b.林格曼黑度排污费计算。

林格曼黑度排污费(元/月)＝林格曼黑度(级)的收费标准(元/t)×该林格曼黑
度(级)条件下的燃料耗用量(t/月) (4.30)

当燃料为非煤时(如天然气、原油、有机可燃废气等),应将非煤燃料折算成标准煤后
再计算排污费。

④某排污口的排污费计算。

某排污口排污收费额最大的前三项污染物的排污费之和就是该排污口的排污费。

某排污口的排污费(元/月)＝收费额最大的第一项污染物的排污费＋收费额最大的
第二项污染物的排污费＋收费额最大的第三项污染物
的排污费 (4.31)

(3)噪声排污费的计算。

根据噪声超标排污费征收原则,一个单位厂界噪声超标排污费的计算步骤如下。

a.查《工业企业厂界噪声标准》表,确定不同超标噪声排放处的环境功能区,并确定与
之相对应的夜、昼噪声允许排放标准值。

b.计算噪声超标值。

夜间噪声超标值(dB)＝夜间实测噪声值(dB)－夜间噪声排放标准值(dB)

昼间噪声超标值(dB)＝昼间实测噪声值(dB)－昼间噪声排放标准值(dB)

c.选择确定噪声超标收费处。

一个单位边界上有多处噪声超标的,分别选择昼间与夜间超标最高点为计征白昼和
夜间噪声超标值。

d.计算排污费。

确定收费标准。根据《噪声超标排污费征收标准》表分别找出白昼与夜间的噪声超标
排放收费额。

确定是否需要减半征收。当噪声超标排放最高处排放时间超过 15 个昼或夜时,昼或
夜的噪声超标排污费应分别按噪声超标的收费标准征收;当超标噪声排放时间达不到 15
个昼或夜时,昼或夜的噪声超标排污费应分别按噪声超标的收费标准减半征收。

确定是否需加倍征收。以噪声超标排放最高处为起点,沿厂界查寻,当发现沿边界长
度超过 100 m 仍有白昼、夜间噪声超标排放点时,应按昼、夜分别加一倍来征收噪声超标
排放费。

计算总排污费为

噪声超标排污费(元/月)＝昼间噪声超标收费标准(元/月)$\times \alpha \times \beta +$
夜间噪声超标收费标准(元/月)$\times \gamma \times \zeta$ (4.32)

式中,当超标噪声最高处排放时间不足 15 个昼或夜时,$\alpha = \gamma = 0.5$;当排放时间超过
15 个昼或夜时,$\alpha = \gamma = 1$。

当以最高超标噪声处为起点,沿厂界查寻,发现超过 100 m 处还有昼间或夜间超标噪声排放时,$\beta=\zeta=2$;反之,$\beta=\zeta=1$。

(4)固体废物及危险废物排污费的计算。

①工业固体废物排污费的计算。

a.确定工业固体废物的类型。

b.分析确定工业固体废物的储存、处置的方式与达标情况。对无专用储存、处置设施和专用储存、处置设施无防渗漏、防扬散、防流失设施的征收工业固体废物排污费。

c.计算工业固体废物排放量:

$$工业固体废物排放量(t/月)=产生量(t/月)-综合利用量(t/月)-符合规定标准的$$
$$储存量(t/月)-符合规定标准的处置量(t/月) \quad (4.33)$$

d.工业固体废物排污费计算。

$$某工业固体废物排污费(元/月)=该工业固体废物收费标准(元/t)\times$$
$$该工业固体废物排放量(t/月) \quad (4.34)$$

②危险废物排污费计算。

a.根据《国家危险废物名录》判断是否为危险废物。

b.确定危险废物填埋或处置是否符合国家有关规定要求。对不符合相关规定的,征收危险废物排污费。

c.计算危险废物排放量。

$$危险废物排放量(t/月)=危险废物产生量(t/月)-符合国家有关规定的危险废物$$
$$填埋量(t/月)-符合国家有关规定的处置量(t/月) \quad (4.35)$$

d.计算危险废物排污费。

$$危险废物排污费(元/月)=危险废物排放量(t/月)\times危险废物收费标准(元/t)$$
$$(4.36)$$

三、排污收费制度的作用

排污收费制度是环境保护工作中非常有效的一种经济手段,对于改善环境质量、促进企业的污染治理、筹集环保资金等方面起到了十分重要的作用。

1.有利于提高降低污染的经济刺激性

通过征收排污费,给排污者施加了一定的经济刺激,这将促使排污者积极治理污染,如图 4.4 所示。

在图 4.4 中,曲线代表排污者的边际污染治理费用。进行污染治理的目的就是在达到环境和经济目标前提下,使污染治理的费用与缴纳排污费用之和为最小。图中的 t^* 为最优的排污收费标准,Q^* 是与之相对应的污染物排放量。此时,排污者缴纳的排污费(图中 Ot^*AQ^* 的面积)与污染治理费用(图中 AQ^*Q 的面积)之和最小。

从图 4.4 中还可以看出,排污收费的标准越高,其刺激污染者降低污染排放水平的作用就越大。若把排污收费标准从 t^* 提高到 t_1,则对于同一污染源,污染排放量就会降低到 Q_1。一定的排污收费标准会刺激排污者去实施一个最优的污染治理水平。治理水平

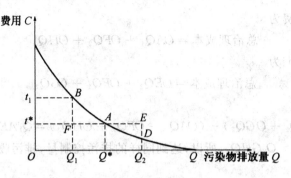

图 4.4 排污费的作用

过高或过低,都将使排污者支付的环境费用增加。与最优治理水平 Q^* 相比,当治理水平过高,即 $Q_1 < Q^*$ 时,排污者将要多支付的费用为图中 ABF 的面积;当治理水平过低,即 $Q_2 > Q^*$ 时,排污者将要多支付的费用为图中 ADE 的面积。

2.有利于提高经济有效性

相对于执行统一的排污标准,排污收费能以较少的费用达到排污标准,如图 4.5 所示。

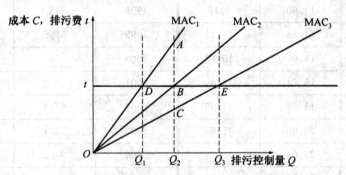

图 4.5 排污费与统一的排污标准的比较

假定某一产品的生产企业只有三家,图中 MAC_1、MAC_2、MAC_3 分别代表这三家企业生产这种产品的边际治理成本。由于这三家企业在污染治理中采用了不同的控制技术,所以三家企业的 MAC 不同。对于同样的污染控制量如 Q_1,三家企业所支付成本的情况是企业 1 为 A,企业 2 为 B,企业 3 为 D,那么成本大小排列为 $A > B > D$。为了简化分析,假定政府的削减目标是 $3Q_2$,并假设线段 $Q_1Q_2 = Q_2Q_3$,且 $Q_1 + Q_2 + Q_3 = 3Q_2$。

从图 4.5 可以看出,企业 1 的控制成本最高,控制量最少;企业 3 的治理成本最低,控制量最多;企业 2 的治理成本和控制量均居中。如果政府制定一个统一的环境标准,强制所有的企业分别削减相当于 Q_2 的污染物排放量,三家企业的边际治理成本将分别达到 A、B、C。但如果政府通过设定排污费 t 来达到污染物削减目标 $3Q_2$,则三家企业将会根据各自的治理费用,在缴纳排污费与自行治理污染之间进行权衡,根据总成本最小化原则,选择不同的污染控制水平。例如,对企业 1 来说,污染控制量从零增加到 Q_1,治理污染要比缴费便宜,而当污染控制量超过 Q_1 时,缴纳排污费则比较合算。为了比较统一执行标准和收费情况下的总成本,就需要计算 MAC 曲线以下的面积。

执行的排污收费为

$$总治理成本 = OAQ_1 + OFQ_2 + OHQ_3$$

执行的排污标准为

$$总治理成本 = OEQ_2 + OFQ_2 + OGQ_2$$

两者之差为

$$(OEQ_2 + OFQ_2 + OGQ_2) - (OAQ_1 + OFQ_2 + OHQ_3) = Q_1AEQ_2 - Q_2GHQ_3$$

因为 $Q_1AEQ_2 > Q_2GHQ_3$，所以，达到同样的排污控制量，排污收费比单纯执行排污标准的成本要低。

3. 有利于筹集环保资金，促进污染治理

排污收费的另一项功能是筹集环保资金。我国从 20 世纪 70 年代末开始实施排污收费制度，截至 2008 年底，累计征收排污费 1 420.09 亿元，见表 4.3。

表 4.3　我国排污费征收使用情况表

年份/年	排污费征收	排污费支出	年份/年	排污费征收	排污费支出
1985 前	34.34	24.78	1997	45.4	45.8
1986	11.90	9.18	1998	49	48.6
1987	14.28	11.22	1999	55.5	54.6
1988	16.09	10.73	2000	58	61.4
1989	16.74	10.85	2001	62.2	59.8
1990	17.52	11.06	2002	67.4	66.6
1991	20.06	12.85	2003	73.1	61.8
1992	23.08	15.75	2004	94.2	94.2
1993	26.08	18.74	2005	123.2	123.2
1994	31	23.9	2006	144.1	144.1
1995	37.1	31.9	2007	173.6	173.6
1996	40.96	39.61	2008	185.236 8	185.236 8
合计				1 420.086 8	1 339.506 8

根据 2003 年 7 月 1 日施行的《排污费征收使用管理条例》和《排污费资金收缴使用管理办法》的规定，征收的排污费用于以下四类污染防治项目的拨款补助和贷款贴息，这四类项目分别是区域性污染防治项目、重点污染源防治项目、污染防治新技术和新工艺的推广应用项目及国务院规定的其他污染防治项目。

4. 有利于提高污染控制技术和污染治理水平

实行排污标准时，政府必须首先确认企业的排污超过了标准，然后才能采取相应的措施。只要排污没有超过标准，生产者就不会被责令缴纳罚款，所以生产者也就没有寻找低成本污染治理技术的必要，有时甚至为了达标排放，生产者会采取稀释的手段，既浪费了

资源,同时又加重了污染程度。而实行排污收费时,只要政府实行根据污染企业的污染物排放量或生产规模来征收的办法,即使企业的排污没有超过标准,企业也必须缴纳一定数量的排污费,那么在这种经济刺激下,企业就必须不断寻找低成本的污染治理技术。

如图 4.6 所示,假设 MAC_1 是排污者现有的边际治理成本曲线。假如设置的排污收费标准为 t_1 水平,那么根据排污收费的刺激作用,排污者将会把排污水平从最大排污量 W_m 降低到污染治理成本与缴纳排污费相当的水平,即图中的 W_1。此时,排污者既承担了污染控制的费用,其值就等于 AW_1W_m 的面积,同时又承担了排污费,其值等于 Ot_1AW_1 的面积。所以,排污者承担的总费用为 Ot_1AW_m 的面积。

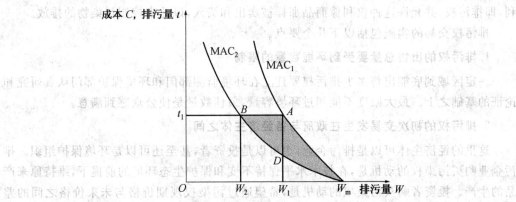

图 4.6　排污收费与污染控制技术革新

第三节　排污权交易

排污权交易也被称之为"买卖许可证制度",是一项重要的环境管理的经济手段。排污权交易通过为排污者确立排污权(这种权利通常以排污许可证的形式表现),建立排污权市场,利用价格机制引导排污者的决策,实现污染治理责任及相应的环境容量的高效率配置。

一、排污权交易的理论基础

排污权交易的思想来源于科斯定理。科斯定理表达了这样的一种思想:只要市场交易成本为零,无论初始产权配置是怎样的状态,通过交易总可以达到资源的最优化配置。科斯定理在环境问题上最典型的应用就是排污权交易。

排污权这个概念是美国经济学家约翰·戴尔斯(John Dales)在 1968 年提出的。戴尔斯认为,外部性的存在导致了市场机制的失效,造成了生态破坏和环境污染的问题。单独依靠政府干预,或者单独依靠市场机制,都不能起到令人满意的作用。必须将两者结合起来才能有效地解决外部性,把污染控制在令人满意的水平。政府可以在专家的帮助下,把污染物分割成一些标准单位,然后在市场上公开标价出售一定数量的排污权。购买者购买一份排污权则被允许排放一个单位的废物。一定区域出售排污权的总量要以充分保证区域环境质量能够被人们接受为限。如果一时不能达到,可以将排污权数量的出售逐年减少,直到达到为止。在出售排污权的过程中,政府不仅允许污染者购买,而且,如果受害者或者潜在受害者遭受了或预期将要遭受高于排污权价格的损害,为防止污染,政府也允许他们竞购排污权。此外,一些环保社团也可以购买排污权来保证环境质量高于政府规定的标准。政府则可以用出售排污权得到的收入来改善环境质量。政府有效地运用其对环境这一商品的产权,使市场机制在环境资源的配置和外部性内部化的问题上发挥了最佳作用。

排污权交易的主要思想是在满足环境质量要求的前提下,建立合法的污染物排放权利,即排污权,并允许这种权利像商品那样被卖出和买入,以此来控制污染物的排放。

排污权交易的实施包括以下几个要点。

1.排污权的出售总量要受到环境容量的限制

一定区域到底能出售多少排污权要建立在环境监测部门和环境保护部门认真研究和论证的基础之上。最大限度不能超过环境容量,最佳数量是使公众感到满意。

2.排污权的初次交易发生在政府与各经济主体之间

这里的经济主体可以是排污企业,也可以是投资者,甚至还可以是环境保护组织。排污企业购买污染权的动机是,在技术水平保持不变和保护生态环境的前提下,维持原来产品的生产。投资者购买污染权的动机是,希望通过污染权现期价格与未来价格之间的差价来牟取利润。而环保组织购买污染权则是为了保证环境质量的不断改善和提高。

3.排污权将来的交易可能发生在更广泛的领域

排污权的多次交易可以发生在排污企业之间,有的企业因生产规模扩大了,需要拥有更多的排污权,而有的企业通过技术创新,使排污权尚有剩余,只要两企业之间的交易使双方都能够获利,排污权交易就会发生;排污权的多次交易可以发生在排污企业与环保组织之间,随着经济发展和生活水平的提高,环保组织认为环境质量也应有相应水平的提高,因而出资竞购排污权,从而迫使污染企业减少污染排放;排污权的多次交易可以发生在污染企业和投资者之间,投资者意识到污染权是一种稀缺资源,在买进卖出中可以获利;排污权的多次交易也可以发生在政府和各经济主体之间,随着环境质量要求的日益提高及政府财力的不断增强,政府可以回购一些排污权,以进一步减少污染的排放量。

由以上分析可见,排污权交易是让市场机制发挥基础作用,各经济主体共同参与,政府参与调节的一种有效运行机制。

二、排污权交易的效应分析

1.宏观效应

通过排污权交易产生的宏观效应如图4.7所示。

在图4.7中,S曲线和D曲线分别代表排污权供给曲线和需求曲线;MAC曲线和MEC曲线分别代表边际治理成本和边际外部成本。

从图4.7就可以看出排污权供给曲线和需求曲线的特点:由于政府发放排污许可证的目的是保护环境而非盈利,所以排污权的总供给曲线S是一条垂直于横轴的直线,表

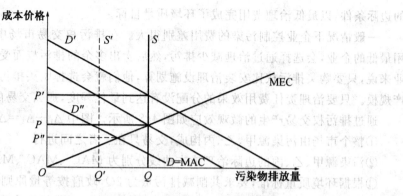

图 4.7　排污权交易产生的宏观效应

示排污许可证的发放数量不会随着价格的变化而变化。由于污染者对排污权的需求取决于其边际治理成本，那么，就可以将图中的边际治理成本曲线 MAC 看成排污权的总需求曲线 D。

　　当市场主体发生变化时，通过市场调节作用可以使排污权的总供求重新达到平衡。污染源的破坏使得排污权市场的需求量减少，需求曲线左移，排污权市场价格下降，其他排污者则将多购买排污权，少削减污染物的排放量，在保证总排放量不变的前提下，尽量减少过度治理，节省了控制环境质量的总费用。新的污染源加入将使得排污权的市场需求增加，需求曲线 D 向右移到 D′，总供给曲线保持不变，因而每单位排污权的市场价格就上升至 P′。如果新排污者的经济效益高，边际治理成本低，只需购买少量排污权就可以使其生产规模达到合理水平并赢利，那么该排污者就会以 P′ 的价格购买排污权，而那些感到不合算的排污者则不会购买。显然，这对于优化资源配置是很有利的。

2. 微观效应

　　假设每个污染源都有一定的排污初始授权（q_i^0），则所有污染源初始授权的总和在数量上等于或小于允许的排污总量。假设第 i 个污染源未进行任何污染治理时的污染排放量为 $\overline{Q}_i$，选择的治理水平为 l_i，根据企业追求的费用最小化原则，就可以建立该污染源决策的目标函数为

$$(C_{Ti})_{min} = C_i(l_i)_{min} + P(\overline{Q}_i - l_i - q_i^0) \tag{4.37}$$

式中，$C_{Ti}(l_i)_{min}$ 为最小治理成本；P 为污染源要得到一个排污权愿意支付的价格，或是以这个价格将一个排污权出售给其他污染源。

　　令 $\dfrac{\mathrm{d}C_{Ti}}{\mathrm{d}_{li}} = 0$，得到第 i 个污染源目标函数的解为

$$\frac{\mathrm{d}C_i(l_i)}{\mathrm{d}_{li}} - P = 0 \tag{4.38}$$

式（4.32）表明，只有当排污权的市场价格与企业的边际治理成本相等时，企业的费用才会最小化。在企业自身利益的驱动之下，排污权交易市场将自动产生这样的排污权价格，该价格等于企业的边际治理费用。市场交易的最终结果是污染源通过调节污染治理水平，达到所有企业的边际治理费用都相等，并等于排污权的市场价格，从而满足有效控制污染

的边际条件,以最低治理费用完成了环境质量目标。

　　一般情况下企业控制污染的费用差别很大。在排污权交易市场中,那些治理污染费用最低的企业,会选择通过治理减少排污,然后卖出多余的排污权而受益。而对另一些企业来说,只要购买排污权比安装治理设施划算,他们就会选择购买排污权以维持原有的生产规模。只要治理责任费用效果的分配没有达到最佳程度,那么交易的机会总是存在的。

　　通过排污权交易产生的微观效应如图 4.8 所示。图中 $\Delta_1 + \Delta_2 = \Delta_3$。分析时假设:

　　①整个市场由污染源甲、乙、丙构成,交易只在三者之间进行。

　　②污染源甲、乙、丙的边际治理成本曲线分别为 MAC_1、MAC_2、MAC_3。

　　③根据环境质量标准,要求共削减排污量为 $3Q$,政府按等量原则将排污权初始分配给三个污染源。削减任务使得甲、乙、丙三家排污单位持有的排污许可证比它们现有的污染排放量减少了 Q。

$$(C_{Ti})_{min} = C_i(l_i)_{min} + P(\overline{Q}_i - l_i - q_i^0)$$

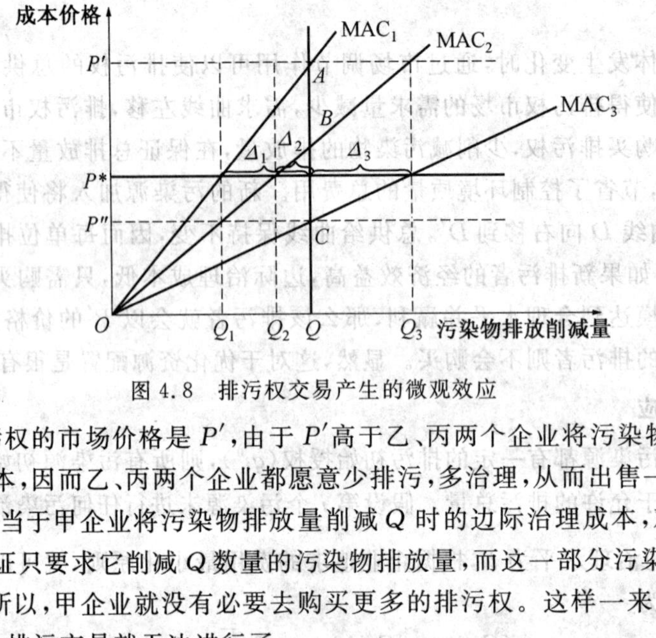

图 4.8　排污权交易产生的微观效应

　　情况一:排污权的市场价格是 P',由于 P' 高于乙、丙两个企业将污染物排放量削减 Q 时的边际治理成本,因而乙、丙两个企业都愿意少排污,多治理,从而出售一定的排污权获益。但价格 P' 相当于甲企业将污染物排放量削减 Q 时的边际治理成本,对甲来说,既然现有的排污许可证只要求它削减 Q 数量的污染物排放量,而这一部分污染物的边际治理成本又低于 P',所以,甲企业就没有必要去购买更多的排污权。这样一来,市场中就只有卖方而没有买方,排污交易就无法进行了。

　　情况二:排污权的市场价格是 P'',由于 P'' 低于甲、乙两个企业将污染物排放量削减 Q 时的边际治理成本,因而甲、乙两个企业都愿意购买一定数量的排污权。但价格 P'' 相当于丙企业将污染物排放量削减 Q 数量时的边际治理成本,对于丙企业来说,进一步削减自己的污染物排放量,并将相应的排污权以价格 P'' 出售是不合算的,因此,丙企业不会出售排污权。这样一来,市场中就只有买方而没有卖方,排污交易也无法进行。

　　情况三:排污权的市场价格是 P^*,由于 P^* 低于甲、乙两个企业将污染物排放削减量分别从 Q_1、Q_2 进一步增加的边际治理成本,所以对两家企业来说,将自己的污染物排放削减量从 Q 减少到 Q_1、Q_2,并从市场上购买 Δ_1、Δ_2 数量的排污权是有利可图的;对于丙企业 P^* 相当于它将污染物排放量削减到 Q_3 数量时的边际治理成本($Q_3 > Q$),所以丙企业愿意出售 A 数量的排污权。由于 $\Delta_1 + \Delta_2 = \Delta_3$,排污权供求平衡,交易得以进行。

而排污权交易市场最常见的情况是,排污权的市场价格位于 $P'P^*$ 或 P^*P'' 之间,这时排污权的买方和卖方都会存在,但排污权市场需求量 $\Delta_1 + \Delta_2$ 小于或大于 Δ_3,则排污权的市场价格将下降或上升直至达到 P^*。

从对图 4.8 的分析中很容易就可以看出排污权市场价格的产生过程,同时还证明了前面导出的一个重要结论:只有在所有污染源的边际治理成本相等的情况下,减少指定排污量的社会总费用才会最小化。

三、排污权交易的特点

排污权交易是运用市场机制控制污染的有效手段,与环境标准和排污收费相比,排污权交易具有如下的特点。

1. 有利于污染治理的成本最小化

排污权交易充分发挥市场机制这只"看不见的手"的调节作用,使价格信号在生态建设和环境保护中发挥基础性的作用,以实现对环境容量资源的合理利用。在政府没有增加排污权的供给,总的环境状况没有恶化的前提之下,企业比较各自的边际治理成本和排污权的市场价格的大小来决定是卖出排污权,还是买进排污权。同时对于企业来讲,也可以通过排污权价格的变动对自己产品的价格及生产成本做出及时的反应。排污权交易的结果是使全社会总的污染治理成本最小化,同时也使各经济主体的利益达到最大化。

2. 有利于政府的宏观调控

通过实施排污权交易,有利于政府进行宏观调控。主要体现在三个方面:一是有利于政府调控污染物的排放总量,政府可以通过买入或卖出排污权来控制一定区域内污染物排放总量;二是必要时可以通过增发或回购排污权来调节排污权的价格;三是可以减少政府在制定、调整环境标准方面的投入。

如图 4.9 所示,当新的排污者进入交易市场,将会使排污权的需求曲线从 D_0 移到 D_1。为了保证环境质量,政府不会增加排污权总量,排污权供给曲线仍为 S_0,此时,排污权供小于求,它的价格从 P_0 上升到 P_2。新的排污者或购买排污权,或安装使用污染处理设备控制污染,成本最小化仍能够得以实现。如果政府认为由于新排污者的进入,有必要增加排污权总量,就可以发放更多的排污权,排污权供给曲线右移至 S_2。此时排污权供大于求,价格下降到 P_1。如果政府认为需要严格控制排污总量,那么他们也可以进入市场买进若干的排污权,使市场中可供交易的排污权总量减少,供给曲线左移至 S_1,排污权价格上升到 P_3。那么这样一来,政府就可以通过市场操作来调节排污权的价格,从而影响各经济主体的行为。

3. 具有更好的有效性、公平性和灵活性

排污权交易所面临的任务是在一定区域最大污染负荷已确定的情况下,如何在现在或将来的污染者之间合理有效地进行排污总量的分配,即要考虑该分配系统的有效性和公平性。排污权交易的实施使得在分配允许排放量时,不能有效去除污染的企业可以获得更大的环境容量,而能够较经济地去除污染的企业可以将其拥有的剩余排污权出售给污染处理费用高的企业,以卖方多处理来补偿买方少处理,从而使区域的污染治理更加经

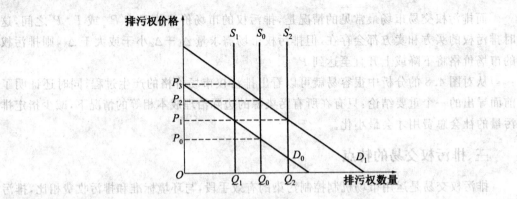

图 4.9　排污权的供求变化与其价格关系

济有效。此外,排污权交易直接控制的是污染物的排放总量而非价格,当经济增长或污染治理技术提高时,排污权的价格会按市场机制自动调节到所需水平,具有很大的灵活性。

4. 有利于促进企业的技术进步,有利于优化资源配置

排污权交易提供给排污企业一种机会,即通过技术改革、工艺创新来减少污染物的排放量,将剩余的排污权拿到市场上交易,或储存起来以备今后企业发展使用。而那些经济效益差、技术水平低、边际成本高的排污企业自然会被市场所淘汰。所以,排污权交易是一种有效的激励机制,能够促使排污企业积极地进行技术改革,采用先进工艺来减少污染物的排放量。

5. 有利于非排污者的参与

绝大多数环境管理经济手段的运作过程通常是政府与排污企业发生某种关系,而其他经济主体则难以介入。而排污权交易则允许环保组织和公众参与到排污权交易市场中,从他们的利益出发,买入排污权,但不排污也不卖出,从而表明他们希望提高环境标准的意愿。

四、排污权交易的实施条件

1. 技术条件

实施排污权交易还需要有相应的技术手段支持,如何来计算和确定环境容量和排污权总量,如何在遵守"污染者负担"原则的前提下,合理地分配排污权等。

2. 法律保障

市场经济是法制经济,运用市场机制基础调控作用的排污权交易制度,其有效的实施,必须有一个强有力的法律结构保障,使得这一经济手段具有法律权威,并通过法律结构来定义一系列产权,从而允许排污权的交易。

3. 有效的监督管理

进行有效的排污监督管理是实施排污权交易的必备条件。首先,政府必须对排污者的排污行为进行有效的监督和管理。而且,政府必须对公务人员的行为进行有效的监督管理。政府必须建立并实施有效的制约机制,防止人为因素对交易市场产生不良影响。

4.完善的市场条件

只有具有竞争性的市场,存在大量潜在的排污许可证的买者和卖者,才能使排污许可证交易正常运行。另外,由于排污权的价格由市场决定,且从长远角度来看其价格呈现出上升趋势,这样一来,就存在着炒卖排污许可证,甚至有可能出现垄断排污权市场牟取暴利的现象。

五、排污权交易的相关问题

1.污染物的适用范围

从污染物的性质来看,一般适宜采用排污权交易的污染物主要是均匀混合吸收性污染物(在一定排放量内,相对其排放速率而言,自然环境对它们有足够大的吸收能力,污染物不随时间累积,在一定空间内可以均匀混合)和非均匀混合吸收性污染物。典型的均匀混合吸收污染物有 CO_2 和消耗臭氧层物质(如 CFC)。这些污染物对环境的影响只与污染物的排放量有关,所以,排污权交易相对简单,交易的管理成本也较低。对于非均匀混合吸收性污染物,如悬浮颗粒物、SO_2、BOD 等,就可以经过适当的设计将其视为均匀混合吸收性污染物。比如,悬浮颗粒物的污染影响受排放地点的影响,但如果适当地划定总量控制的区域,就可以在该区域内视悬浮颗粒物为均匀混合吸收性污染物。

从管理成本来看,适合交易的污染物应当是污染物排放影响非常清楚,监测容易且数据可靠。从交易市场来看,适合排污权交易控制的污染物必须是普遍的,有足够多的污染源可以参与交易。从排污权交易的过程来看,适合采用排污权交易的污染物还受污染物环境质量标准控制形式的影响。

2.排污权价格的确定

怎样确定排污权的交易价格是目前排污许可证交易中存在的一个重要问题。根据经济学理论,在完全竞争的排污权交易市场上,排污权价格是由排污权供求均衡决定的。而目前排污交易市场还尚不成熟,还没有形成排污权的市场定价机制。上海市水污染物交易中提出了排污权价格的计算公式为

$$P=(2G+5D)SAB \tag{4.39}$$

式中,P 为某一污染物的单位排污权交易价格,元/kg;G 为削减单位某污染物所需投资数(基建投资＋设备投资,当地两年的平均数);D 为削减单位某污染物所需运行费(当地 2 年平均数);A 为污染因子权重,当主要污染因子转让给非主要污染因子时,$A=1$;反之,$A=1.2$;B 为功能区权重,当高功能区向低功能区转让时,$B=l$;反之,$B=1.2$;S 为交易费用系数,包括环保部门提取的管理费用,转让方为发生交易而花费的费用。

从式(4.33)中可以看出,目前排污权的价格主要是由治理费用决定的,而在具体操作的时候,交易双方需要考虑各种因素,最终达到一个双方都满意的价格。但是这种由交易双方一事一议地协商排污权交易价格,往往不能反映排污权的供求状况,也就不能达到资源的最优配置。因此,在今后的研究中必须注意解决这个问题。

3.排污权许可证指标的分配方式

排污权的初始分配是实施排污权交易的基础,是一个必须首先妥善解决的问题。从

经济学的角度看,初始排污权分配分为无偿分配和有偿分配两种方式。从国内外的实践情况来看,初始排污权分配主要以无偿分配为主。例如,美国的 SO_2 排污权的 97.2% 是无偿分配给排污单位的,余下的 SO_2 排污,在市场需求增加时将以每吨 1500 美元的价格出售。我国也主要是按照总量控制计划将排污权无偿分配给排污单位的。

初始排污权的无偿分配可能是公平的,也可能是不公平的。根据科斯定理,在产权明确,交易成本为零的前提下,初始产权的界定对社会总福利并不构成影响。

4. 交易资金的使用

在我国目前实施的一系列排污权交易中,环保部门都收取了一定额定的交易费用,如开远市的大气污染物排放交易,环保部门以评估费的形式收取了交费资金 5%～10% 的交易费,上海水污染物排放交易过程中环保部门收取的交易费用体现在 S 值中,S 值中有 0.4% 作为环保部门的管理费。环保部门收取管理费有其合理性和实际性,但需要注意的是,首先,由于政府对排污权交易进行收费,势必会影响到排污权的交易成本,从而影响排污权交易这种经济手段节约成本潜力的发挥;其次,应加强政府管理,使其市场化、规范化,从而防止环保部门"以权谋私",给排污权交易市场带来消极影响;再次,应加强对环保部门收取交易费用的使用管理,这笔资金应用于企业的污染治理,或用于鼓励企业间排污权交易的实现。

5. 加强地方的相关立法

总量控制是我国环境管理的发展方向,排污权交易是实施总量控制的一项有效的经济手段。但由于我国总量控制和排污权交易提出的时间还比较短,实施经验尚不充分,国家级法律、法规尚不健全,限制了总量控制和排污权交易优越性的发挥。例如,总量控制指标的管理、指标的分配、执行情况的检查、排污交易的监督管理、对不执行者的处罚等都需要有科学的、权威的规定。因此,必须加强实施总量控制和排污权交易的地方性立法,不仅为地方实施总量控制奠定基础,同时也能为国家制定相关法规提供经验。

第四节　生态补偿政策

一、生态补偿的含义

目前,国内外对于生态补偿还没有一个公认的定义,综合国内外学者的研究并结合我国的实际情况,生态补偿(Eco-compensation)是以保护和可持续利用生态系统服务为目的,以经济手段为主来调节相关者利益关系的制度。对生态补偿的理解有广义和狭义之分。广义的生态补偿既包括对生态系统和自然资源保护所获得效益的奖励或破坏生态系统和自然资源所造成损失的赔偿,同时也包括对造成环境污染者的收费。狭义的生态补偿则主要是指对生态系统和自然资源保护所获得效益的奖励或破坏生态系统和自然资源所造成损失的赔偿。本节主要是对狭义的生态补偿进行阐述。

生态补偿包括的主要内容:一是对生态系统本身保护(恢复)或破坏的成本进行补偿;

二是通过经济手段将经济效益的外部性内部化;三是对个人或区域保护生态系统和环境的投入或放弃发展机会的损失而进行的经济补偿;四是对具有重大生态价值的区域或对象进行保护性投入。生态补偿机制的建立是以内化外部成本为原则,对保护行为的外部经济性的补偿依据是保护者为改善生态服务功能所付出的额外的保护与相关建设成本和为此而牺牲的发展机会成本;对破坏行为的外部不经济性的补偿依据是恢复生态服务功能的成本和因破坏行为造成的被补偿者发展机会成本的损失。

在我国的环境经济政策体系建立和完善过程中,必须建立生态补偿政策,以解决生态环境保护过程中资金投入问题、相关者的利益分配问题和对生态破坏的损失赔偿问题,并最终形成一个有效的生态补偿机制,达到合理配置环境资源,有效刺激经济主体参与生态环境保护的目的。

二、生态补偿的理论基础

环境经济学、生态经济学与资源经济学理论,特别是生态环境价值论、外部性理论和公共物品理论等为生态补偿机制研究提供了理论基础。

1.生态环境价值论

长期以来,资源无限、环境无价的观念根深蒂固地存在于人们的思维之中,也渗透在社会和经济活动的体制和政策中。随着生态环境破坏的加剧和对生态系统服务功能的研究,使人们更为深入地认识到生态环境的价值,并成为反映生态系统市场价值、建立生态补偿机制的重要基础。生态系统服务功能指的是人类从生态系统获得的效益,生态系统除了为人类提供直接的产品以外,所提供的其他各种效益,包括调节功能、供给功能、文化功能及支持功能等可能更为巨大。因此,人类在利用生态环境时应当支付一定的费用。

2.外部性理论

外部性理论是生态经济学和环境经济学的基础理论之一,也是环境经济政策的重要理论依据。环境资源的生产和消费过程中产生的外部性,主要反映在两个方面,一方面是资源开发造成生态环境破坏所形成的外部成本;另一方面是生态环境保护所产生的外部效益。由于这些成本或效益没有在生产或经营活动中得到很好的体现,从而导致了破坏生态环境没有得到应有的惩罚,保护生态环境产生的生态效益被他人无偿享用,使得环境保护领域难以达到帕累托最优。

制定生态补偿政策的核心目标是实现经济活动外部性的内部化。具体地来说,就是产生外部不经济性的行为人应当支付相应的补偿,而对产生外部效益的行为人应当从受益者那里得到相应的补偿。

3.公共物品理论

自然生态系统及其所提供的生态服务具有公共物品属性。纯粹的公共物品具有非排他性(Non-excludability)和消费上的非竞争性(Non-frivolousness)两个本质特征。这两个特性意味着公共物品如果由市场提供,每个消费者都不会去自愿掏钱购买,都会等着他人去购买而自己顺便享用它所带来的利益,这就是"搭便车"的问题,而这一问题则会导致公共物品的供给严重不足。

生态环境由于其整体性、区域性和外部性等特征,很难改变公共物品的基本属性,因此,需要从公共服务的角度,进行有效的管理,强调主体责任、公平的管理原则和公共支出的支持。从生态环境保护方面,基于公平性的原则,人与人之间、区域之间应该享有平等的公共服务,享有平等的生态环境福利,这是制定区域生态补偿政策必须考虑的问题。

三、生态补偿机制建立的必要性

随着我国经济的迅速发展,生态和环境问题已经成为阻碍经济社会发展的瓶颈。近些年来,党和政府提出了科学发展观,构建和谐社会,强调以人为本,全面、协调、可持续地发展,对生态建设给予高度重视,并采取了一系列加强生态保护和建设的政策措施,有力地推进了生态状况的改善。但是在实践过程中,也深刻地感受到在生态保护方面还存在着结构性的政策缺位,特别是有关生态建设的经济政策严重短缺。这种状况使得生态效益及相关的经济效益在保护者与受益者,破坏者与受害者之间不公平分配,这就导致了受益者无偿占有生态效益,保护者得不到应有的经济激励;破坏者未能承担破坏生态的责任和成本,受害者得不到应有的经济赔偿。这种生态保护与经济利益关系的扭曲,不仅使国家的生态保护面临很大困难,而且也影响了地区之间及利益相关者之间的和谐。想要解决这类问题,必须建立生态补偿机制,以便调整相关利益各方生态及其经济利益的分配关系,促进生态和环境保护,促进城乡间、地区间和群体间的公平性和社会的协调发展。

在这个方面,我国政府正在积极开展研究和试点,为生态补偿机制建立和政策设计提供理论依据,探索开展生态补偿的途径和措施。2005 年 12 月颁布的《国务院关于落实科学发展观加强环境保护的决定》、2006 年颁布的《中华人民共和国国民经济和社会发展第十一个五年规划纲要》等关系到中国未来环境与发展方向的纲领性文件都明确提出,要尽快建立生态补偿机制。为了建立促进生态建设和保护的长效机制,党中央、国务院又提出"按照谁开发谁保护、谁破坏谁治理、谁受益谁补偿的原则,加快建立生态补偿机制"。

四、生态补偿政策的基本原则

1.破坏者付费,保护者受益原则

破坏生态环境会产生外部不经济性,破坏者就应该支付相应的费用;保护生态环境会产生外部经济性(外部效益),保护者应该得到相应的补偿。

2.受益者补偿原则

生态环境资源的公共物品性决定了在生态建设与环境保护中,将会使更多的人受益。如果对保护者不给予必要的补偿,就会产生公共物品供给严重不足的情况。因此,生态环境质量改善的受益者必须支付相应的费用,作为环境生态建设和环境保护者的补偿,使他们的环境保护效益转变为经济效益,以激励人们更好地保护环境。

3.公平性原则

环境资源是大自然赐予人类的共有财富,所有人都有平等利用环境资源的机会。公平性不仅包括代内公平,也包括代际公平。

4.政府主导、市场推进原则

生态补偿涉及面很广,需要发挥政府和市场两方面的作用。政府在生态补偿中要发挥主导作用,比如,制定生态补偿政策、提供补偿资金、加强对生态补偿政策的监督管理等。在市场经济体制下,实施生态补偿还需要发挥市场的力量,通过市场的力量来推进生态补偿制度。

此外,由于生态补偿涉及面很广,生态补偿政策应该坚持先易后难、分步推进的原则。先进行单要素补偿和区域内部补偿,在此基础上逐步推广到多要素补偿和全国补偿,并注意在补偿机制的实施过程中,重视补偿地区的发展问题,重点放在提高补偿地区的人口素质、加强城市化建设、提升产业结构等方面,提高补偿资金的使用效率。

五、中国实施生态补偿政策的方式

1.国家财政补偿

财政政策是调控整个社会经济的重要手段,主要是通过经济利益的诱导改变区域和社会的发展方式。在中国当前的财政体制中,财政转移支付制度和专项基金对建立生态补偿机制具有重要作用。财政部制定的《2003年政府预算收支科目》中,与生态环境保护相关的支出项目约30项,其中具有显著生态补偿特色的支出项目,如沙漠化防治、退耕还林、治沙贷款贴息占支出项目的1/3。2004年浙江省提出《浙江省生态建设财政激励机制暂行办法》,将财政补贴、环境整治与保护补助、生态公益林补助和生态省建设目标责任考核奖励等政策作为主要激励手段。广东省编制的《广东省环境保护规划》将生态补偿作为促进协调发展的重要举措,并准备采取积极的财政政策,进行山区生态保护补偿。

专项基金是政府各部门开展生态补偿的重要形式,国土、水利、林业、农业、环保等部门制定和实施了一系列计划,建立专项资金,对有利于生态保护和建设的行为进行资金补贴和技术扶助,如生态公益林补偿、农村新能源建设、水土保持补贴和农田保护等。林业部门建立了森林生态效益补偿基金。

2.国家重大生态建设工程支持

政府通过直接实施重大生态建设工程,不仅直接改变项目区的生态环境状况,而且对项目区的政府和民众提供资金、物资和技术的补偿,这是一种最直接的方式。当前中国政府主导实施的重大生态建设工程包括退耕还林(草)、退牧还草、天然林保护、"三北防护林"建设和京津风沙源治理等。这些项目主要投资来源是中央财政资金和国债资金。

3.市场交易模式

水资源的质和量与区域生态环境保护状况有直接关系,通过水权交易不仅可以促进资源的优化配置,提高资源利用效率,而且有助于实现保护生态环境的目标,所以交易模式也是生态补偿的一种市场手段。浙江省东阳市与义乌市成功地开展了水资源使用权交易,经过协商,东阳市将横锦水库5 000万 m³ 水资源的永久使用权通过交易转让给下游的义乌市,这样一来,义乌市降低了获取水资源的成本,而东阳市则获得比节水成本更高的经济效益。在宁夏回族自治区、内蒙古自治区也有类似的水资源交易的案例,上游灌溉区通过节水改造,将多余的水卖给下游的水电站使用。

4. 生态补偿费

通过经济手段将生态破坏的外部不经济性内部化,同时对个人、区域保护生态系统和环境的投入、放弃发展机会的损失进行一些经济补偿。如广东省向水电部门以每度电增收一厘钱作为对粤北山区农民进行山林保护的生态补偿金;广州市从 1998 年开始,每年投入数千万元用于生态公益林生态效益补偿,以流溪河流域水质保护作为试点,从生态保护成本的分担出发,建立了上下游的生态补偿机制,下游区域所在地政府每年要从地方财政总支出中安排一定数量的资金,用于补偿上游保护区在育林、造林、护林、涵养水源及产业转型中的费用;2008 年江苏省太湖流域的环境资源污染损害补偿机制开始实施;2008 年 7 月,常州、南京、无锡三个试点城市对在太湖流域交界面的污染物超标情况进行了补偿,对下游城市共支付 24.3 万元。

5. 建立"异地开发生态补偿实验区"

在浙江、广东等地的生态补偿实践中,还探索出了"异地开发"的生态补偿模式。为了避免上游地区发展工业造成严重的污染问题,并弥补上游经济发展的损失,浙江省金华市建立了"金磐扶贫经济开发区",作为该市水源涵养区磐安县的生产用地,并在政策与基础设施方面给予支持。2003 年,该区工业产值 5 亿元,实现利税 5 000 万元,占磐安县财政收入的 40%。浙江还有另外 5 个市、县也开展了或者将要开展类似的做法。

第五节　　其他经济手段

一、绿色证券

在直接融资方面,我国提出了"绿色证券"政策。从企业的直接融资渠道方面对其生产决策和环境行为进行引导。针对"双高"企业采取包括资本市场初始准入限制、后续资金限制和惩罚性退市等内容的审核监管制度,凡没有严格执行环评和"三同时"制度、环保设施不配套、环境事故多、不能稳定达标排放、环境影响风险大的企业,在上市融资和上市后的再融资等环节进行严格限制,甚至可以使用"环保一票否决制"截断其资金链条;而对环境友好型企业的上市融资应提供各种便利条件。

近年来,我国在推行"绿色证券"政策方面进行了很多有益的尝试。相关制度见表 4.4。2001 年国家环境保护总局发布《关于做好上市公司环保情况核查工作的通知》。随后国家环保总局和中国证监会陆续发布了相关政策,做了许多有益的尝试。2008 年 2 月 28 日,国家环保总局正式出台了《关于加强上市公司环保监管工作的指导意见》,标志着我国绿色证券制度的正式建立。2014 年 5 月 8 日,以中广核风电有限公司为发行主体,10 亿元碳收益中期票据在银行间市场成功发行,是我国债券市场上出现的首例"碳债券"。

　　2015 年 12 月 22 日,中国人民银行发布绿色金融债公告,由中国金融学会绿色金融专业委员会编制的《绿色债券支持项目目录》正式发布。截至 2015 年 10 月,中证指数公司编制的绿色环保类指数约 16 个,约占其编制的 A 股市场指数总数(约 800 余个)的2%。2016 年 1 月,兴业银行和浦发银行获准发行共计 1 000 亿元额度的绿色金融债。2017 年,我国绿色债券(包括资产证券化产品)余额 4 333.7 亿元,其中 2017 年新增发行2 274.3 亿元,同比增长 9.4%,全球占比超过 30%。在股票市场方面,2008 年 2 月,国家环保总局联合证监会等部门发布《关于加强上市公司环境保护监督管理工作的指导意见》,即"绿色证券指导意见",着重增加了首次公开上市企业的环保要求。2017 年 A 股市场绿色环保产业上市公司 IPO、增发、配股、优先股、可转债与可交换债共融资 2 200 亿元,在同期 A 股市场融资总额中占比 12.8%。2017 年 9 月,我国推出沪深 300 绿色领先股票指数。目前,在欧洲 ETF(交易所交易基金)产品中,约 20% 已经是绿色的,而中国的ETF 产品中,只有 1% 左右是绿色的,潜力巨大。随着绿色产业在国家战略地位的提升,以及鼓励绿色产业发展政策的陆续出台,绿色证券投资将迎来发展良机。

表 4.4　绿色证券发行的相关政策规定

政策名称	主要内容
2008 年证监会《关于重污染行业生产经营公司 IPO 申请申报文件的通知》	重污染行业生产经营活动的企业申请首次公开发行股票的,申请文件中应当提供国家环保总局的核查意见,未取得相关意见的不受理申请
2008 年国家环保总局《关于加强上市公司环境保护监督管理工作的指导意见》	公司申请首发上市或再融资时,环保核查将变成强制性要求
2015 年央行发布《绿色金融债券公告》	在银行间债券市场推出绿色金融债券,建立绿色金融债券发行核准绿色通道,允许发行人在资金闲置期间投资于信用高、流动性好的货币市场工具及非金融企业发行的绿色债券
2015 年国家发展和改革委员会(以下简称国家发展改革委)《绿色债券发行指引》	明确现阶段"绿色债券"的 12 个重点支持领域,企业申请发行绿色债券,可适当调整审核准入条件
2016 年上交所、深交所《关于开展绿色公司债券试点的通知》	绿色公司债券设立了专门的申报受理及审核绿色通道,并对绿色公司债进行了统一标识
2017 年中国证监会《关于支持绿色债券发展的指导意见》和交易商协会发布《绿色债务融资工具业务指引》	为非金融企业发行绿色债券及其他绿色债务融资工具提供了指引

二、绿色保险

　　绿色保险也被称之为环境生态保险,是在市场经济条件下,进行环境风险管理的一项基本手段。其中以环境污染责任保险最具代表性,就是由保险公司被保险人因投保责任范围内的污染环境行为而造成他人的人身伤害、财产损毁等民事损害赔偿责任提供保障的一种手段。

　　环境污染责任保险是近几十年来新兴的一种险种。2007 年 12 月,国家环保总局和保监会联合发布《关于环境污染责任保险的指导意见》,正式确立了建立环境污染责任保险制度的基本框架。2013 年 1 月,环保部和中国保监会联合发文,指导 15 个试点省份在涉及重金属企业、石油化工等高环境风险行业推行环境污染强制责任保险,首次提出了"强制"概念,但该文件现阶段仍属于"指导意见"。目前已有中国人民财产保险、中国平安保险(集团)和华泰财产保险等 10 余家保险企业推出环境污染责任保险产品。2015 年,全国共计有 4 000 余家企业投保环境污染责任保险,投保企业数量不升反降,比 2014 年减少 1 000 多家。绿色保险推广开倒车、难推广问题明显,如何推进绿色保险参保率成为我国绿色金融亟待解决的难题。绿色保险的相关政策见表 4.5。

表 4.5　绿色保险相关政策

政策名称	主要内容
2007 年环保总局和保监会《关于环境污染责任保险工作的指导意见》	选择部分环境危害大、最易发生污染事故和损失容易确定的行业、企业和地区,率先开展环责险的试点工作
2013 年环保部和保监会《关于开展环境污染强制责任保险试点工作的指导意见》	在涉重金属企业和石油化工等高环境风险行业推进环境污染强制责任保险试点
2015 年保监会《关于保险业履行社会责任的指导意见》	引导保险企业树立社会责任理念,并把保险企业履行社会责任情况与保险机构服务评价体系等监管工作结合起来

三、信贷政策

　　信贷政策是我国应用比较早的一类环境经济政策,也是一项非常重要的经济手段。这项政策在环境保护领域的应用途径主要是根据环境保护及可持续发展的要求,对不同的信贷对象实行不同信贷政策,即对有利于环境保护和可持续发展的项目实行优惠的信贷政策;反之,则实施严格的信贷政策。通过控制企业的间接融资渠道,达到促进企业积极开展环境保护的目的。

　　早在 2007 年 7 月,国家环保总局、人民银行和银监会联合发布了《关于落实环保政策法规防范信贷风险的意见》。2012 年,银监会《绿色信贷指引》对绿色信贷内涵进行专门说明。在监管部门的积极呼吁和倡导下,我国银行业大力推进绿色信贷业务,相继制定实施了"环保一票否决制""节能减排专项贷款""清洁发展机制顾问业务""小企业贷款绿色通道""排污权抵押贷款"等金融制度和服务。2008 年 10 月,兴业银行正式宣布采纳赤道原则,成为全球第 63 家、中国首家赤道银行。2013 年 11 月在全国银行业化解产能过剩暨践行绿色信贷会议上,29 家参会银行业金融机构签署了绿色信贷共同承诺。截至 2017 年 6 月末,21 家主要银行业金融机构绿色信贷余额达 8.2 万亿元,较年初增长 9.19%,占各项贷款余额的 8.83%。关于绿色信贷的相关政策见表 4.6。

表 4.6　绿色信贷相关政策

政策名称	主要内容
2007 年人民银行、银监会、国家环保总局《关于落实环境保护政策法规防范信贷风险的意见》	对未通过环评审批或者环保设施验收的项目,不得新增任何形式的授信支持
2007 年银监会《节能减排授信工作指导意见》	对高污染、高排放的行业提出了一系列的信贷投放要求
2012 年银监会《绿色信贷指引》	明确银行业金融机构绿色信贷支持方向和重点领域,要求实行有差别动态的授信政策,实施风险敞口管理制度,建立相关统计制度
2013 年银监会《绿色信贷统计制度》	通过多项指标的细化界定银行的信贷投放是否属于绿色信贷
2015 年银监会《能效信贷指引》	衡量信贷投放对企业能源效率产生的效果

四、使用者收费

使用者收费是指为集中处理或共同治理排放污染物而支付费用。其收费的依据主要是污染物的处理量,收费费率根据其处理成本确定。使用者收费是 OECD 国家普遍采用的经济手段,主要用于城市固体废弃物和污水收集、处理方面。近些年来,随着我国城市污水和垃圾量迅猛增长,需要建设越来越多的污水集中处理厂和垃圾处理厂,使用者收费将成为我国解决城市污水集中处理和垃圾集中处理资金来源的一项重要的经济手段。

1. 城市污水的处理费

对污水实行使用者收费一般是用来解决污水处理厂和泵站管网等的运行费。各国行使的收费方式和费率不尽相同,主要有以下两种方式。

(1)按水量收费,主要适用于生活污水。例如,新加坡污水处理厂的建设由政府拨款,而日常运行费用则由收取下水费来获得。工业污水收费为 0.22 新元/m^3,生活污水为 0.1 新元/m^3,每只抽水马桶收费 3 元。美国纽约则把污水费用纳入自来水费中,水费为 2.51 美元/m^3,其中污水处理费为 1.51 美元/m^3。政府将征收的污水处理费的 40% 用于还贷,60% 用于污水处理厂的运行。

(2)按水质水量收费,综合考虑污水的体积和污染强度来确定不同类型污水的收费标准。OECD 成员国污水排放收费情况见表 4.7。

我国财政部、国家计划委员会、建设部和国家环保局在 1997 年 6 月 4 日联合印发了关于《城市污水处理收费试点有关问题的通知》(财综字〔1997〕111 号)。从 1997 年开始征收污水处理费,各地根据实际情况采取不同的收费标准。1999 年 9 月 6 日,建设部、国家计划委员会、国家环保总局联合发布了《关于加大污水处理费的征收力度,建立城市污水排放和集中处理良性运行机制的通知》(计价格〔1999〕1192 号),明确规定在全国范围开征城市生活污水处理费。其主要内容包括如下几方面。

表 4.7　OECD 成员国污水排放收费情况

国家	收费计算	收费对象	国家	收费计算	收费对象
澳大利亚	统一收费率	家庭、公司	意大利	体积+污染负荷	家庭、公司
比利时	统一收费率	家庭	荷兰	统一收费率	家庭、公司
加拿大	统一收费率+用水	家庭、公司	挪威	统一收费率	家庭、公司
丹麦	统一收费率 废水体积	家庭 公司	瑞典	统一收费率+用水	家庭、公司
芬兰	统一收费+用水 统一收费+污染负荷	家庭 公司	英国	用水体积+污染负荷	家庭、公司
法国	用水	家庭、公司	美国	统一收费率+污染负荷 统一收费率+用水	公司 家庭、公司
德国	废水体积	家庭、公司			

①在供水价格上加收污水处理费,建立城市污水排放和集中处理的良性运行机制。

②污水处理费应按照补偿排污管网和污水处理设施的运行维护成本,并合理盈利的原则核定。

③建立健全对污水处理费的征收管理和污水处理厂运行情况的监督制约机制。

④切实做好征收污水处理费的各项工作。

目前我国的生活污水收费政策还不完善,截至 2005 年底,全国有 475 个城市开征污水处理费,部分城市还未对生活污水进行收费。已经对生活污水收费的城市,收费标准定得很低,一般为 0.1~0.5 元/t,只有极少数城市的污水处理费收费标准超过 1 元/t。而我国生活污水处理成本一般为 0.5~0.7 元/t。根据环境经济学理论,污水处理成本是制定污水处理费收费标准的基础。一般来说,污水处理收费应能够补偿排污管网和污水处理设施的基本运行成本,加上合理盈利。根据国务院节能减排综合性工作方案,应当全面开征城市污水处理费并提高标准,收费标准原则上不低于 0.8 元/t。部分省市进行了相应的实践改革,如 2008 年嘉兴联合污水处理工程收集区域污水处理费的平均标准为 1.69 元/m³,到 2009 年,污水处理费达到 1.85 元/m³。广州市 2009 年 7 月 1 日后执行新的污水处理费收费标准,城市污水处理费中居民生活污水收费由 0.81 元/t 上调为 0.9 元/t,费用由自来水供水企业代收。

2. 城市垃圾的处理费

近年来,我国城市垃圾的产生量增长速度非常快,仅仅 2008 年中国城市的垃圾产生量是 1.55 亿吨,预计到 2010 年随着中国城市人口的增长,城市生活垃圾将达到 2.64 亿吨。城市垃圾的处理需要一定的费用,垃圾总量的不断增长,给政府带来越来越大的财政压力。根据污染者负担原则,所有产生垃圾者都应承担相应的费用。因此,对垃圾处理也应实行使用者收费,其费率根据收集成本而确定。国内外对此项收费主要采取两种方式:一是根据废弃物的实际体积,采用统一的收费率收费,如瑞典、加拿大、荷兰等;二是根据废弃物的体积、类型收费,如芬兰、法国等。国外城市垃圾收费情况见表 4.8。

表 4.8   国外城市垃圾收费情况

国家	收费计算	收费对象	国家	收费计算	收费对象
澳大利亚	统一收费率	家庭、公司	意大利	居住面积	家庭
比利时	体积统一收费率	家庭	荷兰	统一收费率	家庭、公司
加拿大	统一收费率	家庭	挪威	统一收费率	家庭、公司
	统一收费率＋超过限定体积	公司			
丹麦	统一收费率	家庭	瑞典	统一收费率(55%的市政当局)	家庭
	废弃物体积	公司		收集体积(45%的市政当局)	公司
芬兰	废弃物体积	公司	英国	统一收费率	家庭、公司
	废弃物体积＋类型＋运输距离	公司		废弃物体积	
法国	居住面积(80%人口)	家庭、公司			
	废弃物体积(5%人口)	家庭、公司			

到目前,我国城市生活垃圾的处理问题非常突出,在部分地区和城市已造成了严重的环境问题和社会问题。根据我国的实际情况,可先实行按人收费,然后逐步过渡到按垃圾量收费。我国的一些城市已经开始征收生活垃圾处理费,如北京市从 1999 年 9 月开始征收生活垃圾处理费,收费标准为北京居民每户每月缴纳 3 元,外地人每人每月缴纳 2 元。为加快城市生活垃圾的处理,2002 年 6 月 7 日,财政部、建设部、国家计划委员会、国家环保总局 4 部委联合发布了《关于实行城市生活垃圾处理收费制度促进垃圾处理产业化的通知》(计价格〔2002〕872 号),明确规定全面推行生活垃圾处理收费制度。其内容主要包括如下两个方面。

(1)所有产生生活垃圾的国家机关、个体经营者、企事业单位(包括交通运输工具)、社会团体、城市居民和城市暂住人口等均应按规定缴纳生活垃圾处理费。

(2)垃圾处理费收费标准应按补偿垃圾收集、运输和处理成本,合理盈利的原则核定。生活垃圾处理费应按不同收费对象采取不同的计费方法,并按月计收。

改革垃圾处理运行机制,促进垃圾处理产生化。

五、产品收费

产品收费是指对那些在制造过程或消费过程中产生污染或需要处理的产品进行收费或课税。这种经济手段的功能主要是通过提高产品的价格来实现的,即通过提高产品的价格来减少这些产品的消费量。产品收费通常有以下几种。

(1)直接针对某种产品收费。如 OECD 成员国对农药、化肥、润滑油、包装材料、含CFC 产品、轮胎、汽车电池等产品征收费用。

(2)针对某些产品具有的某种危害特征收费。如根据汽油的含铅量、根据燃料的含碳量和含硫量收费。

(3)对"环境友好"产品实行负收费,即价格补贴,从而扩大这些产品的生产和消费。

(4)最低限价。主要用于维持和改善某些具有潜在价值的废弃物的市场,以促进该废弃物不被倾倒而被再利用。如废纸回收可以显著地减少焚烧和倾倒的家庭废弃物数量,但废纸市场通常不稳定,为维持这个市场,由政府规定最低限价。

自2008年6月1日起,我国开始实行塑料袋收费制度,对限制塑料袋的使用量和提高塑料袋的质量,具有积极的作用。

目前,国外产品收费的应用范围广泛,包括润滑油、不可回收容器、矿物燃料油、包装纸、电池、废旧家用电器等。

1. 润滑油收费

润滑油收费的目的是为废油收集和处理系统提供资金。各国在收费标准上差异很大。部分OECD成员国润滑油产品收费情况可见表4.9。

表4.9 OECD成员国润滑油产品收费情况

国家	收费水平(ECU/t)	收费收入(ECU/a)	收费效果
芬兰	29	300万	有利于废油的收集和处理
法国	6	400万	发动机废油回收了70%
意大利	3	200万	收集的废油由55 000 t增加到105 000 t
荷兰	6/1 000 L	100万	废油的收集和安全处置得到改善

注:ECU为欧洲货币单位

2. 化肥收费

化肥收费的主要目的是筹集资金,各国对化肥收费的费基、费率均不相同。部分OECD成员国化肥收费情况见表4.10。

表4.10 OECD成员国化肥收费情况

国家	费基	费率	占其价格的百分比/%	收入用途
奥地利	氮	ECU 0.31/kg	4～11	补偿、环境支出
	磷	ECU 0.18/kg		
	钾	ECU 0.091/kg		
芬兰	氮	ECU 0.41/kg	5～12	农业补贴、一般预算
	磷	ECU 0.27/kg		
挪威	氮	ECU 0.13/kg	19	一般预算
	磷	ECU 0.24/kg	11	
瑞典	氮	ECU 0.07/kg	10	补偿、环境支出
	磷	ECU 0.141/kg		

3. 电池收费

电池收费的主要目的是为电池的收集、处理和再循环筹集资金,各国电池收费的费基、费率各不相同。表4.11是部分OECD成员国电池收费情况。

表 4.11 部分 OECD 成员国电池收费情况

国家	费基	费率	收入用途
加拿大	>2 kg 的铅—酸电池	ECU2.8/kg	电池的再循环、环境、开支
丹麦	镍镉电池	ECU 0.2/节	电池的收集、处理和再循环
	电池组	ECU 0.9/个	
葡萄牙	铅电池	ECU1~5/节	电池的收集、处理和再循环
	>3 kg 的铅电池	ECU 3.8/kg	
美国	HgO_x 电池	ECU 2.7/kg	电池的收集、处理和再循环
	镍镉电池	ECU 1.5/kg	

4.包装材料的收费

对包装材料进行收费,一方面为减少此类材料产生的固体废物量;另一方面也可以筹集处理资金。部分 OECD 成员国包装材料收费情况见表 4.12。

表 4.12 部分 OECD 成员国包装材料收费情况

国家	费基	费率	收入用途
加拿大	不能再用的饮料容器		混合的
丹麦	玻璃和塑料容器		一般预算
	10~60cL	ECU 0.06	
	60~106cL	ECU 0.18	
	>60cL	ECU 0.25	
	金属容器罐	ECU 0.09	
	纸板及层压饮料包装		一般预算
	10~60cL	ECU 0.04	
	60~106cL	ECU 0.08	
	>60cL	ECU 0.21	
	液体奶制品包装	ECU 0.01	
芬兰	可处置的容器:		一般预算
	啤酒	ECU 0.16	
	软饮料(玻璃和金属)	ECU 0.48	
	软饮料(其他)	ECU 0.32	
挪威	不可回收的饮料容器:		一般预算
	啤酒	ECU 0.27	
	碳酸软饮料	ECU 0.05	
	葡萄酒和酒精	ECU 0.27	
葡萄牙	玻璃饮料器(30~100cL)	ECU 0.05	一般预算
瑞典	饮料容器:		
	可回收的玻璃、铝容器	ECU 0.01	
	可处置容器(20~300cL)	ECU 0.01~0.03	
美国	产生废弃物产品		一般预算

六、押金－退款制度

押金－退款制度是对可能引起污染的产品征收押金（收费），当产品废弃部分回到储存、处理或循环利用地点后退还押金的一种经济手段。采用押金－退款制度有利于资源的循环利用和削减废弃物数量，并可以防止一些有毒有害物质（如废电池、杀虫剂等容器的残余物）进入环境。表 4.13 是 OECD 成员国塑料饮料容器开展押金－退款制度的情况。

表 4.13　OECD 成员国塑料饮料容器开展押金－退款制度的情况

国家	制度内容	费率	占其价格百分比/%	返还的百分比/%
澳大利亚	PET 瓶	ECU 0.02	2～4	62
奥地利	可回收利用容器	ECU 0.25	20	60～80
加拿大	塑料饮料容器	ECU 0.03～0.05		60
丹麦	PET 瓶（<50cL 与>50cL）	ECU 0.20～0.55		80～90
芬兰	PET 瓶>1 cL	ECU 0.32	10～30	90～100
德国	不可再装的塑料瓶	ECU 0.22		
冰岛	塑料瓶	ECU 0.07	3～10	60～80
荷兰	PET 瓶	ECU 0.35	30～50	90～100
瑞典	PET 瓶	ECU 0.47	20	90～100
美国	啤酒和软饮料容器			72～90

目前，由于生产者可以购买到廉价的包装材料，从成本的角度考虑，他们更倾向于使用一次性包装，这使得押金－退款制度的使用范围受到限制，远不如税费手段应用得广。但在一些特殊领域里，押金－退款制度的运用取得了很好的效果，如对饮料、容器、电池、含有害物质的包装物等。在 OECD 国家中，有 16 个国家实行玻璃瓶押金－退款制度，12个国家实行塑料饮料容器押金－退款制度，5 个国家实行金属容器押金－退款制度，使这些容器的返还率达到了 60% 以上，有的甚至高达 90%。

该制度是一种有效的经济刺激手段，具有广阔的应用前景。但这一制度在执行过程中应注意几个方面。

（1）合理地设计押金的标准及退款手续，尽量使该制度简单易行。

（2）押金－退款制度应与现有的产品销售和分送系统相互结合起来，以降低收还押金的管理成本。

（3）押金－退款制度应与相关法律、法规及管理制度相协调。

（4）押金－退款制度应与教育手段为基础，使公众自觉地参与到这一制度中来，提高该制度的效率。

目前，我国的押金－退款制度尚不健全，在今后环境管理手段的研究领域中应加强对该制度的研究，尽快建立适合我国国情的押金－退款制度。

七、补贴

补贴是政府为实际潜在的污染者提供的财政刺激,主要用于鼓励污染削减或减轻污染对经济发展的影响。

补贴手段在 OECD 国家中除澳大利亚和英国之外被广泛使用。在大多数国家中,补贴通常采用直接拨款、优惠贷款和税收优惠等方式,其资金来源主要是环境方面的税收、费用、许可证和收费等,而不是普通的税收。在实际工作中,各个国家的补贴对象和补贴资金的来源有所不同。例如,意大利补贴固体废物的回收,并支持工业界致力于削减废物;法国提供补贴以鼓励工业减轻水污染,补贴制度基于贷款而不是拨款;德国实行补贴制度主要是为了促进其环境计划的实现和帮助可能因污染控制系统突然额外的资金需求而遇到困难的生产者,其资金来源于公众预算的税收;荷兰补贴其工业以促进工业企业对环境管理的服从,鼓励对污染控制设备的研究及安装;美国政府为市政水处理厂的建设提供补贴,此外,在 50 多年间,美国政府花费了数十亿美元帮助农民偿付土壤保持和防止土壤生产力流失的费用。

在我国,补贴这种手段经常被采用,主要应用于对污染治理项目的补贴、对生态建设项目的补贴、对环境科研的补贴、对清洁生产项目的补贴、对生产环境友好产品的补贴等。

八、绿色贸易

在西方国家设立绿色贸易壁垒对我国贸易进行挤压的形势下,我国的贸易政策必须做出相应的调整。即要改变单纯追求数量增长,而忽视资源约束和环境容量的发展模式,平衡好进出口贸易与国内外环保的利益关系,避免“产品大量出口、污染留在国内”的现象继续。

绿色贸易包含许多内容,目前我国重点抓两个方面:一个方面是限制“两高一资”产品的出口;另一个方面是我国对外投资企业的环境责任问题。2007 年 6 月,原国家环境保护总局规定并提出对 50 多种“双高产品”取消出口退税的建议,财政部和税务总局采纳了建议,目前,这些产品的出口量下降了 40%。2008 年 1 月,国家环境保护总局再次发布无机盐、农药、涂料、电池、染料等 6 个行业 140 多种“双高”产品目录,涉及出口金额 20 多亿元,并提交各经济综合部门。2008 年 4 月,商务部在发布的禁止加工贸易名录中,采纳了环境保护总局提交的全部产品目录,并明确将“双高”产品作为控制商品出口的依据。2008 年 7 月底,财政部、税务总局发布的取消出口退税的商品清单中,40 个商品编码的商品中有 26 个是“双高”产品。在 2008 年 8 月,国务院关税税则委员会下发通知,决定自2008 年 8 月 20 起,对铝合金焦炭和煤炭出口关税税率进行提高。

在执行“绿色贸易”政策中,对不同类型行业采取不同的绿色贸易措施,对于低污染行业,通过出口退税等政策措施,鼓励出口,扩大行业投资规模,并设立“绿色”进口通道,鼓励行业产品进口。

第五章 环境管制对经济的影响

政策的环境管制既意味着大量的环境投资,也意味着对市场机制和企业经济的干扰和扭曲,这些都会对经济增长造成影响,对这种影响进行分析是评估和选择环境管制政策的基础。

第一节 环境投资

为了达到预期的环境目标,各国都要投入大量的资金。美国、欧盟等将这些资金计为环保支出,既包括经济部门在环保领域的开支,又包括公共部门在环保领域的开支,见表5.1所列,欧盟的环保支出占 GDP 的比重在 2% 以上。

表 5.1 2002～2009 年欧盟环保支出情况

| 年份 | 环保支出(亿欧元) | | | | 环保支出增长率/% | 环保支出占GDP的比重/% |
	工业部门	环保服务业专业生产商	公共部门	环保总支出		
2002	461.24	898.15	694.11	2 053.49	2.59	2.06
2003	431.86	943.31	691.88	2 067.25	0.66	2.04
2004	458.00	1 012.31	725.95	2 196.26	6.25	2.07
2005	466.58	1 061.33	796.26	2 324.17	5.82	2.10
2006	504.97	1 181.23	812.68	2 498.88	7.52	2.14
2007	527.07	1 230.41	856.09	2 613.57	4.59	2.11
2008	557.11	1 308.66	877.52	2 743.29	4.96	2.20
2009	514.72	1 273.00	869.59	2 657.31	−3.13	2.26

近年来,我国的环保投资总量呈持续递增趋势(见表5.2)。2001～2013 年,投资规模从 1 106.60 亿增长到 9 516.50 亿,增长了约 9 倍;环保投资占国内生产总值(GDP)的比例有波动,但总体亦呈递增趋势,由 1.01% 上升到 1.66%,增长了 64.4%。环保投资增长率变化波动较大,受国际金融危机的影响,2009 年环保投资增长率明显下降,但在国家4 万亿投资计划政策带动下,以及受个别省的城市环境基础设施建设投资突增等因素影响,2010 年环保投资增长率出现迅猛反弹,达到 47.05%。

从表 5.2 环保投资构成来看,2001～2013 年,工业污染源治理投资占环保投资总量的比例偏低,且总体呈下降趋势;建设项目环保"三同时"投资所占比例基本稳定在30%～40%,个别年份略有升高或降低;城市环境基础设施建设投资所占比例较高,除 2007、2008 年略有下降外,基本保持在 50%～60%,成为环保投资的重要组成部分。

表 5.2　2001～2013 年中国环境投资情况

年份	环境投资/亿元				环境投资占 GDP 的比重/%	占环境投资的比重/%		
	工业污染源智力投资	建设项目环保"三同时"投资	城市环境基础设施建设投资	环境投资总量		工业污染源治理投资	建设项目环保"三同时"投资	城市环境基础设施建设投资
2001	174.50	336.40	595.70	1 106.60	1.01	15.80	30.40	53.80
2002	188.40	389.70	789.10	1 367.20	1.14	13.80	28.50	57.70
2003	221.80	333.50	1 072.40	1 627.70	1.20	13.60	20.50	65.90
2004	308.10	460.50	1 141.20	1 909.80	1.19	16.10	24.10	59.80
2005	458.20	640.10	1 289.70	2 388.00	1.30	19.20	26.80	54.00
2006	483.90	767.20	1 314.90	2 566.00	1.22	18.90	29.90	51.20
2007	549.10	1 367.40	1 467.80	3 384.30	1.36	16.20	40.40	43.40
2008	542.60	2 146.70	1 801.00	4 490.30	1.49	12.10	47.80	40.10
2009	442.50	1 570.70	2 512.00	4 525.10	1.35	9.80	34.70	55.50
2010	397.00	2 033.00	4 224.20	6 654.20	1.66	6.00	30.60	63.50
2011	444.36	2 112.40	4 557.23	7 114.03	1.47	6.25	29.69	64.06
2012	500.46	2 690.35	5 062.65	8 253.46	1.55	6.06	32.60	61.34
2013	867.66	3 425.84	5 222.99	9 516.50	1.62	9.12	36.00	54.88

第二节　环境管制对经济增长的影响

自 20 世纪 60 年代末以来,随着环境运动的兴起,各国政府面临着公众要求加强环境管制的压力。西方发达国家也开始建立日益严格的环境管制体系,加强对生态退化与环境污染的管控。

管制(Regulations)是指政府为控制企业的价格、销售和生产决策而采取的各种行为和措施,包括政府为改变或控制企业的经营活动而颁布的规章与法律,政府进行这种干预的目的是制止不充分重视社会利益的私人决策。

环境管制(Environmental Regulations)是管制的一种,其管制的对象是破坏生态和环境的行为。一般而言,环境管制可以分为广义的环境管制和狭义的环境管制两种。狭义的环境管制是指政府对企业产生污染的行为进行的各种管理,而广义的环境管制不仅包含狭义的环境管制,还包括政府对自然资源的价格形成机制进行管理、对自然环境产权进行界定和进行城市环境基础设施建设等行为和措施。

从微观角度看,环境管制会扭曲生产者的行为,从宏观经济层面看,环境管制可能影响到就业率和经济增长。世界上绝大多数国家都把保持一定的经济增长速度作为主要经济目标,那么,如果环境管制要以减少 GDP 为代价,就需要考虑这种代价是否值得,严格的环境管制是否会抑制经济增长,提高失业率? 如果会,影响的幅度又有多大呢?

一、环境管制对经济的负面影响

按照污染者付费原则,环境管制的对象是污染源,政府通过各种命令—控制型手段将外部成本内部化,但这并不意味着受管制企业真正承担所有成本。由于经济是相互联系的,成本可能以提高价格的形式传递给消费者,或以减少就业、降低工资的形式传递给员工,或以降低资本投资回报率的形式传递给投资方,或是这三种方式的组合。

可以借助图 5.1 说明污染控制成本的影响。图 5.1 模拟了一个完全竞争性行业受到环境管制的情景。在没有实施污染控制政策时,均衡价格为 p^0,企业产量是 q^0,行业总产量是 Q^0。价格 p^0 等于产量 q^0 时的平均成本 AC^0,利润为 0,企业没有进入或退出这个行业,市场处于均衡状态。

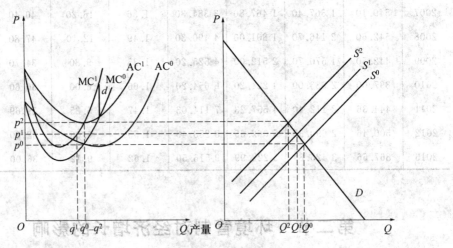

图 5.1　市场对环境成本内化的反映

环境管制将环境成本内化,会加大企业成本,使企业的边际和平均成本曲线都向上移动 d。由于市场供给曲线是所有企业的边际成本曲线之和,所以供给曲线也向上移动 d。相应地,市场价格从 p^0 升到 p^1。在短期均衡下,价格增加的幅度小于 d。

如果以一家企业为分析对象,可以看出,在成本提高后企业会减少产量到 q^1,行业总产量减少到 Q^1。而在这个产量水平下,价格 p^1 低于平均成本 AC^1,企业的利润为负。因此,企业会选择退出市场。

由于有企业退出市场,供给曲线向左移动,移动的幅度取决于退出企业的数量。企业退出促使价格与平均成本重新达到平衡,在价格变为 p^2 时,市场重新恢复均衡。此时 p^2 与 p^0 的差为 d,市场总产量减小到 Q^2。市场产量的减少是通过部分企业退出实现的,留下的企业的产量和管制前一样。

可见,实行环境管制的短期后果和长期后果是不同的。在短期里,由于每家企业的边际成本都增加了 d,价格提高幅度小于 d,所有企业都将减少产量,行业利润为负。在长期里,部分企业会退出行业,使留下的企业的利润恢复到 0。留下的每个企业的产量和管制前一样,但总产量下降了。产品价格增加的幅度等于内化的环境成本。这样,环境管制对经济的效应体现在产品的产出水平下降、消费者为产品支付更高的价格、劳动力需求减少、就业降低几个方面。

所以,政府加强环境管制会迫使企业减少污染排放,以达到新的环境标准。这固然可以让外部成本内部化,提高社会福利,但环保不是"免费的午餐",它会对经济增长造成一定的负面影响。加强环境管制会增加企业成本,或迫使企业把资金从生产性活动转移到非生产性活动,使生产率降低、失业率增加,最终会影响一个国家或地区的经济增长。

此外,环境监管部门的运行也需要成本,这笔开支不能带来利润和产出。环境基础设施建设、环境公共物品的提供都需要投资,在资本有限的情况下,可能会挤出其他更具潜在效率的投资或创新,影响地区经济增长。而政府不断提高环境标准、变动环境政策也会产生不确定性,妨碍生产性投资,也可能影响产出增长和就业。

按照这种逻辑推理:在各国环境管制标准不一致的情况下,如果某个国家或地区的政府加强环境管制,实施了比其贸易伙伴更严格的环境标准,这个国家或地区的相关产业会相应地增加生产成本,假若没有相应的保护措施和机制,这个国家或地区的相关产业可能在国际市场上因产品的价格相对较高而失去原有的竞争优势。

在生产要素流动日益自由化的今天,由于每个国家都担心其他国家或地区采取比本国更低的环境管制标准而使本国的工业处于不利的竞争地位,为了避免本国产业的竞争力受到损害,国家或地区间会竞相采取比他国更低的环境管制标准,形成向环境管制标准"竞次"(Race to the Bottom)的现象,出现类似于"囚徒困境"的集体非理性行为。也正是受这种理论观点的影响,产业界人士对政府加强环境管制也有抵触,许多国家在加强环境管制、提高环境标准时常犹豫不决。

二、环境管制对经济的正面影响

环境管制至少可能在如下领域的经济产生正面影响。

①环境污染造成的经济损失和健康损失是巨大的,环境管制的主要收益在于改善了环境质量,减少了损失。

②环境管制有利于提高资源的利用效率,促进技术进步。技术进步是经济增长的内生变量,环境管制可以起到类似于市场竞争压力的作用,有助于刺激环境革新和清洁技术的产生。这些技术进步通过提高投入品的使用效率产生经济效益,因此,可能促进经济增长。

③环境管制促进环保产业的发展。环保产业的发展是可以计入 GDP 的,从而减轻环境管制对经济增长的负面影响。例如,欧盟的研究认为,其成员国在 1995～2005 年间将其新增经济能力的 2%～3% 投资于环境保护,其对 GDP 增长率的负面影响不会超过0.1%,也就是说这种影响很小,可以忽略不计。

④在经济低迷时期,环境投资有拉动需求、促进经济增长的作用。日本环境厅认为高强度投资会给日本带来经济高速增长期,20 世纪 70 年代中期恰逢石油危机后的经济低迷时期,高强度的污染防治投资在一定程度上刺激了社会需求,支持了投资和就业。

三、环境管制对经济影响的综合分析

在短期内,环境管制对经济的影响是通过改变产量、商品价格、就业表现出来的。环境管制不仅影响到受管制的商品,而且其替代品和互补品的价格和产量都会受到影响。在这些影响中,有些对 GDP 增长有正面作用,而有些对 GDP 增长有负面作用。

比如,1999 年,美国环保局要求汽车降低 NO_x 的排放量,这导致小汽车的生产成本增加了 100 美元,轻型卡车的生产成本增加了 200 美元,消费者可能因为价格提高而减少汽车的购买量,但汽车产业的产值如何变化还要取决于人们买了多少汽车。经测算,当时汽车的价格需求弹性为 -1,也就是汽车的价格提高 10% 时,汽车的销量会下降 10%。如果销量下降 10%,而价格上升 10%,那么汽车行业的产值会保持不变。因此,环境管制带来的生产者成本增加对被管制行业产值造成的影响取决于价格增加的影响是否超过了产量下降的影响,这主要取决于产业面临的竞争程度。

受管制产业产品价格的升高也可能促使消费者购买其他的替代品,如汽车价格升高后,消费者可能将本计划用于购买汽车的钱用在自行车、徒步鞋、公共交通等方面,促进这些替代品所在产业的增长,从而增加 GDP。根据替代品的价格和数量的不同,与管制前相比,GDP 可能增加、减少或相同。

可见,在产出影响方面,一部分经济资源会用于控制污染,使受管制行业的产出降低。由于产业是相互关联的,一个产业按照法规要求防治污染,会使环保相关产业的需求量增加,环保相关产业会增加产量,又会引发其他行业需求量的增加。在就业影响方面,一方面将资源转移到非生产性的污染防治上会降低生产部门的劳动力需求;但另一方面,这将会提高环保相关产业的就业需求。因此,要对环境管制的经济影响进行预测,需要使用复杂的宏观经济模型。

对单个企业或产业受到环境管制的影响进行分析,可以通过对污染控制措施引起的单个变量(如成本、价格等)的变化进行估计,但这不能反映环境管制产生的乘数效应和反馈效应。例如,企业采取污染控制措施会使其成本和售价上升,同时也影响到购买其产品的其他企业,某些部门安装污染控制设施会提高污染控制设备的产量和就业水平。这种增长的经济活动,又会对其他相关部门产生连锁效应(如增加了建筑业的工作量)。所以,一些研究突破对各部门所受影响进行简单加和的做法,建立宏观经济模型分析环境管制对有关经济变量产生相互作用及其宏观经济后果。

宏观经济模型可以在一个系统的分析框架下分析不同的环境政策,如大气污染控制、水污染控制政策等,可以将这些政策的影响放在共同的、可比较的基础上进行分析。宏观经济模型一般以凯恩斯经济理论为基础,起始于对变量总值如"国内生产总值"或"总就业率"的核算,也可以将变量分解为不同的组成部分,如将"国内生产总值"分解为消费、投资、进口、出口、政府开支等。消费和投资支出可以与收入、利率、利润变量相联系。各产业部门的关系通常采用"投入—产出"矩阵来表述。就业水平取决于生产部门对劳动力的需求和各类劳动的供给总量。模型还可以包括一个财政部门和若干计算式,以表示生产成本和可利用能力的变化对价格的影响。

这些是宏观经济模型的基本结构,为了模拟环境管制的影响还需要对这个模型进行

如下调整。

一是设定受到环境管制影响的外生因素。这些因素是在模型之外决定的,如税收和货币政策、公共和私人消费水平及国际贸易水平等。模型中的环境投入可以由私人企业花在治理设施上的投资或政府花在污染控制上的投资来代表。对几年的投资水平进行估算后,就把它作为外生因素输入到模型中去。

二是对模型内部结构进行一些调整,如果所分析的政策将要改变模型中的某些基本关系,就必须对模型进行调整。例如,如果购买消除污染装置之后不能增加收益,那么投入—产出的基本关系已经发生变化,可以通过改变模型结构反映这种变化。

区别了外生变量并做了必要的调整后,模型就可以表达一种经济活动在有环境政策和没有环境政策时,分别是如何运行的。

长期来看,经济增长主要取决于资本(包括人力资本和物质资本)的积累和技术进步。这样既要讨论环境管制的长期经济影响,还要研究环境管制对资本积累和技术进步的影响。而这二者的方向可能是相反的。将部分生产性资源转用于非生产性领域会减缓资本积累的速度,因此,减缓生产率的提高,降低经济增长速度。但环境管制也可能会对技术创新产生积极作用,促进经济增长。这些因素增加了预测环境管制的经济影响的难度。

在环境管制下企业可能受到以下影响。

(1)在污染控制设施上的投资与其他领域的投资相竞争,导致后者降低,劳动力缺少配套的资本,因而人均产出下降。由于污染控制措施要按照工程标准来进行,因此,资本投资水平和强度可能过高。

(2)环境管制措施一般对新污染源更严格,企业为了规避环境管制,可能更愿意保持老工厂和老旧生产线,而不愿采用新装备和新技术。

(3)环境管制对高速发展的产业和相对低速增长的产业是不平等的,对后者往往放松严格的管理,以避免失业和工厂倒闭,因此,限制了有巨大增长潜力的经济领域的发展。

(4)污染控制装备的运转和维护需要人力,但他们并不能对产量有所贡献,与污染控制有关的文书工作和法律工作也是如此。

(5)企图防止无污染地区的环境恶化,意味着在一定地区内禁止新的工厂建设或是将新工厂布局在有较少工厂的地方。

要综合反映环境管制对成本、价格、就业、贸易的影响,需要使用宏观经济模型。20世纪70年代早期以来,OECD的一些成员国发展了宏观经济模型,并利用这种模型来评估控制污染的环境管制对国家宏观经济变量的直接和间接影响,这些研究的结果见表5.3。

从表5.3中可以看出环境管制可能产生以下经济后果。

①增加的控制污染的费用对产量增长的影响是不确定的。与没有污染控制时相比,GDP水平可能提高(如挪威10年间共提高1.5%),也可能降低(如美国10年间共降低1%)。

②对通货膨胀有轻微的不利影响。从根本上说,所有国家的环境管制都倾向于提高消费价格。在有的情况下,一段时间内提高的幅度可能达5~7个百分点,相当于每年增长约0.3~0.5个百分点。

③就业受到了刺激。除个别例外的情形外,失业水平由于污染控制费用的增加而降

低，尤其是美国、法国、挪威。

表 5.3　环境管制对经济变量的影响

	GDP/%		消费价格/%		失业水平/千人	
	第一年	第十年	第一年	第十年	第一年	第十年
奥地利	—	−0.6/0.5	—	0.4/1.7	—	—
芬兰	0.3	0.6	0.2	0.2	−3.5	−7.5
法国	—	0.1/0.4	—	0.1	−0.2/−1.1	−13.2/−43.5
荷兰	0.1	−0.3/−0.6	0.2/0.4	0.8/4.3	−1.4/−2.3	−3.8/6.9
挪威	—	1.5	—	0.1/0.9	—	−25.0
美国	0.2	−0.6/−1.1	0.2	5.0/6.7	−80	−150/−300
意大利	—	−0.2/0.4	—	0.3/0.5	—	—
日本	1.2/1.6	0.1/0.2	—	2.2/3.8	较低	较低

　　④使生产率增长变慢。这是因为当劳动力投入由于环境措施而增长时，GDP 增长率比通常应有的水平低，或至多略高一点。

　　⑤环境费用的初始影响往往比长期效应更显著。在短期内，增加污染控制装置将促进生产和经济活动，但在长期内，低收益和（或）高昂的价格将抵消若干或大部分短期收益。

　　从模型结果可以看出，环境管制先是促进 GDP 增长，一段时间后，会抑制 GDP 增长。这是因为环境政策实施后，企业要削减污染，会产生额外的物品和服务需求，具有乘数效应和加速效应，形成 GDP 增长。经过一段时间后，由于经济膨胀对生产能力及成本和价格带来压力，上升的成本和价格抵消了环境政策的正面影响，使产出水平下降。环境管制对宏观经济的影响最终表现为国民收入的变化。环境政策的宏观经济影响相对来说是微小的。由于某些产业产出的缩减可能被其他产业产出的增加所弥补，环境管制对国民收入的影响比对单一产业的影响要小。总体上看，污染控制措施不是 20 世纪 70 年代生产率增长放慢的主要原因。同样地，环境措施对 20 世纪 80 年代的经济发展而言也不可能是一个主要的制约因素。

　　除了 OECD 的这项研究外，在环境管制的经济影响方面进行过的研究主要还有以下几项。

　　美国环境经济学家 Christainsen 和 Tietenberg(1985)对美国 20 世纪 70 年代经济增长放缓的研究，他们认为美国当时经济增长放缓中有 8%～12%可归因于实行了严格而系统的环境管理，这使劳动生产力的增长率降低了 0.2%～0.3%。

　　Jorgenson 和 Wilcoxen(1990)用投入—产出法建立一般均衡模型，对比了美国有、无环境管制下的经济增长情况，发现污染控制支出占美国政府购买开支的 10%，在 1974～1985 年间使美国经济增长率下降了 0.191%。

　　Denison(1985)基于生产函数进行计算，发现污染控制使美国经济增长率下降，其中 1967～1969、1969～1975、1975～1978、1978～1982 年间，分别使经济增长率下降了

0.06%、0.14%、0.06%、0.12%。

Leontief 和 Ford(1972)考察了 1967 年美国《清洁空气法》中控制四种空气污染物排放对物品和服务价格的影响,发现各部门的价格水平会出现不同程度的轻微上升。

Carraro 和 Galeotti (1997)使用 WARM 模型分析环境政策对欧洲六国的影响。结果发现环境政策对环境、经济目标都有促进作用,对就业的影响不明显。

第三节　环境管制对贸易和投资的影响

环境与贸易政策是相辅相成的。一方面,开放的多边贸易制度能够更有效地分配和使用资源,从而帮助增加生产和收入,因此,它为经济增长、发展和改善环境提供更多所需的资源,减轻环境的负荷。另一方面,健康的环境为持续增长和支持不断扩张的贸易提供了必要的生态资源和其他资源。总之,开放的多边贸易制度在健全的环境政策支持下可以对环境产生积极的影响,并促进可持续的发展。

一、环境比较优势

解释国际分工的基本模型之一是赫克歇尔—俄林模型(Heckscher-Ohlin Model),又称为要素比例模型(Factor Proportion Model)。该模型认为资本充实的国家在资本密集型商品上具有比较优势,劳动力充实的国家在劳动力密集型商品上具有比较优势,一个国家在进行国际贸易时应出口密集使用其相对充实和便宜的生产要素生产的商品,而进口密集使用其相对缺乏和昂贵的生产要素生产的商品。

将这个结果延伸到环境上,一个对污染有较强消纳能力的国家应当专业化生产污染密集型产品。由于高收入国民对环境质量有更多更高的需求,所以除了污染消纳能力外,收入也影响一个国家对污染企业的接受能力,环境管制的严格程度往往取决于污染消纳能力和收入水平这两个因素。Chichilnisky(1993)的两国模型从理论上对这一问题进行了分析,认为如果某个国家具有相对丰富的环境资源,并且其环境成本相对比较低廉,那么它就具有"环境比较优势",在国际分工中,它将更多地生产"环境密集型产品"(生产过程中使用较多资源或排放较多污染物的产品)用于出口。

可以通过以下几种方法检验"环境比较优势"是否存在。

①借用赫克歇尔—俄林模型研究环境管制宽松是否会吸引高污染的产业,形成环境比较优势。模型的基本形式如下。

$$X_{ij} = \alpha_i + \beta_{i1} E_{j1} + \beta_{i2} E_{j2} + \cdots + \beta_{ik} E_{jk} + \delta_i ER_j + u_{ij} \tag{5.1}$$

这里 X_{ij} 是 j 国 i 产业的净出口,E_{jk} 是 j 国要素 k 的禀赋,ER_j 是 j 国的环境管制的严格程度,u_{ij} 是残差项。通过检验模型在统计上的显著性和 ER_j 的系数 δ_i 的正负,就可以得出研究需要的结论。

②考察某一国的污染行业产品的进出口变化情况。如果发现环境管制较宽松的国家更多地出口这些行业的产品,而环境管制较严格的国家更多地进口这些行业的产品,就可以验证环境比较优势的存在。

③考察资本输入国环境管制的严格程度与流入资本所投资的行业结构间的关系,或资本输出国流出的用于污染密集行业的资本是否更多地流向环境管制比较宽松的国家或地区。

大多数的实证研究结果并不支持环境比较优势的存在。这是因为影响国际贸易中各国分工的因素是各种比较优势的综合,劳动、资本等投入品的相对价格是影响国际分工的主要因素。环境管制带来的成本增加只在企业成本中占一个较小的份额,而且随着清洁技术的进步,这一成本还可进一步下降,同时有些企业加强自身的环境管理可以带来净收益,环境标准较高不一定意味着比较劣势。

二、绿色贸易壁垒

由于国际贸易可能会对环境产生巨大的影响,为了管控这些影响,在许多多边环境协议中有关于贸易的规定,禁止对一些有害环境的物品进行贸易。在一些多边贸易协议中也有关于保护环境的条款,赋予签约国权利,允许其在某些特定情况下,在认为有需要时可采取贸易措施来加强环境安全。

在各种多边贸易协议中,WTO协议是签约国最多、影响最大的。在WTO协议中环境政策不像投资、知识产权等问题那样以单独文本出现,而是分散在技术性壁垒、农业、补贴、知识产权和服务等数个协定或协议之中。WTO协议中与环境问题有关的条款见表5.4。

表5.4　WTO协议中与环境问题有关的条款

条　款	内　容
《贸易技术壁垒协议》 《卫生与植物检疫措施协议》	不得阻止任何成员方采取保护人类、动植物的生命或健康所必需的措施。各成员方政府有权采取必要的卫生与检疫措施保护人类和动植物的生命和健康,使人畜免受饮食或饲料中的添加剂、污染物、毒物和致命生物体的影响,并保护人类健康免受动植物携带的病疫的危害等,只要这类措施不在情况相同或类似的成员方之间造成武断的或不合理的歧视对待
《农业协议》	对于包括政府对与环境项目有关的研究和基础工程建设所给予的服务与支持,以及按照环境规划给予农业生产者的支持等与国内环境规划有关的国内支持措施,可免除国内补贴削减义务
《补贴和反补贴协议》	允许为了适应新的环境标准对改造现有设备进行补贴,但补贴需要满足以下条件。补贴是一次性的、非重复性的措施;补贴金额限制在适应性改造工程成本的20%以内;补贴不包括对辅助性投资的安装与投试费用的补助;补贴应与企业减少废料和污染有直接的和适当的关联;补贴应能给予所有相关企业
《与贸易有关的 知识产权协议》	可以出于环保等方面的考虑而不授予专利权,并可阻止某项发明的商业性运用
《服务贸易总协定》第14条	允许成员方采取或加强保护人类、动植物生命或健康所必需的措施,只要这类措施不对情况相同或类似的成员方造成武断的或不合理的歧视,且不对国际服务贸易构成隐蔽的限制

　　虽然多边贸易协议中的环境条款反对进行不合理的贸易限制,但是在现实中,一些国家以卫生、健康和保护环境的名义制定限制或者禁止贸易的政策,往往会成为新型的贸易壁垒,被称为绿色贸易壁垒(Green Trade Barriers)。绿色贸易壁垒多以技术壁垒的形式出现,范围广阔,不仅涉及产品质量本身,还涉及产品的生产流程和生产方式,对产品的设计开发、原料投入、生产方式、包装材料、运输、销售、售后服务,至工厂的厂房、后勤设施、操作人员医疗卫生条件等整个周期的各个环节提出绿色环保的要求。由于发展中国家的技术水平相对较弱,所以更易受到绿色壁垒的影响。

　　一般地,按所实施措施的针对对象不同,各国的贸易应对措施大致可分为三种类型。

　　①针对产品的措施。包括产品标准、环境税费、边界调节、包装和再循环要求。

　　②针对与产品相关的生产流程和生产方式(Product-related Process and Production Methods,PPMs)的措施。为了保护本国的自然资源和环境,各国制定了以产品的生产过程为管理对象的环境政策,如开采限制、排放控制、对生产技术的约束性规定等。但将这些措施延伸到针对进口产品,则可能引起贸易争端。在WTO框架下,如果生产方式会影响进口产品的品质,则可在WTO框架下应用边界调节税。

　　③针对与产品无关的生产流程和生产方式(Non-product Related PPMs)的措施。对这种生产流程和生产方式采取措施,是WTO规则所禁止的,如不能因为本国行业的环境达标成本高就对进口产品征收边界调节税。

　　可见,第①、第②类措施是WTO框架下允许使用的,但有时这两类措施会被滥用,加上第③类措施,往往成为环境壁垒争议的对象。

　　为了防止扭曲正常的贸易秩序,《21世纪议程》中提出在利用与环境有关的贸易措施时,应遵守以下原则。

　　①非歧视原则。非歧视原则是WTO的基石,由无条件最惠国待遇和国民待遇组成。"最惠国待遇"是指在货物贸易的关税、费用等方面,一成员给予其他任一成员的优惠和好处,都须立即无条件地给予所有成员。而"国民待遇"是指在征收国内税费和实施国内法规时,成员对进口产品和本国(地区)产品要一视同仁,不得歧视。非歧视原则要求保证有关环境的条例和标准,包括卫生和安全标准,不会成为任意的或不合理的贸易差别待遇或变相的贸易限制。

　　②选用的贸易措施应对贸易造成最低限制。要避免以限制、扰乱贸易等措施来抵消因环境标准和法规方面的差别引起的成本差额,因为实行这些措施可能引起不正常的贸易扭曲和增加保护主义。

　　③透明度原则。透明度原则是指与环境保护有关的影响进出口货物的销售、分配、运输、保险、仓储、检验、展览、加工、混合或使用的法令、条例,与一般援引的司法判决及行政决定,以及其他影响国际贸易政策的规定,必须迅速公布。

　　④考虑发展中国家的特别情况和发展需要。鼓励发展中国家通过特别过渡期等机制参加多边协定,处理跨国界或全球环境问题的措施应尽可能以国际共识为基础,避免采取进口国管辖权以外的应付环境挑战的片面行动。

第四节　环境—经济影响的分析模型

为了实现环境目标,政府需要对经济活动进行干预,将外部成本内部化,此外,政府还要进行大量的环境投资用于污染防治和环境修复。这些干预和投入会通过产业关联对整体经济产生影响。其中有的影响是直接的,有的则是间接的,要全面分析其对经济各部门的影响,可以参考使用本节介绍的两个模型。

一、投入—产出模型

用经过改造的投入—产出表可以分析环境投入对经济产出的影响,计算污染削减措施的价格效应。方法是在传统的投入—产出表的右边加一列和下面加一行,见表 5.5。

其中,

a_{ij} 是生产一单位 j 产品需要投入的 i 产品的数量,$i,j=1,2,3,\cdots,m$;

a_{ig} 是产生一单位 g 污染物排放需要投入的 i 产品的数量,$i=1,2,3,\cdots,m,g=m+1,m+2,\cdots,n$;

a_{gi} 是生产一单位 i 产品排放的 g 污染物的数量,$i=1,2,3,\cdots,m,g=m+1,m+2,\cdots,n$;

a_{gk} 消除一单位 k 污染物产生的 g 污染物的数量,$g,k=m+1,m+2,\cdots,n$。

表 5.5　投入—产出表

A_{11}	A_{12}
A_{21}	A_{22}
$v_1 v_2 v_3 \cdots v_m$	$v_{m+1} \cdots v_n$

这里,

$$
\begin{array}{ll}
a_{11}\ a_{12}\cdots a_{1m} & a_{1\,m+1}\ a_{1\,m+2}\cdots a_{1n} \\
a_{21}\ a_{22}\cdots a_{2m} & a_{2\,m+1}\ a_{2\,m+2}\cdots a_{2n} \\
\vdots & \vdots \\
a_{m1}\ a_{m2}\cdots a_{mm} & a_{m\,m+1}\ a_{m\,m+2}\cdots a_{mn} \\[4pt]
a_{m+1\,1}\ a_{m+1\,2}\cdots a_{m+1\,m} & a_{m+1\,m+1}\ a_{m+1\,m+2}\cdots a_{m+1\,n} \\
a_{m+2\,1}\ a_{m+2\,2}\cdots a_{m+2\,m} & a_{m+2\,m+1}\ a_{m+2\,m+2}\cdots a_{m+2\,n} \\
\vdots & \vdots \\
a_{n1}\ a_{n2}\cdots a_{nm} & a_{n\,m+1}\ a_{n\,m+2}\cdots a_{nn} \\[4pt]
v_1\ v_2\ \cdots\ v_m & v_{m+1}\ v_{m+2}\ \cdots\ v_n
\end{array}
$$

$v_1 v_2 v_3 \cdots v_m$ 是各行业单位产出的价值附加,$v_{m+1} \cdots v_n$ 是反污染措施产生的价值附加。受统计数据可得性限制,实际上只有 A_{11} 和 A_{21} 中的数据是可得的。由于 A_{12} 和 A_{22} 的数据无法得到,所以无法使用投入－产出表来估算污染削减措施的投入结构对产出和需求的影响。设这两个矩阵对价格的影响为 0,用"三废"的削减成本代替反污染措施,计算其对常规价值附加的增加量,就可以依照标准的静态价值附加方程来估算污染削减措施的价格效应为

$$p^k = V^k(I-A)^{-1}$$
$$V^k = (v_1, v_2, v_3, \cdots, v_m) + (v_1^k, v_2^k, v_3^k, \cdots, v_m^k) \tag{5.2}$$

这里 v_m^k 是 m 产业由于使用了污染控制政策 k 所产生的价值增加量。

　　Leontief 和 Ford(1986)用这种方法分析了 1967 年实施《清洁空气法》对美国经济各部门物品和服务价格的影响,发现 20 个产生空气污染物的主要产业进行污染削减使其物品和服务的价格有不同程度的轻微上升。

二、瓦尔拉斯－卡塞尔模型

　　对于资源价格的变动对经济各部门的影响,可以用瓦尔拉斯－卡塞尔模型进行分析。该模型模拟了在 n 个部门分配 m 种资源进行生产的情形。模型中的变量如下。

$$\begin{cases} R = (r_1, r_2, \cdots, r_m) \\ V = (v_1, v_2, \cdots, v_m) \\ X = (x_1, x_2, \cdots, x_m) \\ P = (P_1, P_2, \cdots, P_m) \\ Y = (y_1, y_2, \cdots, y_3) \end{cases}$$

其中,R 是投资于生产的资源和服务,V 是资源 R 的价格,X 是产出的物品或服务,P 是物品或服务的价格,Y 是最终产品。

$$\begin{cases} r_1 = a_{11}x_1 + a_{12}x_2 + \cdots + a_{1n}x_n \\ r_2 = a_{21}x_1 + a_{22}x_2 + \cdots + a_{2n}x_n \\ \vdots \\ r_m = a_{m1}x_1 + a_{m2}x_2 + \cdots + a_{mn}x_n \end{cases}$$

即

$$r_j = \sum_{k=1}^{n} a_{jk}x_k, \quad j = 1, 2, \cdots, m \tag{5.3}$$

写成矩阵形式,就是

$$\begin{bmatrix} r_1 \\ r_2 \\ \vdots \\ r_m \end{bmatrix} = \begin{pmatrix} a_{11} & \cdots & a_{1n} \\ \vdots & & \vdots \\ a_{m1} & \cdots & a_{mn} \end{pmatrix} \begin{bmatrix} x_1 \\ x_2 \\ \vdots \\ x_n \end{bmatrix} \tag{5.4}$$

即

$$R = AX$$

　　投入产出关系为 $CX + Y = X$,这里 C 是里昂惕夫矩阵系数。设 $B = (I-C)^{-1}$,I 是单位矩阵,有

$$X = BY$$

即

$$x_j = \sum_{k=1}^{n} b_{jk} y_k, \quad j = 1, 2, \cdots n \tag{5.5}$$

把式(5.5)代入式(5.3),有

$$r_j = \sum_{k=1}^{n} a_{jk} \sum_{l=1}^{n} b_{kl} y_l = \sum_{k,l=1}^{n} a_{jk} b_{kl} y_l, \quad j = 1, 2, \cdots, m \tag{5.6}$$

写成矩阵形式,是 $R = ABY$。

设 $G = AB$,则有 $R = GY$。

资源价格与产品价格间的关系为

$$p_k = \sum_{j=1}^{m} g_{jk} v_j, \quad k = 1, 2, \cdots, n \tag{5.7}$$

$$p(p_1 \ p_2 \ \cdots \ p_n) = (v_1 \ v_2 \ \cdots \ v_n) \begin{bmatrix} g_{11} & \cdots & g_{1n} \\ \vdots & & \vdots \\ g_{m1} & \cdots & g_{mn} \end{bmatrix}$$

即

$$P = VG$$

在瓦尔拉斯－卡塞尔模型中引入环境部门(x_e)和最终消费部门(x_c),把 R 分为资源和服务两部分

$$R = GY = \begin{bmatrix} G^z \\ G^s \end{bmatrix} Y \tag{5.8}$$

$$P = VG = V^z G^z + V^s G^s \tag{5.9}$$

对于环境部门来说,物质的流动是平衡的,则

$$\sum_{k=1}^{n} c_{ek} x_k = \sum_{j=1}^{l} r_j^z = \sum_{j=1}^{l} \sum_{k=1}^{n} a_{jk}^z x_k = \sum_{j=1}^{l} \sum_{k=1}^{n} g_{jk}^z y_k \tag{5.10}$$

对于最终消费部门来说,物质的流动是平衡的,则

$$\sum_{k=1}^{n} c_{kc} x_c = \sum_{k=1}^{n} c_{kc} x_k + c_{ce} x_e \tag{5.11}$$

对于中间产品部门来说,物质的流动也是平衡的,则

$$\sum_{j=1}^{l} \sum_{k=1}^{n} g_{jk}^z y_k - \sum_{j=1}^{n} y_j + \gamma \sum_{j=1}^{n} \sum_{k=1}^{n} c_{cj} b_{jk} y_k = \sum_{k=1}^{n} c_{ke} x_e \tag{5.12}$$

流入环境的全部污染物等于中间产品部门和最终消费部门流出的污染物,则

$$c_{te} x_e = \sum_{k=1}^{n} c_{ke} x_e + c_{ce} x_e$$

来自环境的物质流减去再循环的产品,等于来自中间产品部门的污染物流加上最终消费流出的污染物流,则

$$\sum_{j=1}^{l} \sum_{k=1}^{n} g_{jk}^m y_k - (1 - \gamma) \sum_{j=1}^{n} \sum_{k=1}^{n} c_{cj} b_{jk} y_k = \sum_{k=1}^{n} c_{ke} x_e + c_{ce} x_e \tag{5.13}$$

来自环境的物质最终将以污染物的形式回到环境中,则

$$\sum_{j=1}^{l}\sum_{k=1}^{n}g_{jk}^{m}y_{k}=\sum_{k=1}^{n}c_{ke}x_{e}+c_{\alpha}x_{e}+(1-\gamma)\sum_{j=1}^{n}\sum_{k=1}^{n}c_{cj}b_{jk}y_{k} \tag{5.14}$$

第五节　环境管制对企业竞争力的影响

在技术和市场需求不变的情况下,环境管制会加大企业的成本负担,损害企业的竞争力。但如果考虑到技术进步、消费者的偏好改变等因素,环境管制对企业的影响可能就不是负面的。

波特等人在案例研究的基础上,认为环境管制与竞争力之间并没有必然的冲突。严格的环境管制会迫使企业分配一些资源(资本和劳动)去削减污染,从商业的角度来看,这将使企业不得不把一部分资金从生产性投资转移到非生产性的活动,在短期内这将会增加企业的成本,但这是一种静态的分析。从长期和动态的角度来看,环境管制给企业和产业带来的压力类似于市场竞争压力,设计合理的环境管制会激励企业进行技术创新和管理创新。这些创新不但可以补偿企业为环境达标而付出的成本,还可能激励企业开发出资源使用效率更高的新工艺和新产品,增强企业和产业的竞争力。也就是说,严格但设计合理的环境管制不仅可以减少污染排放,还可以使企业和产业具有更好的环境表现和声誉,并能产生"创新补偿效应",部分至完全抵消环境管制带来的额外成本。对于企业和产业而言,环境管制不但不会损害其竞争力,反而还会增强其在世界市场上的竞争优势和地位,环境管制与竞争力可以实现"双赢"。学术界将波特等人的这些观点称为"波特假说"(Porter Hypothesis)。

按"波特假说"的理解,在静态的分析框架下,企业被认为是在技术、产品、工艺和消费者需求等都不变的情况下进行成本最小化决策,因此,一旦政府加强环境管制,企业就需要额外增加环保投入,这必然会造成企业成本的增加及市场竞争力的下降,导致企业或产业在国内市场和全球市场份额的减少。但实际上,企业总是处在动态环境中,技术、产品、工艺和消费者需求都是不断变化的,企业潜藏着无限创新与效率改进的空间。在这种动态环境下,具有竞争力的企业并不是因为使用较低的生产投入或拥有较大的规模,而是企业本身具备不断改进与创新的能力。具有国际竞争力的公司不是那些投入最廉价或规模最大的公司,而是那些能够持续改进和创新的公司。竞争优势也不再是通过静态效率,而是通过创新等动态效率来获得的。

只有在静态的竞争模式下,环境管制与竞争力的冲突才是不可避免的,而在新的、建立在创新基础上的动态竞争模式下,企业在从事污染减排和防治的初始阶段可能会因成本增加而出现暂时的竞争力下降。但是,这种情况不会持续不变,企业在环境管制压力下会调整生产工艺,利用新技术来提高生产效率,消费者的需求也会改变,他们会增加对绿色产品的消费。最终,环境管制加强会激发企业创新,实现减少污染与增强竞争力"双赢"的结果。

在动态竞争的模式下,企业往往要面对高度不完备的信息及瞬息万变的环境(包括技术、产品及消费者需求等),生产投入组合与技术也都是在不断变化的,在企业内部也往往存在着"X 低效率"现象。在这种背景下，企业潜藏着创新与效率改进的机会。如果没有环境管制，企业通常没有动力去采用新的绿色技术。环境管制加强能够促使企业了解潜在的获利机会，改进生产组合，产生采用新技术的压力的动力。

"波特假说"成立的一个核心假定是环境管制会促进创新，创新补偿带来的收益抵消了环境成本。为了检验环境管制是否促进创新，Jaffe 和 Palmer（1997）使用美国 1973～1991 年间行业级别的面板数据进行了分析，研究美国工业减污成本与私人部门研发投资、专利申请数量间的关系。该研究使用的计量模型是

$$\log(R\&D)_{i,t} = \beta_1 \log(VA_{i,t}) + \beta_2 \log(GR\&D_{i,t}) + \beta_3 \log_a(PACE_{i,t-1}) + \alpha_i^R + \mu_i^R + \xi_{i,t}^R$$

(5.15)

和

$$\log(\text{patent})_{i,t} = \gamma_1 \log(VA_{i,j}) + \gamma_2 \log(FP_{i,j}) + \gamma_3 \log(PACE_{i,t-1}) + \alpha_i^p + \mu_t^p + \xi_{i,t}^p$$

(5.16)

式中，i 是工业部门；t 是年份；$R\&D$ 是企业研发支出；VA 是工业增加值；$GR\&D$ 是政府对工业研发的资助；$PACE$ 是污染控制成本；patent 是美国企业申请的专利批准量；FP 是外国企业申请的专业批准量；α_i 反映工业部门的固定效应；μ_t 反映时间固定效应；ξ 为误差项。经过统计分析，该研究发现在控制了其他变量后，滞后的环境成本（分为一年滞后与五年滞后）与研发投资有正相关关系，专利申请数量与环境成本无关。

第六章　环境经济核算

传统的经济核算方式没有考虑经济活动的环境成本,过分夸大了生产率和社会财富。康芒纳认为"这些财富一直是通过对环境系统迅速的短期掠夺所获取的,而且他还一直在盲目地累计着对自然的债务,这个债务是那样大和那样具有渗透力,以至于在下一代人中,如果还不付讫,那么就会把我们赢得的大部分财富都摧毁了"。为了正确反映经济活动的成果和成本,需要对传统经济核算方式进行改革,进行环境经济核算。

第一节　环境经济核算思想

传统的国民经济核算体系(System of National Accounts,SNA)有助于人类认识经济活动的成本和收益,其核心指标 GDP、GNP 是衡量经济发展状况的重要参数。但这种核算体系只能计量有市场价格的物品和服务,衡量参与市场交易的经济活动,对于没有进行市场交易的活动则无法衡量。大多数的环境因素没有直接的市场价格,传统经济核算无法反映环境变化,因此,需要探索新的核算方法。

一、传统经济核算的不足

传统国民经济核算体系的中心指标是 GDP(GNP),它们衡量的是货币化的物品和服务,被用来计算国民经济增长速度,衡量地区经济发展水平。但自 20 世纪 60 年代以来,人们注意到污染、生态退化、自然资源消耗、国民社会福利停滞等问题无法反映在 GDP 体系中,会带来 GDP 的虚增。这种虚增主要表现在两个方面。

①没有考虑资源质量下降和资源枯竭等问题,结果高估了当期经济生产活动创造的新价值。在各种初级生产中,自然资源往往是生产过程中的重要的,甚至是主要的劳动对象,如矿业生产中的矿产资源,森林工业中的森林资源,农业生产中的土地资源等。同时,经济活动会排放大量的废弃物,自然环境是这些废弃物的主要处理和消纳场所。反过来说,自然资源会因经济过程的开采而逐渐减少,自然环境也会因经济过程的干预而变化。依照目前的核算方法,国民经济核算只核算经济过程对自然资源的开采成本,却不计算其资源成本和环境成本,显然低估了经济过程的投入价值,其结果是过高地估计当期生产过程新创造的价值。实际上,这些高估的价值是由自然资源与环境的价值转化而来的。

可以用一个例子来说明这个问题。一个农夫将自己拥有的一片林木砍掉,出售后获得一笔收入。按照国民经济核算原理,这笔收入扣除砍伐成本后的净值即可作为该农夫当期的生产成果,并进而形成可支配收入,但实际上这笔净收入不过就是该农夫原本所拥有的林木的价值。进一步看,农夫对这笔收入可以有两种用途,一是用这笔收入购买食品和衣物,一是购买资产,如建造房屋或购买农具。按照国民经济核算原理,这都属于当期生产成果的使用,前者满足了农夫的生活需要,后者则增加了农夫的资产。但实际上,前一种情况下,农夫在满足消费的同时,其拥有的资产不可避免地减少了;后一种情况下,一种资产增加的背后是另一种资产的减少,充其量是不同资产类型的转换,而不是资产的增加。

将农夫的例子放大到一个国家,道理是同样的。对那些主要依靠自然资源建立其经济结构获得就业、财政收入、外汇收入的国家来说,当期产出的增加很大程度上是以牺牲自然资源和未来生产潜力为代价的,其结果是人们在得到收入的同时失去了财富,从长远来看,这种经济发展是不可持续的。

②传统核算方法将防御性支出、防控污染的支出、环境修复的支出等都记为投资活动,结果污染物排放越多,环境破坏越严重,这类环境保护支出就越多,GDP 也就越大。

这样,一个企业以向河道排放污水为代价进行生产会带来 GDP 的增加,而附近的居民为了避免损害不得不购买净水设备会带来 GDP 的增加,污染企业治理污染会带来 GDP 的增加,政府组织清理河道又带来 GDP 的增加。这就类似于在平整的路面上挖坑然后把坑填平会带来两次 GDP 增长一样,这些活动对社会福利并没有真正的贡献,不能真实地反映人们福利水平的变化。

二、环境经济核算的思路

20 世纪 60 年代以后,在资源短缺、环境破坏的压力下,人们开始对传统的经济发展观进行反思,同时,也对传统衡量经济发展的国民经济核算体系进行反思,探讨构建一种新的统计核算体系,在计量经济发展成果时可以将资源消耗和环境破坏的成本纳入其中。自 20 世纪 70 年代起,许多国际组织、国家、地区政府和学者一直在这一领域进行理论探讨和核算实践。环境经济核算的总体思路是将资源消耗和环境损害作为经济增长的成本从 GDP 中剔除。环境经济核算方法处于领先地位的组织和国家主要有联合国统计处(United Nations Statistics Division, UNSD)、联合国环境规划署(United Nations Environment Programme,UNEP)、世界银行(World Bank,WB)、欧盟统计局(European Vnion Eurostat)、欧洲环境署(European Environment Agency,EEA)、经合组织(Organization for Economic Cooperation and Development,OECD)、挪威、加拿大、瑞典、德国、日本、南非等。使用环境经济核算方法计算,人类的经济发展成果往往会打折扣,见表 6.1。

表 6.1　一些环境经济核算指标和思路

指标	提出者	年份	内容	应用和评价
生态需求指标(Ecological Requisite Index, ERI)	麻省理工学院	1971	测算经济增长对资源环境的压力。计算公式为 $E = \sum(R_i, P_j)$,式中,E 表示生态需求;R 代表对资源的需求;P 代表接受废弃物的需求	此指标被一些学者认为是 1986 年布伦特兰报告的思想先锋,但缺点是过于笼统,因而未获广泛应用

续表 6.1

指标	提出者	年份	内容	应用和评价
净经济福利指标（Net Economic Welfare, NEW）	James Tobin 和 William Nordhaus	1972	在 GDP 中扣除污染产生的社会成本，同时加上家政服务、义务劳动等活动	美国 1940～1968 年，NEW 几乎只有同期 GDP 的一半，1968 年后，二者的差距加大，NEW 不及 GDP 的一半
净国内产值（Net Domestic Product, NDP）	Rober Repetoo	1989	NDP＝GDP－固定资产折旧	印尼 1971～1984 年，GDP 的增长率为 7.1%，扣除资源环境损失后 NDP 增长 4.8%
可持续经济福利指标（Index of Sustainable Economic Welfare, ISEW）	Herman Daly	1990	ISEW＝个人消费＋公共非防御性支出－私人防御性支出＋资本形成＋家务服务－环境退化成本－自然资本退化成本	澳大利亚 1950～1996 年，实际经济增长率只有公布 GDP 增长率的 70%
生态足迹（Ecological Footprint, EF）	Wackernagel	1996	一定的人口和经济规模下，维持资源消费和废弃物吸收所需的生产土地面积	从全球范围看，人类的生态足迹已超过全球承载力的 30%
国民福利（National Wealth, NW）	世界银行	1997	NW＝净储蓄－资源损耗－环境污染损失，资源包括人造资本、自然资源、人力资源	OECD、中国、东南亚等
真实储蓄（Genuine Saving, GS）		1999	GS 为国内总储蓄扣除人造资本、自然资源和环境折损，以国际价格及标准折现率进行估算	
环境和自然资源账户计划（Enviromental and Natural Resources Accounting Project, ENRAP）	Peskin 提出，US－AID 提供基金协助，菲律宾试行	1990	把天然环境作为可生产非市场价值的生产部门，不仅计算对环境有害的减项项目，也计算对环境有利的加项项目	美国部分地区、菲律宾、尼泊尔
环境与经济综合核算体系（System for Environmental and Economic Accounts, SEEA）	联合国	1989	建立与国民经济核算账户相联系的环境卫星账户，绿色国内生产总值 EDP＝GDP－固定资产折旧－自然资源损耗和环境退化损失	美国、德国、加拿大、荷兰、挪威、芬兰等国在 SEEA 的基础上对本国的 EDP 进行核算

第二节　环境与经济综合核算体系

联合国的环境与经济综合核算体系（System for Environmental and Economic Accounts，SEEA）是在传统国民经济核算体系基础上建立的，SEEA 账户可以与传统国民账户体系（SNA）相衔接，在许多国家被试算应用。联合国统计署分别于 1993、2000、2003、2012 年发布了《环境与经济综合核算体系（SEEA）》指南，通过 SEEA（2012），人们可以获得资源消耗、环境损害、生态效益、生态承载力、生态赤字等指标。

一、SEEA 的核算思路

按照 2012 年版的指南，下列内容为 SEEA 的核算思路。

①将国民经济核算账户中与自然资源和环境相关的存量和流量识别出来。

②在资产负债表中将实物账户与自然资源和环境相关的账户进行连接。

③纳入环境影响成本和效益。对自然资源和环境变化进行估值，SEEA 建议尽量使用市场价值法进行估值计算，对于没有市场价值的，可使用替代成本法（Written Down Replacement Cost）或收益折现法（Discounted Value of Future Returns）进行估算。

④得出能反映考虑了环境因素后的收入和产出指标。将自然资源耗减与环境质量衰退从国内生产净值中扣除，估计出修正指标。

二、SEEA 的核算框架

SEEA 的环境账户以卫星账户的形式表现，是相对独立于 SNA 体系的。在这个账户中，依功能将环境物品和服务进行分类，将环保活动与一般的经济活动区分开来，对自然资源的消耗主要考虑自然资源存量及其变化对国民收入的影响，共包括四个部分。

①实物流量账户。记录经济与环境之间及经济体系内部发生的实物流量，包括自然投入、产品、废弃物三类。其中，自然投入指从环境流入经济的物质，分为自然资源投入、可再生能源投入和其他自然投入三类。自然资源投入包括矿产和能源资源、土壤资源、天然林木资源、天然水生资源、其他天然生物资源及水资源；可再生能源投入包括太阳能、水能、风能、潮汐能、地热能和其他热能；其他自然投入包括土壤养分、土壤碳等来自土壤的投入，氮、氧等来自空气的投入和未另分类的其他自然投入。

产品指经济内部的流量，是经济生产过程中所产生的物品与服务，与 SNA 的产品定义和分类一致。

废弃物是生产、消费或积累过程中丢弃或排放的固态、液态和气态废弃物。

收集到各实物流量信息后，在 SNA（2008）中的价值型供给—使用表的基础上增加相关的行或列，即可得到实物型供给—使用表，以此记录从环境系统到经济系统、经济系统内部及从经济系统到环境系统的全部实物流量。

实物流量核算的逻辑基础是两个恒等式。

一是供给使用恒等式：产品总供给＝产品总使用，具体表示为

国内生产＋进口＝中间消费＋住户最终消费＋资本形成总额＋出口

二是投入产出恒等式:进入经济系统的物质＝流出经济系统的物质＋经济系统的存量净增加,具体表示为

自然投入＋进口＋来自国外的废弃物＋从环境系统回收的废弃物

＝(流入环境系统的废弃物＋出口＋流入国外的废弃物)＋(资本形成总额＋受控垃圾填埋场的积累－生产系统和受控垃圾填埋场的废弃物)

SNA中供给—使用表的基本框架见表6.2。实物流量有不同的计量单位,对表6.2进行改造后形成的表6.3可用于记录实物流量信息。

表6.2 供给—使用表的基本框架

	生产部门	家庭	政府	累积量	国外	合计
供给表						
产品	产出				进口	总供给
使用表						
产品	中间消费增加值	家庭消费	政府消费	资本形成	出口	总使用

表6.3 实物型供给—使用表的基本形式

	生产部门	家庭	累积量	国外	环境	合计
供给表						
自然投入					来自环境的流量	
产品	产出			进口		产品总供给
废弃物	生产部门的废弃物	家庭消费的废弃物	资产的报废和拆除			废弃物总供给
使用表						
自然投入	自然投入的使用					自然投入的总使用
产品	中间消费增加值	家庭消费	资本形成	出口		总使用
废弃物	废弃物的收集处理		在填埋场的废弃物积累		直接排放到环境的废弃物	废弃物的总使用

注:该表用于记录能源、水资源、各种排放和废弃物流量

②环境活动账户和相关流量。记录与环境活动相关的交易。环境活动指以降低或消除环境压力为主要目的的经济活动,以及更有效地利用自然资源的经济活动,分为环境保护与资源管理两类。其中,环境保护活动指以预防、削减、消除污染或其他环境退化现象为主要目的的活动。资源管理活动指以保护和维持自然资源存量、防止耗减为主要目的的活动。环境活动提供的物品与服务称为环境物品与服务,包括专项服务、关联产品和适用物品。生产环境物品与服务的单位统称为环境生产者,若环境物品与服务的生产是其主要活动,则称为专业生产者,否则称为非专业生产者,若仅为自用则称为自给性生产者。

可以用两套方法编制环境活动信息:环境保护支出账户(Environmental Protection

Expenditure Accounts，EPEA)和环境物品与服务部门统计(Environmental Goods and Services Sector，EGSS)。

EPEA 从需求角度出发核算经济单位为环境保护目的而发生的支出,以环境保护支出表为核心,延伸到环境保护专项服务的生产表、环境保护专项服务的供给—使用表、环境保护支出的资金来源表。

EGSS 从供给角度出发展示专业生产者、非专业生产者、自给性生产者的环境物品与服务的生产信息,它将环境物品与服务分为四类:环境专项服务(环境保护与资源管理服务)、单一目的产品(仅能用于环境保护与资源管理的产品)、适用货物(对环境更友好或更清洁的货物)、环境技术(末端治理技术和综合技术)。主要核算指标有各类生产者的各类环境物品与服务的产出、增加值、就业、出口、固定资本形成。

相比较而言,EPEA 由系列账户组成,核算结构完整,而 EGSS 仅侧重于环境物品与服务的生产。

③资产账户。该账户用于记录各种环境资产在核算期间的存量及其变动情况。环境资产指地球上自然存在的生物和非生物成分,它们共同构成生物—物理环境,为人类提供福利,包括矿产和能源资源、土地、土壤资源、林木资源、水生资源、其他生物资源及水资源。资产账户分为实物资产账户和货币资产账户两种形式。资产账户从期初资产存量开始,以期末资产存量结束,中间还记录因采掘、自然生长、发现、巨灾损失或其他因素使资产存量发生的各种增减变动。

资产账户的动态平衡关系为

$$期初资产存量+存量增加-存量减少+重估价=期末资产存量$$

在资产账户中需要计量环境资产耗减,并对环境资产进行价值评估。矿产和能源资源等非再生自然资源的耗减等于资源开采量,计算林木资源和水生资源等可再生自然资源的耗减时则要考虑资源的开采和再生。

要记录价值型资产账户,需要对环境资产进行估价,SEEA(2012)对单项环境资产,即矿产和能源资源、土地资源、土壤资源、林木资源、水生资源、其他生物资源、水资源的核算方法分别进行了介绍,界定了这些资产各自的测度范围与分类。资产账户的基本框架见表 6.4。

表 6.4　资产账户的基本框架

环境资产的期初存量
新增存量
存量增长
新存量的发现
溢价
重新分类
总新增存量
存量减少
开采
正常损耗
灾难性损耗
折价
重新分类
总存量减少
存量的重估*
环境资产的期末存量

* 只用于货币价值计量的资产账户

可以用表 6.5 建立供给—使用表与资产账户的联系。

表 6.5　供给—使用表与资产账户的联系

供给—使用		生产部门	家庭	政府	国外	生产性资产		资产账户（实物和货币）环境资产
							期初资产	
价值型供给—使用表	产品供给	产出			进口			
	产品使用	中间投入	家庭消费	政府消费	出口	总资产		
实物型供给—使用表	自然投入—供给							开采自然资源
	自然投入—使用	投入						
	产品—供给	产出			进口			
	产品—使用	中间消费	家庭消费		出口	资本形成		
	废弃物—供给	生产部门产生的废弃物	家庭产生的废弃物				从其他地区资产报废和接收的废弃物	拆除形成的废弃物
	废弃物—供给	生产部门产生的废弃物	家庭产生的废弃物					
						填埋厂的排放		
	废弃物—供给				输送到其他地区	填埋厂的积累		排放到环境
							资产的其他改变（如自然增长、新发现、灾难性损失、重新估价）	
						期末存量		

④结果—综合调整账户。SEEA 结果账户是综合展示经自然资本和环境调整的国民经济账户。表 6.6 是这个账户的框架。

表 6.6　SEEA 核心账户主要结果框架

项目	产业部门	政府	家庭	NPISH*	合计
生产账户					
产出					
⋮					
增加值					
⋮					
净增加值					
－自然资源耗减					
经调整的净增加值					
收入账户					
增加值					
⋮					
总经营盈余					
－固定资本消耗					
－自然资源消耗					
经调整的经营余额					
初次分配的收入账户					
经调整的经营余额					
⋮					
经调整的初次分配收入余额					
二次分配的收入账户					
经调整的初次分配收入余额					
⋮					
经调整的净可支配收入					
可支配收入的使用账户					
经调整的净可支配收入					
⋮					
经调整的净储蓄					
资本账户					
经调整的净储蓄					
⋮					
净借/贷					

* NPISH 指非营利家庭服务机构（Non－Profit Institutions Serving Households）

　　而考虑到用于环境的开支和社会人口变量,可以类比 SNA 账户结构将 SEEA 各账户信息综合在一个框架里呈现,表 6.7 是 SEEA(2012)推荐的统计结果综合汇报示范表,该表同时涵盖价值和实物单位的数据,综合了价值流、实物流、环境和固定资本的存量和流量,以及相关指标。根据实际需要,可以在该表的四个大项下增减次级分类的小项,从而反映更为详细的统计内容。

表 6.7　SEEA(2012)推荐的统计结果综合汇报示范表

	产业部门 (ISIC 分类)	家庭	政府	积累	国外	合计
价值供给和使用:流量(货币单位)						
产品的供给						
中间消费和最终消费						
总增加值						
经调整的增加值						
环境税、补贴及其他						
实物供给和使用:流量(实物单位)						
供给						
自然投入						
产品						
废弃物						
使用						
自然投入						
产品						
废弃物						
资本账户和流量						
环境资本的期初存量						
(价值单位和实物单位)						
消耗(价值单位和实物单位)						
固定资本的期末存量						
(价值单位)						
总固定资本形成(价值单位)						
相关的社会——人口数据						
就业						
人口						

第三节　国外的环境经济核算实践

　　各国的实践主要分为两种形式,一种是以挪威、芬兰、法国等国为代表的资源环境实物核算;另一种是以日本、美国、墨西哥等国为代表的环境经济综合核算。

　　挪威从 1978 年开始建立矿产资源、森林资源、土地资源、渔业资源及空气污染、水污染的核算,并建立了详尽的统计制度,为绿色国民经济核算体系奠定了重要基础。

　　芬兰继挪威之后,也建立起了自然资源核算框架体系,其环境经济核算的内容有三项——森林资源核算、环境保护支出费用统计和空气排放调查。森林资源和空气排放的核算采用实物量核算法,环境保护支出费用统计则采用了价值量核算法。

　　法国建立了针对空气污染、废物、废水的环境保护账户、生物多样性账户、核废料管理账户,以及一个独特的账户——遗产账户,这个账户主要记录代际遗传的自然资源和文化资源,但目前尚未得到一个全面的遗产数据。

日本由国家环境研究院负责环境核算工作,从 1991 年开始研究和建立环境核算体系和相关指标。目前,日本已建立了一个包括实物量和价值量核算的、比较全面综合的环境经济核算体系,又称国民环境经济核算矩阵。日本对 1985~1990 年的绿色 GDP 进行了估算,主要是考虑和扣除了地下矿产资源耗减成本、土地使用成本、废水和空气污染成本,以及固定资本的消耗。

美国的环境经济核算的时间虽短,但也有重要的基础。美国环保局从事污染控制、有毒化学物的排放等环境统计工作,世界资源研究所负责自然资源实物量的资产统计数据,如森林、矿产、渔业、野生生物等,目前已经建立了国家自然资源流量账户。此外,美国还在 SEEA 的框架基础上开展了环境经济核算,对环境保护支出、资源耗减成本和环境退化成本进行了核算。

1990 年在联合国的支持下,墨西哥建立了石油、土地、水、空气、森林等自然资源的实物量和价值量的统计账户,测算出石油、木材、地下水的耗减成本,另外还进行了环境退化成本的核算,由此测算出扣除了这两类成本的绿色 GDP。

由于环境经济核算在估价方法和资料来源方面的巨大困难,目前世界上还没有一个国家就全部资源的耗减成本和全部环境损失代价计算出一个完整的绿色 GDP,各国研究案例也大都限于局部的、特定的资源环境领域,而且多集中在实物量核算方面。一些国家测算得到的绿色 GDP 数据,也只是扣除了部分资源环境成本,仅作为研究分析的参考,并未作为各国政府正式数据使用。

第四节　　中国的环境经济核算

由于伴随经济增长的资源环境损失日益引人关注,我国的学术界和政府部门也进行了环境经济核算研究。其中国家统计局、国家生态环境部(原环保部)、国家林业局等部门积极推动了有关绿色国民经济核算的实践工作,主要有如下工作。

① 国家统计局在新国民经济核算体系中,新设置了附属账户——自然资源实物量核算表,制定了核算方案,试编了 2000 年全国土地、森林、矿产、水资源实物量表。

② 国家统计局与挪威统计局合作,编制了 1987 年、1995 年、1997 年中国能源生产与使用账户,测算了中国八种大气污染物的排放量,并利用可计算的一般均衡模型分析并预测了未来二十年中国能源使用、大气排放的发展趋势。

③ 国家统计局在黑龙江、重庆、海南分别进行了森林、水、工业污染、环境保护支出等项目的核算试点。

④ 2004 年起国家环保总局和国家统计局就绿色 GDP 核算工作进行过 10 个省市的试点,后推广到对全国 31 个省、市、自治区和 42 个部门的环境污染实物量、虚拟治理成本、环境退化成本进行了统计分析。2006 年 9 月两局联合公布《中国绿色 GDP 核算报告 2004》。报告显示,2004 年全国环境退化成本(因环境污染造成的经济损失)为 5 118 亿元,占 GDP 的 3.05%。由于基础数据和方法的限制,对 2004 年的核算没有包含自然资

源耗减成本和环境退化成本中的生态破坏成本，只计算了 20 多项环境污染损失中的 10 项。

⑤ 2010 年环保部环境规划院公布《中国绿色 GDP 核算报告 2008》，报告显示 2008 年的生态环境退化成本达到 12 745.7 亿元，占当年 GDP 的 3.9%。

我国的资源环境核算尽管取得了一定的进展，但与其他国家一样，仍处于研究摸索试行阶段，距离全面应用仍面临不少困难，目前面临的困难主要有以下几方面。

① 由于资源环境问题的出现具有分散性的特点，而且其造成的影响往往有滞后性和长期性，使得搜集建立实物账户的数据十分困难。

② 由于环境变化和许多自然资源没有市场价格，需要使用替代手段对其进行货币化评估，但各种评估手段在使用中都有局限性，难以准确反映实际的价值变动。

③ 地方政府的阻力。长期以来，经济增长是各级地方政府追求的核心目标，也是考核政府政绩的核心指标，而绿色 GDP 核算会扣除资源环境损失成本，一般会使经济增长成绩打折。因此，绿色 GDP 核算会在应用中受到阻力。

由于这些问题的存在，我国相关部门曾希望利用绿色 GDP 作为生态补偿、环境税收的依据和考核干部的标准之一，以扭转以资源环境为代价换增长的错误做法，但由于目前核算方法尚待完善，离这些应用目标还有一段距离。

以往我国国家统计局和环保部的资源环境核算思想主要是在国民经济核算的基础上减去资源环境损耗，没有考虑生态环境改良可能带来的价值增加。2015 年，国家环保部计划进行新一期的绿色 GDP 核算研究和实践，计划在前期工作的基础上增加环境容量核算和生态系统生产总值核算。这样绿色 GDP 就既有"减"又有"加"，可以更加全面地反映经济增长的资源环境代价。

传统的国民经济核算不考虑没有进入市场交易的活动和服务，为了反映经济活动中的资源环境代价，许多学者和机构进行了环境经济核算，作为对国民经济核算的补充。从理论上看，环境经济核算的思路是清晰的，就是要加上自然资本的增加，减去自然资本损失和环境质量下降引起的损害。但在实践中，由于资源环境因素的多样性、复杂性、环境变化没有市场价格等，收集计算资源环境数据存在较多的争议和困难。尽管许多国家和地区进行了环境经济核算的尝试，但其计算结果只能作为传统国民经济核算的一个补充，不能替代传统国民经济核算。我国也进行了这一领域的研究和实践，但核算技术仍不成熟，尚在完善中。

第七章　环境经济政策创新

第一节　中国环境经济政策最新报告

2017 年,环境经济政策改革仍处于快速推进期,环境保护部、财政部、国家税务总局、国家发展改革委等相关部门在创新运用市场和经济手段、促进节能减排和环境质量改善方面做了大量工作。环境污染治理投资持续增加,环境资源价格手段调控效果显著,环境税费改革深入推进,跨省界流域横向补偿探索不断加快,绿色金融迅猛发展,环境市场机制不断健全。

生态环境部作为环境经济政策改革的主要职能部门,在环境经济政策的创新和改革中发挥了重要作用,特别是牵头编制了《"十三五"环境政策法规建设规划纲要》,明确了到 2020 年环境经济政策体系建设的目标、主要任务和实施路线图。这也是生态环境部牵头编制的第二个以推进环境政策改革为主要目的的专门性、部门性、政策性五年期规划,对深入推进"十三五"时期国家环境经济政策改革具有重要作用。

2017 年,党的十九大成功召开,明确了环境管理制度和环境治理体系建设的方向,高度重视环境经济政策手段在高质量发展和生态环境保护中的作用,提出要大力发展绿色金融、建立市场化和多元化生态补偿机制等环境经济政策改革任务要求,为未来的环境经济政策改革提供了崭新动力,也为下一步环境经济政策改革与创新指明了方向。

一、环境财政投入

2017 年中央财政安排的环保专项资金规模预计达到 497 亿元,用于水、大气、土壤污染防治及农村环境整治、山水林田湖草生态修复等。截至 2017 年 11 月,中央财政安排的环保专项资金已经下达 390 亿元。主要表现在以下几方面。

(1)节能环保支出预算较 2016 年增长 0.5%。

2017 年中央本级支出预算数 29 595 亿元,比 2016 年执行数增加 1 813.96 亿元,增长 6.5%。节能环保支出预算数为 297.07 亿元,比 2016 年执行数增加 1.58 亿元,增长 0.5%。其中,节能环保支出预算中污染减排、环境保护管理事务、污染防治类预算增长较快,预算数分别为 2016 年执行数的 151%、135.9% 和 136%。

(2)首次下调分布式光伏发电补贴标准,继续推进新能源汽车补贴。

2017 年光伏行业发展迅猛,在政策与市场的双重作用下,距离光伏发电平价上网目标越来越近。2017 年 12 月,国家发展改革委下发了《关于 2018 年光伏发电项目价格政策的通知》,首次下调分布式光伏发电补贴标准,全电量度电补贴标准较现行标准降低 0.05 至 0.37 元/kW·h;村级光伏扶贫电站(0.5 MW 及以下)标杆电价、户用分布式光伏扶贫项目度电补贴标准保持不变。

2017 年 7 月,北京、广州、贵州、江西、重庆及深圳、成都、贵阳、柳州、广元、广安、宿迁、厦门 13 个省市出台了 2017 年新能源汽车补贴政策。

(3)财政补贴"直补到户"助推"双替代"。

2017 年,北京完成了 900 余个村庄的"煤改清洁能源"工作,采取"直补到户"的方式将市区两级政府的补贴直接拨付给电力公司,同时延长谷段时段,让农户可以有更多时间享受谷段电价。天津完成了 16.6 万居民的"煤改电"工程,除采取峰谷电价补贴政策外,每个采暖季还给予农户 60% 的电费补贴,改造后平均每户每天采暖用电量为 50 度～60 度,平均每天采暖费近 10 元。

(4)绿色农业补贴力度不减。

继续开展测土配方施肥补贴,减少农业面源污染。

(5)政府绿色采购清单执行工作规范化程度提高。

2017 年 1 月 9 日,财政部下发了《关于印发节能环保产品政府采购清单数据规范的通知》,要求逐步提高节能环保产品政府采购清单执行工作的规范化程度。

二、环境资源价格

2018 年 1 月 7 日,财政部、国家发展改革委、环境保护部、国家海洋局联合发布了《关于停征排污费等行政事业性收费有关事项的通知》,自 2018 年 1 月 1 日起,在全国范围内统一停征排污费和海洋工程污水排污费。其中,排污费包括污水排污费、废气排污费、固体废物及危险废物排污费、噪声超标排污费和挥发性有机物排污费。

(1)全国范围内统一停征排污费和海洋工程污水排污费。

(2)农业水价综合改革稳步推进,须以"花钱买机制"等方式建立健全农业水价形成机制。

(3)再生水价格地区差异大,且相关政策较少;2017 年部分地区再生水价格见表 7.1。

表 7.1　2017 年部分地区再生水价格

地区	再生水价格(元/m³)	地区	再生水价格(元/m³)
上海	0.90	北京	1.00
河北	1.50	天津	5.70
黑龙江	0.90	安徽	0.15
陕西	1.10	贵州	10.00
		新疆	0.10

2017 年,各地区再生水价格差异较大,贵州再生水价格为 10 元/m³,而新疆仅为 0.1 元/m³,这与技术工艺、处理规模等密切相关。

(4)居民阶梯电价由按月执行改为按年执行更为合理。表 7.2 显示了 2017 年地区阶梯电价的执行标准。2017 年 9 月,国家发展改革委印发《关于北方地区清洁供暖价格政策的意见》,要求完善"煤改电"电价政策,在适宜"煤改电"的地区要通过完善峰谷分时制度和阶梯价格政策,创新电力交易模式,健全输配电体系等方式,降低清洁供暖用电成本。合理确定采暖用电量,鼓励叠加峰谷电价,明确村级"煤改电"电价政策,降低居民"煤改电"用电成本。

表7.2　2017年地区阶梯电价的执行标准

标准	第一挡/(元/度)		第二挡/(元/度)		第三挡/(元/度)	
	电量	电价	电量	电价	电量	电价
夏季标准 (5～10月)	0～260	0.62	261～600	每度加价 0.05元	601度及以上	每度加价 0.30元
非夏季标准 (1～4月,11～12月)	0～200	0.48	201～400	每度加价 0.05元	401度及以上	每度加价 0.30元

三、生态补偿

(1)中央开始积极推进建立市场化、多元化生态补偿机制。2017年10月,党的十九大报告提出要"严格保护耕地,扩大轮作休耕试点,健全耕地草原森林河流湖泊休养生息制度,建立市场化、多元化生态补偿机制"。随着一系列政策的密集落地,国家生态补偿制度框架已经构建,发展路线图也已基本明确。

(2)地方生态补偿机制探索加速。为贯彻落实国务院办公厅《关于健全生态保护补偿机制的意见》,2017年西藏、江西、湖南、天津、陕西、新疆、宁夏、海南等先后出台了各地方的《关于健全生态保护补偿机制的实施意见》,提出做好重点生态功能区、生态保护红线区、湿地、海洋等领域的生态补偿工作,发挥转移支付机制的政策效应,提升生态保护补偿效益,探索建立多元化生态保护补偿机制,形成符合省情、公平合理制度完善、运作规范的生态保护补偿制度体系。推进海洋生态保护补偿,促进区域可持续发展。

(3)重点生态功能区转移支付范围和规模逐年增加。图7.1为2008～2017年重点生态功能区转移支付规模变化。2017年,国家重点生态功能区的县市区数量由原来的676个增加至816个。重点生态功能区转移支付预算数为627亿元,比2016年执行数增加57亿元,增长10%。其中,甘肃获得的重点生态功能区转移支付最高,为51.70亿元。

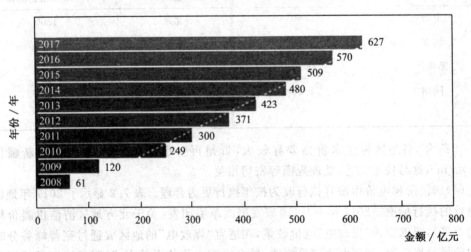

图7.1　2008～2017年重点生态功能区转移支付规模变化

(4)推进重点生态功能区转移支付奖惩机制。2017 年重点生态功能区转移支付奖惩名单见表 7.3,其中县域生态质量考核奖励县 10 个,县域生态质量考核扣减县 13 个。

表 7.3　2017 年重点生态功能区转移支付奖惩清单

奖惩类别	名单
县域生态质量考核奖励县 (10 个)	内蒙古自治区:鄂伦春自治旗 湖北省:建始县 湖南省:桑植县、安化县、泸溪县 海南省:东方市 四川省:道孚县 贵州省:石阡县、沿河土家族自治县 甘肃省:两当县
县域生态质量考核扣减县 (13 个)	河北省:冀州区 山西省:永和县、蒲县、临县、石楼县、中阳县 内蒙古自治区:乌拉特中旗 黑龙江省:方正县 云南省:西畴县 陕西省:子洲县 甘肃省:永登县、镇原县 新疆维吾尔自治区:策勒县
主要污染物排放强度 不降反升考核扣减县(50 个)	河北省:北戴河区、安新县、雄县、蔚县、阳原县、怀来县、兴隆县、桃城区 山西省:乡宁县、临县、中阳县 黑龙江省:方正县、延寿县、伊春市、乌马河区 福建省:蒲城县、武平县 江西省:大余县、龙南县、全南县 湖北省:英山县 湖南省:新邵县、临武县、宁远县、吉首市、古丈县 广东省:南雄市、蕉岭县、龙川县、连平县、和平县 海南省:乐东黎族自治县 重庆市:巫山县、彭水苗族土家族自治县 四川省:南江县 贵州省:镇宁布依族苗族自治县、紫云苗族布依族自治县、沿河土家族自治县、黄平县 云南省:马关县 陕西省:平利县 甘肃省:山丹县、庄浪县、武都县、及石山保安族东乡族撒拉族自治县 宁夏回族自治区:红寺堡区、同心县、彭阳县 新疆维吾尔自治区:英吉沙县、富蕴县

(5)推动建立海洋牧场多元化投入支持机制。2017 年 10 月 31 日,农业部组织编制了《国家级海洋牧场示范区建设规划(2017—2025 年)》,提出要建立多元化投入支持机制,积极推动建立多渠道、多层次、多元化长效投入机制,按照"谁投资、谁负责、谁受益"的

原则,鼓励生态补偿资金、金融资本及其他社会资本参与海洋牧场建设,推动海洋牧场规模化发展。

四、绿色金融

(1)绿色税收调节手段愈加多元,环保税于 2018 年启征,企业购置环保设备享受税收减免,国家调整车辆购置税鼓励使用新能源汽车。

(2)绿色金融快速发展,绿债发行规模约占同期全球的 25%。各类绿色基金不断发起设立且规模日益扩大,如图 7.2 所示。

(3)各类绿色基金发起设立且规模日益扩大。

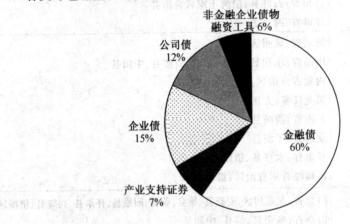

图 7.2 2017 年中国绿色债券结构分布(发行规模)

五、PPP 立法

根据《关于规范政府和社会资本合作(PPP)综合信息平台运行的通知》(财金〔2015〕166 号)、《关于规范政府和社会资本合作(PPP)综合信息平台项目库管理的通知》(财办金〔2017〕92 号)相关规定,2017 年 12 月末,全国 PPP 综合信息平台项目库共收录 PPP 项目 14 424 个,总投资额 18.2 万亿元。其中,处于准备、采购、执行和移交阶段项目共 7 137 个,均已通过物有所值评价和财政承受能力论证的审核,纳入管理库,投资额 10.8 万亿元,覆盖 31 个省(自治区、直辖市)及新疆兵团和 19 个行业领域。已落地项目即处于执行和移交阶段的项目共 2 729 个(目前移交阶段项目 0 个),投资额 4.6 万亿元。已开工项目占落地项目数的 42.5%。国家示范项目 697 个。具体表现如下。

(1)落地项目稳步增加。

2016 年 12 月末至 2017 年 12 月末,各阶段示范项目数、投资额和落地情况如图 7.3、图 7.4 和图 7.5。2017 年年内,示范项目总体推进良好,准备、采购阶段示范项目数和投资额均逐月减少,落地(即已签订 PPP 项目合同进入执行阶段)项目数和投资额逐月增加。截至 12 月末,落地项目 597 个、投资额 15 303 亿元、落地率 85.7%;季度环比增加 25 个项目、562 亿元,落地率提高 3.6%;年度同比增加 234 个项目、5 923 亿元、35.9%。

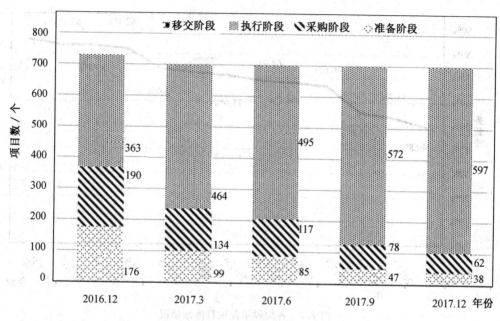

图 7.3 各阶段示范项目数情况/个

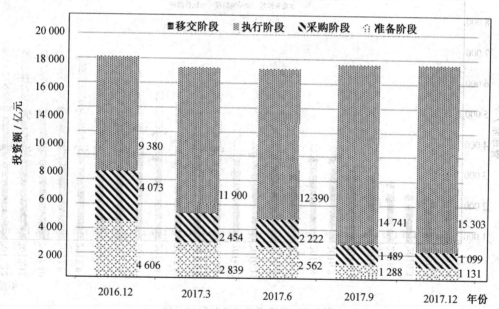

图 7.4 各阶段投资额情况/亿元

(2)项目数投资额稳步增加,新建项目占比较高。

2016 年 12 月至 2017 年 12 月,管理库项目数及各阶段项目数如图 7.6、投资额如图 7.7,呈逐月增长趋势,月均增长项目 245 个、投资额 3 643 亿元。

截至 12 月末,管理库 7 137 个项目中新建、存量、存量+新建项目数分别为 6 233 个、475 个、429 个,在管理库占比分别为 87.3%、6.7%、6.0%;此三类项目投资额分别为 9.8 万亿元、0.4 万亿元、0.5 万亿元,占比为 91.3%、4.1%、4.6%,如图 7.8 和 7.9 所示。

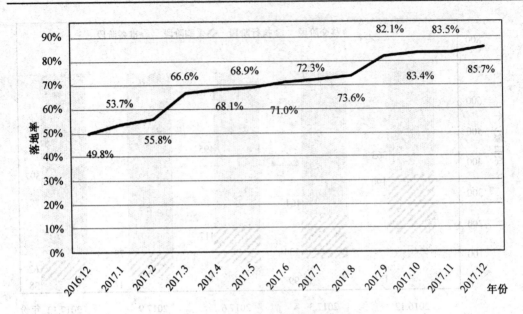

图 7.5　各阶段示范项目落地情况

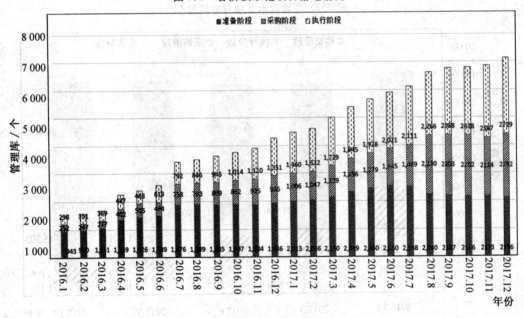

图 7.6　管理库及其各阶段项目数

（3）项目地区集中度较高。

　　截至 12 月末，管理库项目按项目数排序，前三位是山东（含青岛）、河南、湖南，分别为 692 个、646 个、528 个，合计占入库项目总数的 26.1%。按投资额排序，前三位是贵州、湖南、河南，分别为 8 453 亿元、8 251 亿元、7 870 亿元，合计占入库项目总投资的 22.8%。各地方 9 月末与 12 月末的管理库项目数、投资额对比情况分别如图 7.10 和图 7.11 所示。

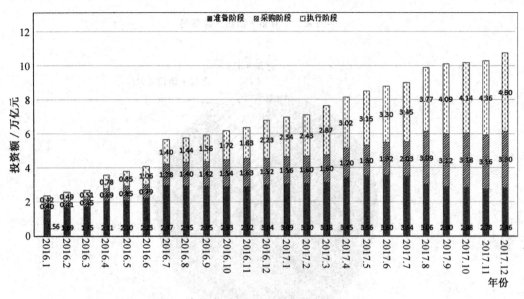

图 7.7 管理库及其各阶段项目投资额

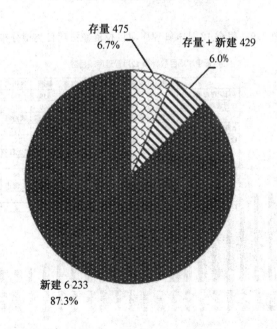

图 7.8 截至 2017 年 12 月管理库项目数按项目类型分布

（4）项目行业集中度较高。

截至 12 月末，管理库内各行业 PPP 项目数及投资额分布情况如图 7.12 和图 7.13。其中，项目数前三位是市政工程、交通运输、生态建设和环境保护，合计占管理库项目的 59.2%；投资额前三位是市政工程、交通运输、城镇综合开发，合计占管理库总投资的 71.6%。

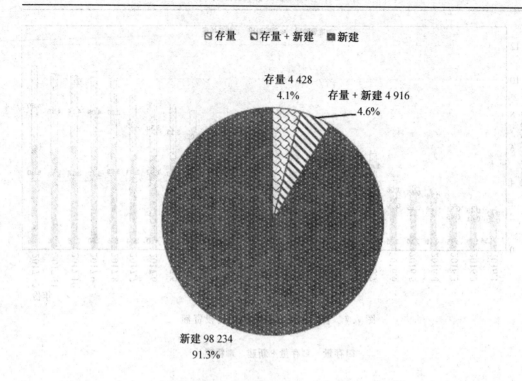

图 7.9　截至 12 月末管理库项目投资额按项目类型分布

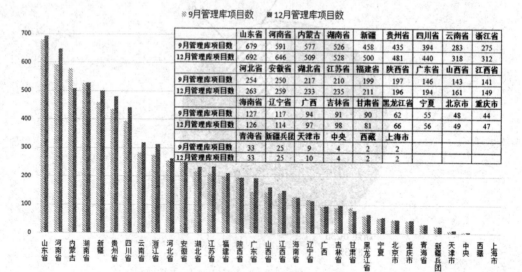

图 7.10　9 月末与 12 月末管理库项目数地域分布对比情况

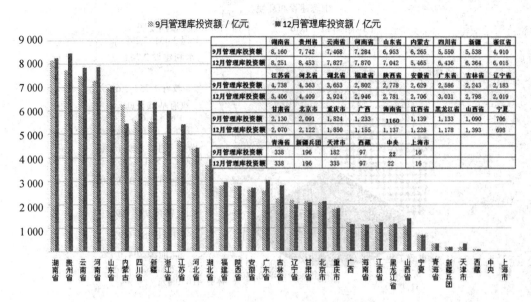

图 7.11　9 月末与 12 月末管理库项目投资额地域分布对比情况

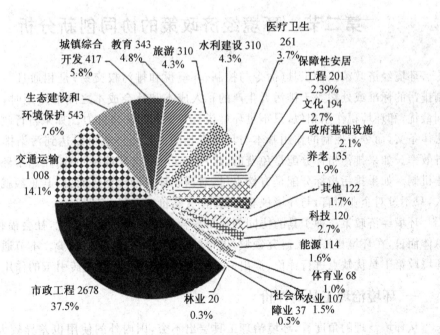

图 7.12　截至 12 月末管理库内各行业 PPP 项目数分布情况

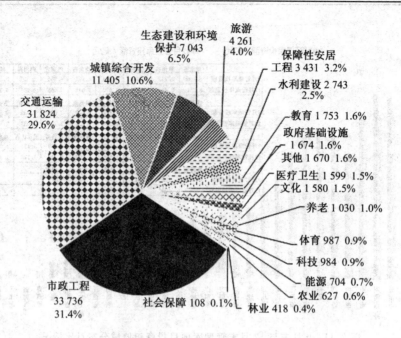

图 7.13　截至 12 月末管理库内各行业 PPP 项目投资额分布情况

第二节　环境经济政策的协同创新分析

环境经济政策三种工具(命令与控制、环境税和排污权交易)是相通且一致的。当控制排污的标准或处罚等于排污者生产的私人成本和社会成本之间的差距时,达到社会福利最优,和环境税作用相似,只不过环境税具有更大的法律效力。如果将行政条例上升到法律条文,命令与控制的作用基本与环境税相同。环境税也可以达到污染排污权交易经济效率。如果排污指标分配是免费的,排污权交易就与环境税一致,相当于环境税中的补偿机制。如果排污指标分配是有偿支付,对国家环境治理整体而言,其总额就是环境税收入,只不过对企业而言,与环境税相比,存在交易价格差异。

环境经济政策三种工具的协同创新与综合使用比单一使用更优,社会福利得到改善。总体而言,在环境经济政策研究领域,进行综合系统研究的文献较少。本节通过对这三种环境政策工具优缺点进行评价,提出一个系统分析框架,起到抛砖引玉的作用。

一、环境治理工具的评价

从环境治理的角度看,环境治理工具层出不穷,国内外的使用也差异较大,基本可以归纳为三大类。

1. 命令与控制

命令与控制也叫直接管制工具,是指依据环境法规和环境标准的制定,采用行政方式和手段,通过管理生产过程或产品使用过程或在特定时间和区域内来强制限定特定污染物排放。这一工具类型包括全部的直接管制措施,如制定环保标准、许可证、配额、使用收费、罚款等。这种政策目标明确,短期效果明显。中国污染控制的成效主要是靠命令控制型的工程措施实现的。"排污收费"作为中国环境政策的重要组成部分,即对排放污染物超过排放标准的企事业单位征收超标排污费,然后将其中的大部分返还给被征收的单位,用于治理污染,基本体现环境政策的总原则为"谁污染,谁治理"。20世纪90年代采取的两项重要措施就是制定了《污染物排放总量控制计划》和《跨世纪绿色工程规划》。近十年来,总量控制制度成为我国落实污染物减排目标,建设生态文明的一项基本制度。所谓的总量控制制度就是指国家环境管理部门根据国民经济和社会发展战略,依据所勘定的环境容量,决定全国的污染物排放总量,然后给地方政府分配排污指标并每年对地方政府减排目标责任进行评价考核。总体来说,我们的环境保护政策还带有计划经济的色彩,即行政命令有余、市场手段不足。以中石油长庆油田分公司水污染为例,中石油长庆油田号5—15—27AH苏气井污水直接排入额日克淖尔湖,导致当地数百牲畜暴死。嘎鲁图镇政府提供的一份《关于对内蒙古乌审旗嘎鲁图镇萨如努图嘎查牧民反映湖水污染致牲畜死亡有关情况的说明》称,污染事件发生后,"相关部门对此做了立案处理,并按照相关法律法规对中石油川庆钻探工程有限公司安全环保质量监督检验研究院处以5万元罚款",经协调污染企业愿意扶助湖周边的15户牧民,扶助款共58万元,每只死亡的羊补偿1 000元。由于没人受到法律判刑处罚,污染企业有动机通过扩大生产规模获取利润来弥补处罚,将治理成本转嫁给社会,导致更大的污染排放。

环境规制强度、环境监管立法与执法也属于命令与控制的范畴。在东部和中部地区,初始较弱的环境规制强度确实削弱了企业的生产技术进步率,然而,随着环境规制强度的增加,企业的生产技术进步率逐步提高,即环境规制强度和企业生产技术进步之间呈现"U"型关系。有专家认为法律的连带责任能有效处理重大环境事故,如石油泄漏、水污染等事件。但单纯环境立法并不能显著抑制当地污染排放,只有环保执法力度严格,才能起到环境改善的效果。我国有些案例采用法律手段及时处理环境事件,如2011年云南省曲靖市越州镇的铬渣非法倾倒致污事件,2013年河北沧县张官屯乡红色井水事件、青岛输油管道爆炸事件等。自1989年我国通过《中华人民共和国环境保护法》以来,全国人大已经制定了29部关于环境保护的法律,如《大气污染防治法》等,各地区制定了相应的多部地方法规。但环境污染(如雾霾等)日益严重,其核心问题是在现有的法律框架体系内,我们竟然找不到任何公民有关"维护自身环境权益"这一诉讼请求的依据,以美国为例,1995~2010年,美国在环境领域共发生了2 482起公民告国家环保局的案例。也没有明确规定污染企业超标排污违法的法律判刑处罚条文,只规定超标排放污染物应征收超标排污费。以广西大新县利江河响水河段水污染为例,判决被告广西大新荟力淀粉有限公司赔偿原告孔先生因本次渔业污染事故造成的经济损失计人民币93 771.90元。严重的处罚也就是依法对超标排污和产能落后造成环境污染的企业予以关闭,无人承担刑事责任。

这种命令与控制政策的主要缺点就是不符合经济学的效率,是一种不计成本的治理方法。首先,该方法没有考虑环境污染所造成的负外部性总成本,无法达到社会福利最大化,即帕累托最优。其次,没有考虑企业边际治污成本的差异,导致环境治理的无效率。最后,由于信息不对称,边际治污成本较低的企业没有动机继续进行污染治理。这就是该政策工具一直受到经济学家质疑的原因。

2. 环境税

发达国家征收的环境税,主要有能源税、二氧化碳税、二氧化硫税、水污染税、固体废物税和噪声税等,也就是"庇古税"。根据污染所造成的危害程度对排污者征收庇古税,其大小等于排污者生产的私人成本和社会成本之间的差距,即在均衡点处边际社会收益等于边际减排成本。该交点对应的就是最佳环境税标准和最佳污染排放量。其优点就是考虑环境污染所造成的负外部性总成本,达到社会福利最大化或帕累托最优。该方法强调市场在环境治理中的作用。由于全球气候变化的影响,碳税成为国外学者研究的热点之一。如 Floros 和 Vlachou 采用两阶段超对数成本函数得出一定数额的碳税对希腊的减排活动有益。目前,国内学者积极推荐环境税的实施。如刘小川和汪曾涛分析了碳税、一般排放权交易体系、复合排放权交易体系、补贴、政府规制这五种二氧化碳减排政策工具各自的特点,得出长期碳税才是最终的解决方案的结论。姚昕、刘希颖通过求解在增长约束下基于福利最大化的动态最优碳税模型,发现开征碳税有利于减少碳排放,提高能源效率,并可调整产业结构。陈诗一采用方向性距离函数构成的节能减排行为分析模型,度量出了中国工业两位数行业在整个改革开放期间的二氧化碳排放边际减排成本,研究结果表明,碳税征收对工业二氧化碳排放强度降低的作用是明显的。林伯强等采用使用者成本法估计煤炭资源耗减成本,研究表明,对煤炭资源征收 5%～12% 的资源税,能够反映煤炭作为稀缺性资源的耗减成本。碳税、资源税都属于环境税范畴,但对环境税研究尚少。杨继生等测算了 2007～2009 年中国环境相关税收的规模和结构,并通过与 OECD 等国家进行国际比较,结果表明,我国环境税费占 GDP 的比重平均为 1.57%～2.19%,略低于欧盟国家 2.4% 的平均水平,略高于 OECD 国家的平均水平,但中国环境税收占总体税收的比例(10.13%)则远远高于 OECD 国家的平均水平,接近 OECD 国家加权平均值的两倍(5.66%),也远远高于欧盟环境税占总税收比重的加权平均值 6.0%～6.3%。

这种政策工具的主要缺点就是对私人成本和社会成本之间的差距,即最优环境税的确定非常困难。即使能够测定行业最优环境税(陈诗一,2011),也不可能对每一企业的社会成本进行测定,无法确定企业的最优环境税。更大的问题在于,环境税没有考虑企业边际治污成本的差异,与命令和控制方法一样,边际治污成本较低的企业在面对相同环境税税率时,没有动机继续进行污染治理,导致环境治理整体的低效率。Stavins 研究表明,环境税在环境污染治理中作用有限。特别在处理重大环境事故中环境税作用非常有限。我国环境治理投入逐年增加,2012 年为 8 253 亿元,占国内生产总值(GDP)的 1.59%〔数据来源:《中国环境统计年鉴》(2012)〕。但为什么中国环境越来越恶化? 可能的解释就是由于信息不对称,污染企业通过扩大生产规模获取额外利润来弥补上交环境税,导致更大的环境污染,这就是常说的环境税的"绿色困境"。

3. 污染排污权交易

污染排污权交易就是指在一定区域内,在污染物排放总量不超过允许排放量的前提下,内部各污染源之间通过货币交换的方式相互调剂排污量,从而达到减少排污量、保护环境的目的。它的主要思想依据是科斯定理,其内在假设是企业边际治污成本不同。这样,边际治污成本较低的企业通过市场交易,将剩余的排污权出售,获得经济回报,而边际治污成本较高的企业通过购买排污权,支付超量排放所产生的外部治理成本,从而在整体上达到低成本污染治理,并满足怕累托效率原则。污染排污权交易的主要优点在于建立企业治污的激励机制,提高环境整体治理的效率。乔晓楠、段小刚比较分析了排污指标分配的社会福利原则、公平原则、溯往原则和产值原则对经济绩效产生的影响,研究表明,向技术优势企业所在的区域进行倾斜,分配较多的排污指标,将有利于提高企业的利润总和,但是会拉大区域之间的差距。安崇义、唐跃军构建在排放权,交易机制下企业减排的单阶段最优化决策模型。研究表明,参与者数量及参与者之间减排边际成本的离散程度将决定排放权,交易市场的交易(CDM)不仅有利于大幅降低其减排成本,还有利于增加排放权交易市场的交易量。

污染排污权交易的主要缺点是虽然污染物排放总量得到控制,但是边际治污成本较高的企业通过扩大生产规模获取额外利润来弥补购买排污权的花费,以致排污量超出该企业所在地的环境最大承载能力,即一个自然环境地区容纳污染物的最大能力,这将导致环境系统灾变,产生环境破坏不可逆转。Goulder 和 Stavins 研究表明,在排放权交易机制下,美国低碳州的企业所做的减排和发展可再生电能的努力 100% 会被其他州的企业通过增加排放和减少可再生电能而浪费掉。

这三种环境政策工具各有千秋,如污染排污权交易经济效率最高,但会导致污染排放量超出环境最大承载能力。虽然命令与控制政策工具成本较大,但行政处罚,甚至法律判刑处罚可以有效解决超排放问题。同理,环境税的实施,能达到社会福利最大化或帕累托最优,但会产生"绿色困境",显然,结合命令与控制政策工具,对超排进行法律判刑处罚,即可解决产生更大污染的问题。命令与控制政策工具所导致的成本过大,也可以通过环境税实施与污染排污权交易制度建立来弥补,优势互补,相得益彰。以往大多数研究文献强调一种环境政策工具的重要性,显然具有片面性与主观性。

二、环境治理的系统分析框架

本节通过借鉴 Shavell(2011)的社会福利模型分析框架,首先分别描述命令与控制、环境税和污染排污权交易这三种环境政策工具的社会福利差异,然后构建一个统一综合分析框架,从而揭示综合使用这三种环境政策工具比单一使用更优,为环境污染防治与治理提供科学决策依据。

假设损害者的危险活动水平为 $e \geqslant 0$(如运输天然气卡车),$b(e)$ 为损害者的福利,它是凹形函数。假设 h 是每单位 e 的预期伤害,则总损害为 eh。如果 $f(h)$ 是 h 经过所有损害者在区间 $[0,m]$ 的密度函数。假设社会福利为

$$\int_0^m [b(e) - eh] f(h) \mathrm{d}h$$

式中 e 可能依赖 h。

最佳危险活动水平用 $e^*(h)$ 来表示,伤害越高,危险活动水平越低(从隐含导数 $b'(e) = h$ 中可以看出)。其社会福利改为

$$\int_0^m \{b[e^*(h) - e^*(h)h]\} f(h) \mathrm{d}h$$

　　在法律连带责任或命令与控制工具条件下,被控告的损害者支付补偿费。假设被控告的概率为 $0 < p < 1$。损害者通过优化 $b(e) - peh$ 从而选择 $e^*(ph)$。社会福利变成

$$W_L = \int_0^m \{b[e^*(ph)] - e^*(ph)h\} f(h) \mathrm{d}h$$

随着伤害加大,危险水平下降,但危险水平依然很高。因为被控告的概率:$0 < p < 1$,$e^*(ph) > e^*(h)$,所以会产生过高危险水平。

　　在环境税机制下,损害者选择危险活动水平 e,支付环境税为 τe,其中,由于 h 不能直接观测,τ 不依赖 h。损害者选择问题变成 $b(e) - \tau e$,而社会福利变成

$$W_\tau = \int_0^m \{b[e^*(\tau)] - e^*(\tau)h\} f(h) \mathrm{d}h = b[e^*(\tau)] - e^*(\tau)E(h)$$

式中,$E(h)$ 为 h 的期望平均值。由于 $b(e) - eE(h)$ 在 $e^*[E(h)]$ 处进行最大化,优化税收 $\tau = E(h)$,社会福利最后变成

$$W_\tau = b[e^* E(h)] - e^* E(h)E(h)$$

如果 $h < E(h)$,$e^*[E(h)]$ 将会过低;如果 $h > E(h)$,$e^*[E(h)]$ 将会过高。

　　在环境交易机制下(T),损害者选择危险活动水平 e,支付环境交易权费为 Te,与环境税相同,由于 h 不能直接观测,T 不依赖 h。在排污指标分配是有偿支付的情况下,对国家环境治理整体而言,其总额就是环境税收入。但对单个污染企业主,边际治污成本低的企业,所支付交易权费要小于环境税条件下的税费。损害者选择问题变成 $b(e) - Te$,而社会福利变成

$$W_T = \int_0^m \{b[e^*(T) - e^*(T)h]\} f(h) \mathrm{d}h = b[e^*(T)] - e^*(T)E_T(h)$$

式中,$E_T(h)$ 为交易机制下 h 的期望平均值。由于 $b(e) - eE_T(h)$ 在 $e^*[E_T(h)]$ 处进行最大化,优化环境交易费为 $T = E_T(h)$,社会福利最后变成

$$W_T = b\{e^*[E_T(h)]\} - e^*[E_T(h)]E_T(h)$$

如果而 $h < E(h)$,$e^*[E(h)]$ 将会过低;如果 $h > E_T(h)$,$e^*[E_T(h)]$ 将会过高。

　　现在假设三种政策工具同时应用,让部分法律连带责任的概率为 $\phi \leqslant 1$,是损害的部分,损害者选择危险活动水平 e,通过优化 $b(e) - \tau e - Te - \phi peh$ 从而选择 $e^*(\tau + T + \phi ph)$。社会福利变成

$$W_{L\tau T} = \int_0^m \{b[e^*(\tau + T + \phi ph)] - e^*(\tau + T + \phi ph)h\} f(h) \mathrm{d}h$$

　　现在与单一政策工具进行比较。首先与法律连带责任进行比较。

　　命题 1　　在综合优化政策工具条件下,实施完全法律连带责任能使社会福利最优,即 $\phi = 1$。

　　证明:假设 $\tau = 0$ 和 $T = 0$,如果 $\phi < 1$,$e = e^*(\phi ph) > e^*(ph) > e^*(h)$,从 $b(e) - eh$ 在 e 处凹面特性来看,我们得到

$$b[e^*(ph) - e^*(ph)h] > b[e^*(\phi ph) - e^*(\phi ph)h]$$

这样,$W_{L\tau T}$ 在 $\phi = 1$ 时比 $\phi < 1$ 时要高。

　　命题 2　　在综合优化政策工具条件下,优化税收与市场交易费总是正的。

　　证明:进一步假设 $\phi < 1$,$\tau > 0$ 和 $T = 0$。优化税收为

$$\frac{\partial W_{L\tau T}}{\partial \tau} = \int_0^\infty e^*(\tau + \phi ph)\{b'[e^*(\tau + \phi ph)] - h\}f(h)\mathrm{d}h$$

因为 $e^*(\phi ph) < 0$，$b'[e^*(\phi ph)] = \phi py < h$，这样，$\tau^* > 0$。这就意味着在法律连带责任不能完全实施的情况下，实施环境税，有利于社会福利提高。假设交易价格 (T) 不受环境税 (τ) 的影响，同理，可证明

$$\frac{\partial W_{L\tau T}}{\partial \tau} = \int_0^\infty e^*(T + \phi ph)\{b'[e^*(\tau + \phi ph)] - h\}f(h)\mathrm{d}h$$

因为 $e^*(\phi ph) < 0$，$b'[e^*(\phi ph)] = \phi py < h$，这样，$T^* > 0$，这也表明，在法律连带责任不能完全实施的情况下，实施环境税与可交易许可权，有利于社会福利提高。总之，综合优化政策工具系统使用，有利于社会福利整体提高。

我们还可进一步证明：当且仅当被控告的概率超过一个正阈值 $p^* < 1$，法律连带责任要优于环境税。因为在概率 $p = 0$ 时，$W_L < W_T$，随着概率 p 增加，W_L 增大；在 $p = 1$ 时，W_L 达到最佳。这样，尚未证实的 p^* 必须存在。相反，因为

$$b\{e^*[E(h)]\} - e^*[E(h)]E(h) > b\{e^*[pE(h)]\} - e^*[pE^*(h)]Eh$$

这样，对于 h 在 $E(h)$ 的任意邻近区域

$$b\{e^*[E(h)]\} - e^*[E(h)]E(h) > b\{e^*[(ph)]\} - e^*[(ph)]h$$

如果概率质量足够大，被包含在该邻域，环境税要优于法律连带责任。

三、政策建议

(1)建立环境最小安全原则。任何自然生态环境系统都有最大承载容量，超出其最大承载能力都会导致环境状态突变，产生不可逆转的灾难。由于人类活动范围和能力日趋扩大，地球上的各类生态与环境系统都难以保持自然状态，而受到不同程度的胁迫。根据自然生态与环境系统在胁迫下的症状和症候群，可以判断自然生态与环境系统的受胁迫程度，从而采用相应的生态与环境系统管理措施，实现自然生态与环境系统的良性循环，这就是胁迫生态与环境学的理论基础。为此，可以借助受胁迫生态与环境学基本原理，结合环境最小安全原则，即不能超越生态与环境最大承载容量，制定污染物排放的最低标准。由于各地区生态与环境系受胁迫程度或脆弱程度不一样，要因地制宜，区别对待。对超出最低标准的给予行政处罚，甚至法律判刑处罚，实施完全法律连带责任，这样，既可以避免环境税的"绿色困境"，又可以减少排污权交易所产生点污染并超出环境最大承载能力，从而达到社会福利最优化。

(2)对低于最低标准的排污量，征收环境税。由于环境监管部门与企业信息不对称，不可能实施完全法律连带责任，即使有很完善的法律，但执法人员的执行力度也影响法律实施效果，且主要问题是命令与控制政策工具或法律实施成本很高。由于实施环境税，总是可以提高社会福利，降低污染物排放强度。次优选择就是通过实施环境税，处罚规避、逃避或遗漏法律连带责任的排污业主。特别在容易测定治污成本的情况下，选择环境税效率会高一些。当然，环境税不能无限提高，超越一定比例，会对经济发展产生负面影响。

(3)对环境税实施后的部分排污量，进行排污权交易。虽环境税能部分惩处躲避法律连带责任的排污业主，但如前文所述，对行业最优环境税的确定意义不大，而又不太可能

对每一排污业主确定最优环境税。实施环境税最主要的问题就是忽视各排污业主边际治理成本差异。由于实施可交易的排污权,总是可以提高社会福利,最后选择就是通过建立排污权交易市场,在同等排污量控制下降低污染治理成本,或在同等治污成本下,减少排污量,特别在无法测定治污成本的情况下,选择排污权交易效果要好些。总之,这三种环境经济政策的协同创新与综合使用比单一使用更优,为环境污染防治与治理提供科学决策依据。

第三节　新形势下中国环境经济政策建设分析

党的十八大从事关民族福祉和长远发展的高度,将生态文明建设提升到"五位一体"中国特色社会主义事业战略布局的高度。党的十八届三中全会审议通过了《中共中央关于全面深化改革若干重大问题的决定》,指出经济体制改革是全面深化改革的重点,核心问题是处理好政府和市场的关系,使市场在资源配置中起决定性作用,更好地发挥政府作用。

环境经济政策是指按照价值规律的要求,运用价格、税收、信贷、收费、保险等经济手段,调节或影响市场主体的行为,以实现经济建设与环境保护的协调发展。在市场经济体制下,环境经济政策是实施可持续发展战略的关键措施。在国家加快生态文明制度建设和经济体制改革的新形势下,更应该充分认识环境经济政策在环境管理中的关键性作用,抓住机遇,积极推动我国的环境经济政策建设。

前几章对中国现行的环境经济政策都有所介绍,此处不再赘述。本节就这些政策存在的问题和一些建议做简要概述。

一、现行环境经济政策存在的问题

1.环境经济政策不健全

我国的环境经济政策虽然种类较多,但真正在全国范围内实施并发挥作用的并不多见。有些环境经济政策虽然有政策性规定,但是由于没有配套的措施,并没有起到应有的作用。例如,中国人民银行于1995年制定了"要求各级金融机构,不符合环保规定的项目不贷款"政策,但是,由于没有配套的措施,这项很好的环境经济政策并没有得以实施。2012年环境经济政策文件出台仍集中在环境税费政策及环境财政资金管理方面。虽然有关部门在大力推进排污权交易、生态补偿,但是专门性的生态补偿、绿色信贷、环境污染责任险等政策文件仍很少,也没有相关法律对此进行规范。对于排污权交易而言,在国家层面仍未出台有关技术指南、管理规范、指导意见等政策文件。

2.环境经济政策调控力弱

环境经济手段发挥应有的作用必须满足一个基本前提,就是企业超标排放所支付的环境保护补偿费用必须大于企业因逃避环境责任而取得的非法收入额度。具体来说,只有当环境处罚或收费的额度超过其因减少环保投入所节省下来的货币价值时,环境管理的经济手段才能真正发挥作用。而当排污费低于边际治理成本时,企业不会主动采取任何污染治理措施。我国现行排污收费制度对环境资源的使用者设立了一个较低的费用门槛,即使用者只要支付一定费用,就可以相对"自由"地享用环境资源。因此,这一制度不能约束使用者对公共物品的使用权,无法克服"市场失灵"问题,从而导致排污收费的政策绩效很低,一些企业宁缴超标排污费也不愿治理污染。导致出现"守法成本高,违法成本低"的现状。

3. 市场机制不健全,环境经济政策实施难

长期以来由于我国法制不够健全,管理中较多采用行政手段,以行政代替法律干预市场的现象较为普遍。在法律不健全、市场机制不完善的情况下,环境经济政策很难通过自身力量去真正构建市场,形成交易和激励。一些环境经济政策强行出台,一旦政策推行出现问题,高度集权的公共政策执行体制就容易导致政府在实行环境经济刺激手段时对市场进行过多行政干预。例如,我国从 20 世纪 90 年代初开始,在多个城市尝试了排污权交易试点工作,但国家法律和政策对排污权无明确认定,用缺乏系统的排污权交易指标核定方法来确定二级市场上可交易的排污指标。许多交易都是在政府一手干预下进行的,难以体现环境资源的稀缺性和治理污染的真实成本。法制和市场机制是做强做实环境经济政策的前提和保障。

二、环境经济政策建设的展望和建议

1. 完善现行环境税收制度

我国现行环境税收制度的完善主要是对现有税收体系的改进。包括两个方面:①取消不利于环境税收制度执行的政府补贴,同时设立环境税收优惠制度,通过降低个人所得税及相关社会保障税费来平衡整个税收体系。②对现有税收体系的改进应当着重从资源税、消费税和增值税开始。现行资源税往往被批评为仅是一种为"调节级差收入和促进资源合理开发利用"而开征的税种,从实际运行来看,对节约资源和降低污染的作用并不大。此外,现在的资源税缺少对水资源、森林资源等资源的税收保护,征税范围较窄。在对不可再生资源开征的资源税中又存在着税率过低的问题,不能真正反映资源开发的社会成本。总体而言,对资源税的改革应当从矿产资源入手扩大征税资源范围,提高征收税率、实行差别税率,并且把水资源和森林资源的保护也纳入税收调整的范围。

2. 促使排污权交易制度化

排污收费是我国环境管理中最重要的环境经济政策,要按照党的十八大提出的实施最严格的环境保护制度的要求,建立我国排污权交易制度,进一步做好以下工作加强立法,使排污交易政策法制化。排污权交易有三个基本环节:①区域内愿意接受有关污染程度的公共政策。②对产生污染权利的限制有明确说明。③建立完整的市场机制。这三个基本环节是通过完善的法律保障实现的。在严格的法律框架下,每个参与排污交易的企业个体明确自己的行为规则。虽然我国目前试点省市尝试制定了地方文件和法规,建立和努力推行排污许可证制度,但是在国家层面上还没有针对性的立法。

健全监督管理机制,严格监督管理。只有对每一个排污单位的污染物排放准确地、连

续地进行实时监测,杜绝非法的污染物排放,才能保证合法的排污者不会因为其他排污者的非法排放而遭受损失,这是排污权交易制度得以正常运行并充分发挥作用的必要技术保证。目前,我国监测手段落后,监督管理机制不完善,必须进一步提高对污染源的监测技术手段,完善监测信息系统,对企业的排污情况进行准确实时监测。建立健全监督管理机制,制定地区性的管理规则,提高管理人员的素质,对排污权交易进行严格的监督管理。

减少直接的行政干预,培育和完善市场机制。排污权交易的作用就是运用市场配置资源的机制,通过市场手段来解决直接行政手段较难解决的环境污染问题,必须最大限度地减少不必要的行政命令干预。政府过多地参与必然会影响市场杠杆作用的发挥,从而使排污权交易的公平性受到制约。

3. 完善生态补偿制度

生态补偿政策的构建,应首先集中在水源地保护方面,选择典型流域开展饮用水水源地保护补偿、流域跨界污染控制补偿、流域生态环境效益共建共享等试点,为建立宏观有效的生态补偿政策创造条件。在设计我国生态补偿机制时,应明确将财政转移支付作为对生态补偿的主要工具,进一步强化和规范财政转移支付的规模、来源和使用,充分发挥财政转移支付在加强和引导生态保护上的支撑作用。还应探索多渠道的利益补偿方式,充分发挥政府在利益补偿政策中的主导性作用,切实强化生态、资源和环境管理部门的责任,进一步加强政府部门之间的合作。

4. 大力扶持环境产业的发展

增加环境技术研发的投入,提高环境技术水平。环境技术是环境产业发展的内在动力。由于环境技术的研发具有投入大、风险高、收益不确定等特点,使得企业或个人很少愿意对环境技术研发做大的投入,这就需要政府加大对环境技术开发的支持力度。可以在政府内部机构建立相应的研发机构,直接参与环境技术研发也可以建立环境技术开发战略,加强政府同企业及其他科研机构的合作,以企业投入为主、政府做适当补助,成果归企业拥有,从而促进全社会对环境技术开发的投入和成果的应用。

推行基于市场的环境政策。我国在环境保护的各个领域与环节中,企业往往是环境政策的接受者。这样就增加了政府的财政负担,同时又不利于树立企业的责任感和刺激企业的积极性。为此,政府应推行基于市场的环境政策,逐步减少强制性政策的比重,多采用鼓励性预防政策,使企业能自觉地参与环境保护活动,增加企业对环境产品和技术的市场需求,并从需求面来拉动环境产业的发展。

多途径增强公众的环境意识,鼓励公众参与环境监督。增强公众的环境意识是环境产业发展壮大的直接动力。随着公众环境意识的加强,环保观念深入人心,环境产业中清洁产品的生产和环境服务业的发展会得到直接促进。保护生态环境需要运用多种管理手段。按照经济规律,运用价格、成本和税收等经济杠杆,如排污收费、税收和财政补贴等经济手段可以克服行政、法律手段的一些不足,具有一定的灵活性和有效性。

第四节 环境经济政策评估框架系统分析

当前,环境政策评估还没有一套既符合公共政策的一般性,又满足环境问题的特殊性的一般模式,作为环境政策评估的分支,环境经济政策评估研究更少。随着环境经济政策探索的逐步深入,必须进行环境政策评估模式与方法的探讨,更好地发挥环境经济政策在处理环境保护与经济发展关系中的作用。同时,必须加快构建新时期的环境经济政策评估制度,促进我国环境政策制定和实施的科学化水平,更好地为我国环境管理工作提供制度支撑。

一、国内外环境经济政策评估实践

1.国外环境经济政策评估实践

(1)欧盟。

1999年,欧洲环境署(European Environment Agencay,EEA)开展了 REM 项目,即 Reporting on Environmental Measures(关于环境措施的报告),该报告于 2001 年完成,并由欧盟委员会在同年召开的第六次欧盟国家环境行动计划大会(The 6th Environmental Action Programmer)上提出。在 2001 年的环境行动计划大会上,欧盟强调了对已经存在并实施多年的环境政策措施进行事后评价研究工作的需求,并阐释了环境政策事后评估的重要性。

①组织与实施。初期,欧盟指定 EEA 作为政策事后评估机构。EEA 每四年发布一个战略行动计划,据此发布每年的行动计划。2003 年,EEA 开展了两个试点政策评估研究,分别是城市污水处理指令和包装及包装废弃物指令的评估,选取了几个成员国家评估并进行了比较分析。试点评估是由 EEA 负责组织,欧洲环境信息与监测网(Eionet)负责提供评估所需数据与信息并进行分析评价。环境政策评估过程的参与方主要包括成员国家代表、EEA 和 Eionet,评估的结果向公众公开。

②评估机构。EEA 主要由管理委员会、执行理事、学术委员会组成。管理委员会由每个成员国家各派一名代表及两名欧盟委员会的成员和两名欧洲议会指定的人员组成;执行理事负责 EEA 日常运营管理;学术委员会为管理委员会和执行理事提供学术研究意见。

③评估实践。为了将理论应用于实践,同时提升议会、委员会、成员国家及其他欧盟组织机构对政策实施情况的了解程度,加强 EEA 从事政策事后有效性评估研究的能力建设,欧洲环境署于 2003 年首先开展了两个政策评估试点研究工作:城市污水处理指令评估、包装及包装废弃物指令评估。除了欧洲环境署对欧盟成员国家实施的环境政策进行有效性评估外,欧盟委员会同时也对欧盟颁布的环境法规进行成本—效益分析(Cost-benefit Analysis),比较典型的是对欧洲清洁空气项目(Clean Air for Europe)的评估。

④经验总结。欧盟环境政策的评估主要侧重于政策的有效性分析。成员国家开展政策评估是由成员国内部的环境政策制定机构(英国的环境食品、农村事务部)或第三方机

构(荷兰的 PBL)进行评估,评估的侧重点根据国情各不相同(如荷兰侧重于目标达成程度的评估,英国侧重于成本效益的评估)。总结起来,欧洲开展环境政策评估的特点主要有三个方面。

①指定环境政策评估机构。在政策评估初期,欧盟委员会指定欧洲环境署负责成员国家的环境政策的评估工作,欧盟委员会也委托技术咨询公司进行成员国家的环境政策评估工作。

②建立成员国家环境信息上报体系。进行政策评估对有关环境政策和措施的数据和信息量需求较大,欧盟的做法是成立欧洲环境信息与检测网(Eionet)帮助欧洲环境署进行成员国家环境信息的收集,同时发布政策汇报指南帮助成员国家汇报环境政策措施实施后的情况,后又在环境法规中附加条款强制要求成员国家汇报环境政策的实施信息,这对欧盟开展环境政策评估帮助很大。

③重视影响路径分析方法的运用。欧盟对成员国家进行环境政策评估时借鉴了OECD 开发的 DRSIR(驱动力—压力—状态—影响—响应)框架来识别环境政策的效果,建立政策与其效果之间的因果联系。

(2)美国。

美国国家环境保护局(Environmental Protection Agency,EPA)在行政命令 12291、12866 和 13563 和 13610 等的要求下,对环境政策进行回顾性分析。例如,在行政命令13563 和行政命令 13610 出台后,2013 年 1 月,美国国家环境保护局就制定了响应 13563对 35 个现有的规章定期复核评估的计划,其中就有 3 条是关于环境经济政策评估的计划。

①评估对象。美国政府要求对重要的环境政策进行成本效益评估。根据行政指令,重要的环境政策指下列三类政策。

a. 年经济影响在 1 亿美元以上的环境政策。

b. 明显增加消费者、个别行业、联邦、州、地方政府机构或某些区域负担的成本或价格的环境政策。

c. 对竞争、就业、投资、生产、创新或美国企业在国际市场上竞争力造成重大不利影响的政策。

②评估机构。美国政府行政指令 12291 明确指定管理和预算办公室(Office of Management and Budget,OMB)负责监督各政府机构的规制影响分析(Regulatory Impact Analysis,RIA)。行政指令 EO12866 进一步明确分工,指出管理和预算办公室(OMB)下的信息与监督办公室(Office of Information and Regulatory Affairs,OIRA)专门负责指导监督规章影响分析。国家环保局政策评估的指导工作主要由 EPA 下设的政策办公室(Office of Policy, OP)的调控政策和管理办公室(Office of Policy and Management,OPRM)、国家环境经济中心(National Center for Environmental Economics,NCEE)负责。其中,调控政策和管理办公室(OPRM)进行政策分析,确保政策决策过程的科学性;国家环境经济中心(NCEE)积极研究成本效益量化分析方法,指导经济分析,如该中心2010 年出台的《准备经济分析的导则》,专门对政策成本效益分析、经济影响分析的理论基础、模型方法进行了介绍。

③实践进展。美国对环境保护投入较大，重要的环境政策较多。管理和预算办公室（OMB）总结了 2002～2012 年农业部、能源部、医疗和社会事务部、国土安全部、住房和城市发展部、司法部、劳工部、运输部、环境保护局等部门共 115 条规章的成本和效益评估报告，其中国家环境保护局评估了 32 条规章，占 28%。美国环境政策评估比较典型的案例有《清洁空气法案》的成本效益评估、《清洁水法案》的成本评估、酸雨计划的效益评估、水质交易的效果评估等。

④经验总结。美国实施环境政策评估时间较长，已形成一套较为完整的体系，总结发现，美国环境政策评估主要有以下特征：①制定行政法规强制实施政策评估。美国历届政府都出台了行政命令要求各政府机构实施规章政策影响分析，行政指令 12866、12291 和 13563 等都指出要对重要政策实施成本效益评估和经济影响分析，美国国家环保局根据行政指令的强制性要求实施环境政策评估；美国也通过法律来强制实施政策评估，比如《清洁空气法案》在立法阶段就要求定期评估该法案的成本效益。②专门机构负责政策评估监督指导。通过设置专门机构负责指导监督环境政策评估，一方面可集中专业人才突破政策评估中的瓶颈问题；另一方面也便于统一各部门的评估程序和评估方法。③重视政策成本效益的量化分析。美国要求尽可能量化分析，尽可能将成本效益的分析货币化，以为政策决策机构提供直观的数据。美国国家环保局也积极投入大量资金研究政策成本和效益货币化的模型方法。

（3）日本。

日本政府政策评估的具体操作重视计划，制订计划的目的在于使政策评估从一开始便选对方向，使每个组织成员都能明确任务与标准。《关于行政机关进行行政评估的法律》将行政机关的政策评估计划分为"政策评估的基本计划"和"事后评估实施计划"。其中，基本计划的期限为"三年以上五年以下"，行政机关首长必须每年制订"事后评估实施计划"。

①评估主体与对象。日本政府政策评估法确立了三个不同层面的评估主体，分别是各政府部门自主评估、总务省综合评估和国会的政策评估监督。

日本政策评估中所指的"政策"，不仅包括政策本身，还包括行政主体为实现特定目标所采取的相关手段，如计划和项目等。日本政府通过《关于政策评估的标准指针》对政府的政策评估制度进行具体的规定。

②评估机构。根据日本 2001 年颁布的《关于行政机关进行政策评估的法律》（政府政策评估法）的要求，由环境省对所颁布的环境政策进行评估。环境省内部组织包括大臣官房、综合环境政策局、地球环境局、水和大气环境局、自然环境局 5 个部局组成，此外还包括成立于 2005 年的地方环境事务所（包括七处：北海道、东北、关东、中部、近畿、四国、九州）。环境省政策的评估主要是由大臣官房负责组织统筹协调，此外还负责省内人事、法令和预算等业务的综合协调，牵头制定各具体方针，以及新闻发布、环境信息收集等，致力于使环境省功能最大限度地发挥，各部、局负责评估部、局范围内的环境政策。

③评估标准。环境政策评估主要是评估对象政策的特性，主要包括必要性、有效性和效率性。

必要性：对象政策是否能满足国民和社会的要求或作为优先考虑的行政目的的妥当

性。

有效性:相关政策在国内生产总值的期待效果与实际得到的或将得到的政策效果之间的关系。

效率性:相关政策在国内生产总值投入的资源和可能政策效果之间的关系。

除上述观点外,还应考虑到政策的特性、公平性、优先性等观点,更加准确地进行政策的评估。

④评估方式。日本环境政策的评估采用的方式主要有三种,分别是事业评估方式、业绩评估方式和综合评估方式。三种方式的评估对象、时间、目标及方法等各具特点,具体内容见表7.4。在这些方式运用中,始终贯穿了量化评估的理念。

表 7.4　日本环境政策评估的主要方式

项目	对象	时间	目标	方法
事业评估(成本收益分析)	重点是政府的项目(如有必要性,也可是计划)	实施前(如有必要,也可开展事后评估)	有助于对项目的选择和采纳做出判断的观点	估测预期的政策效果及相关成本等
业绩评估(绩效测量)	各部门的主要政策	实施后(定期和连续地测定进展,并在实施期限后评估完成程度)	有助于不断修订和改进政策的观点	根据预期的政策效果设定要达到的目标,并评估目标达到的程度
综合评估(计划评估)	特定主题(较小范围内的政策和政策手段)	实施后(主要在一段特定时间之后开展)	发现和分析问题	从多个方面探究政策效果

⑤经验总结。日本环境政策评估在日本开展较早,2001年就制定了《政府政策评估法》,要求中央和地方政府开展政策的评估工作。总结起来,日本的环境政策评估主要有以下几个特点。

a.政策评估制度有一套完备法律体系做保证,提高了政策评估的权威性。日本政策评估法律法规形成一个体系,规范了政策评估中的程序、评估对象、评估方式、评估计划、评估原则、评估目的等制度内容。

b.确定了明确的政策评估主体,为政策评估提供组织保障。日本的政策评估制度建设中确立了政策评估的主体是总务省的行政评估局及各省主要领导组成的评估会议。

c.政策评估的相关信息及其评估的结果一律公开,提高政策评估透明度。日本的政策评估始终坚持公开透明的原则,将政府政策评估的运行纳入群众公开监督之中。

d.政策评估具有较强的计划性,提高政策评估的规范性。

e.重视政策评估结果的反馈与运用,提高政策评估的回应性。

2.国内环境经济政策评估实践

(1)实践进展。

总体上,我国经济市场化过程中,环境经济政策得到了逐步发展,取得了积极成效。目前环境经济政策的体系框架已经基本建立,包括环境财政政策、环境税费政策、环境资源定价政策、排污权交易、生态补偿、绿色金融政策、绿色贸易、行业环境经济政策。其中财政、税费和价格等宏观调控政策发挥主导作用，并且部分地区开展了环境税费改革试点。排污权交易、生态补偿政策试点正在大范围推进，如"十一五"期间，山西、辽宁、浙江等 8 省市被环保总局批准作为不同类型的生态补偿试点，江苏、河南、河北、湖南、福建、山西、山东、江西、海南、广东等 10 多个省市自发开展了流域生态补偿试点探索，全国过半省市开始试行或试点排污权交易，其中江苏、浙江等 7 省市被批准为国家试点。2007 年国家环保总局、中国人民银行、中国银监会联合发布了《关于落实环保政策法规防范信贷风险的意见》，标志着绿色信贷政策的开始，随后各地方政府也相应地出台了绿色信贷政策文件。但是，目前国家和地方出台的这些政策文件都是引导性的，还没有出台技术指南和试点指引等具体指导绿色信贷的文件。湖南、重庆、云南、湖北、江苏、上海等地开展了环境污染责任险试点探索。但是，环境政策评估机制相对缺乏，对环境政策"重实施，轻评估"，很少进行环境政策的评估，对环境经济政策的评估更少，环境经济政策评估还没有一套完善的逻辑框架。

（2）存在的问题。

政策评估作为环境经济政策执行周期中的一个重要环节，仍然没有得到足够的重视，环境经济政策在实施过程中普遍缺乏评估阶段。国内环境经济政策评估实施过程中存在以下主要问题。

①环境政策评估缺少法律法规依据。由于没有认识到环境政策评估的重要性，我国现行的多数环境政策中没有将环境政策评估的目的及一系列程序纳入政策强制范围。这使得环境政策从根本上偏离了"政策过程"这一政策运行的基本规律，必然影响环境政策目标的实现。

②环境政策评估资源不足。政府对环境政策评估不够重视，导致对环境政策的评估在经费、设备、人员和技术等方面的支持都非常有限。即便是政府内部的政策研究机构认为有必要进行环境政策评估时，也会因为经费缺乏、设备不足和评估人员技术水平的限制影响评估活动的进行。

③环境政策信息收集环节薄弱。环境政策评估需要多方面的信息，包括政策实施前、实施过程及实施后的诸多信息，而目前我国的环境政策评估多是事后评估，很多评估必需的重要信息在制定或执行阶段不被记录，严重影响了评估结论的准确性，甚至与实际完全相反。

④环境政策评估中的公众参与不足。公众环境意识的提高使其表达环境意愿和环境政策观点的要求增强，这说明公众已经具备参与环境政策评估的意识，但目前，环境政策评估中公众参与机制不健全，这必将导致社会矛盾的产生。如前所述，环境政策评估是公众维护自身环境权益的有效途径，由于公众找不到维护自己环境权益的渠道，往往采取过激方式，影响社会正常秩序，政府机关被迫动用其他政策领域的力量来维护局面，结果必将导致公众与政府的矛盾更加激化。其根本原因就是环境政策评估体制的缺失。

⑤没有专门的环境政策评估机构。"重"政策制定和执行、"轻"政策评估的情况是目前我国环境政策的状态。尽管中央或一些地方政府设立了政策研究机构和评估机构，但

对环境政策的评估仍然是被动的、形式的。而没有政策评估,就没有政策调整。这种现象能够说明我国环境政策的完善非常缓慢的原因。如自20世纪60年代至今,美国修订生活水质标准有10多次,而我国仅修订过两次。

二、环境经济政策评估体系

1.评估框架构建

环境经济政策评估是一个完整的政策周期中不可或缺的一环。完整的政策周期包括环境问题识别、环境问题形成框架、环境政策措施的识别(事前影响分析)、环境政策措施发展完善、环境政策措施执行、环境政策措施有效性(事后影响分析)。进行环境政策的事后影响分析,评估框架的设定是最核心的部分。

评估框架的设计要体现出评估目标和评估重点,突出政策的价值导向。环境经济政策后评估的目标和评估重点,突出政策的价值导向,它是在评估标准指导下评估实践的可操作性模型,以体现出评估的目标要求。由于不同的评估模式下的评估框架不同,其评估指标体系、方法等差异较大。因此,本研究设计了一个简化型的可操作评估框架,如图7.14所示。环境经济政策后评估包括政策执行阶段和政策执行后评估阶段,在政策执行阶段包括政策目标、政策执行和政策效果。政策后评估阶段主要包括明确评估主体和对象、构建评估指标体系,确定评估标准和选择合适的评估方法。

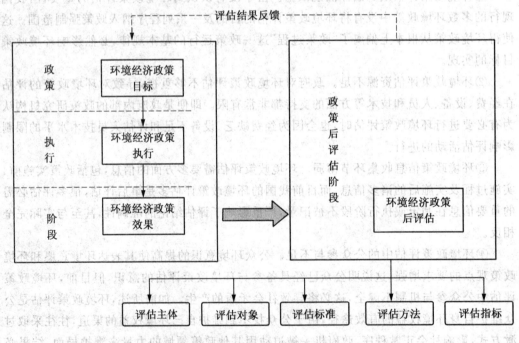

图7.14　环境经济政策评估框架

2.评估主体与对象

政策评估的主体应该是多元化的,既包括政策的制定者、官方机构,也应包括非官方机构(如第三方机构)。一些被官方评估为非常成功的政策,在很多人看来是失败的,主要是评估者的立场或角度不同。环境经济政策评估主体是指直接或者间接参与环境经济政策制定、执行、评估和监控的个人、团体或者组织,包括政策制定者、政策执行者、受控者、政策研究人员和其他利益相关者。

环境经济评估的对象是环境经济政策,包括环境价格政策、环境税费政策,如排污费税、使用者收费、产品费税等;市场创建手段,如排污交易;资本市场手段,如绿色信贷、环境保险等环境投融资政策,以及生态补偿政策等。

3.评估标准

参考环境政策评估标准,环境经济政策评估标准如下。

(1)生产力标准。生产力标准是评估每一项政策的根本标准。一项政策的正确与错误、好与坏、进步与落后,归根结底取决于它有无或在多大程度上解放生产力、促进生产力的发展。环境经济政策也是公共政策的一种,从现代公共政策环境来看,公众要求政府既是廉价的,又是有效的。为解决这一冲突,作为政府公共管理和提供公共服务主要手段的公共政策,它的首选价值就是提升政府机关的生产力,推动社会生产力的发展,回应公民社会对政府的需求,树立政府在公众中的良好形象,这就决定了生产力标准在政策评估标准中的首要地位。

(2)政策投入标准。环境经济政策投入标准是指环境政策执行过程中,环境政策资源(包括人力、物力、财力等资源,以及投入的时间与投入要素的质量)的使用与分配的情况,即环境政策成本的评估。这个标准要衡量一项政策所投入的各种资源的质量和数量,其实质就是从资源投入的角度来衡量决策机构和执行机构所做的工作,也就是政策评估的成本问题。环境经济政策的有效实施需要决策者和执行者采取适当的行动和投入,是实现政策目标的有效途径。因此,环境经济政策投入是评估环境经济政策的一个重要标准。

(3)政策效益标准。效益标准也被称为目标标准,指达到环境政策目标的程度及对环境—社会—经济系统的实际影响。这个标准主要关注环境政策的实际效果是否与理想目标相符,在多大程度上相符,还存在多大的距离与偏差。评价环境经济政策是否成功的重要标志就是看政策执行后在预定的时间内完成其所确定的目标的程度,分析存在的距离和偏差。

(4)政策效率标准。效率标准是指环境政策效益与环境政策投入之间的比率。这一标准关注的核心问题是一项环境经济政策是否以最小的投入得到最有效的产出,而不是关心如何有效地执行环境经济政策,完成政策目标。确定环境经济政策效率的目标是要衡量一项环境经济政策要达到某种水平的产出所需的资源投入量,或者是一定量的环境经济政策投入所能达到的最大价值。

(5)社会公平性标准。社会公平性标准是指在政策执行后导致与该政策有关的社会资源、利益及成本公平分配的程度。政府在制定政策的过程中应该以社会利益最大化为其目标,最大限度地体现大多数人的利益。由于政策在满足大多数人利益的同时,也可能导致一部分人的利益受到损害。为了实现帕累托最优,就要求必须注意那些由于政策因素导致合法利益受损的少数人或部分利益集团的利益,通过利益的再分配或补偿等方式给予那些受损的合法利益以合理的补偿,从而体现和照顾大多数人的利益。实质上,在这里存在着公平与效率的关系问题,而只有建立在公平基础上的效率才是真正的高效率。

(6)政策回应度标准。政策回应度标准是指环境经济政策实施后满足特定社会团体需求的程度。在制定政策的过程中公民的参与和回应必不可少,而公民的参与和回应程度高低也是衡量政策是否成功的重要标准。一项政策关系到全体或一部分人的利益时,只要政策对象认为满足了自己的利益,以积极的态度促使社会进步,就可以说政策的回应度高;反之,政策的回应度就低。若回应度不高,即使有较高的投入、效益和效率,也不能认定是一项十分成功的环境经济政策。

4.指标体系

基于指标选择的科学性原则、系统性原则、代表性原则和可操作性原则,本章构建了环境经济政策后评估体系,见表7.5。指标体系由政策科学完整性、政策执行性和政策效益性三个方面指标构成。其中,政策科学完整性包括六个二级指标,分别为政策制定的必要性、政策目标的合理性、政策执行机构的合适性、政策手段的合理性、政策作用的战略性和政策的公平性;政策执行性包括四个二级指标,分别是政策认同度、政策实施主体的能力、政策作用对象的能力和政策执行风险评估的及时性;政策效益性包括四个二级指标,分别是政策目标的完成度、政策的费用效益、政策实施的满意度和政策执行的监督机制的约束力。该指标体系囊括了各式各样政策的共性评估指标,并为它们的个性评估指标留有空间。

表7.5　环境经济政策评估指标

一级指标	二级指标	内涵说明
政策科学 完整性	政策制定的必要性	政策问题在客观上的严重性及政策执行实施的迫切性
	政策目标的合理性	政策目标是否明确、具体,政策目标是否可行,政策实施在政治、经济、文化、技术、人员上可行与否
	政策执行机构的合适性	执行机构是否优越,是否可以以较低的成本实现政策的执行
	政策手段的合理性	政策手段与政策的特点、实施时间、实施范围、政策受控对象的特征等的吻合程度
	政策作用的战略性	政策制定与社会可持续发展的战略目标的吻合程度及与政策领域内外的其他政策的一致程度及政策执行是否始终如一
	政策的公平性	政策制定的价值对社会是否公平

续表 7.5

一级指标	二级指标	内涵说明
政策执行性	政策认同度	政策的作用指向与政府行为、企业行为和市场的作用指向一致程度；公众尤其是政策作用对象对政策的接受及赞同程度
	政策实施主体的能力	专门的机构、人员、制度保证政策实施情况；政策人员分工合理，责权明确性及有效的沟通与协调；执行人员敬业精神、责任心、组织能力
	政策作用对象的能力	政策作用对象的接受态度、能力和政策执行度
	政策执行风险评估的及时性	是否对试点政策做风险评估和预测
政策效益性	政策目标的完成度	政策预定目标的实现程度和政策功能的发挥程度
	政策的费用效益	政策投入与政策结构得失情况
	政策实施的满意度	政策的当前与长远、区域与全局的影响
	政策执行的监督机制的约束力	专门机构对违背政策的行为进行查处、对政策本身的失误进行修订的情况

5. 评估方法

评估方法的选择是政策实施效果评价的关键环节，从某种程度上说，选择一种合理的评价方法是做好分析、评价的基础。依据不同的角度，评价方法有不同的分类体系。环境经济政策评估方法的适用范围见表 7.6。环境经济政策评估方法的选择一般应注意以下原则。

表 7.6 环境经济政策评估方法的适用范围

	评估方法	适用范围及优缺点
社会学方法	目标评估方法	适用于政策目标比较明确的环境经济政策
	利益相关者方法	适用于注重公平的环境经济政策
	SWOT 分析	适用于评价环境经济政策对一些较小区域发展的影响
对比分析法	前后对比	适用于所有环境经济政策
	有无对比	适用于基准情景较明确的环境经济政策
	投射实施后对比	可以排除非政策因素的影响
	控制对象实验对象	选择合适的控制对象比较困难
层次分析法	层次分析法	适用于对环境经济政策在不同区域的效果进行对比
逻辑框架法	逻辑框架法	在环境经济政策的评估中应用尚不成熟
经济学评估方法	价值评估法	适用于估算环境经济政策产生的效益
	费用效益（效果）分析法	适用于政府或专门的分析机构对环境经济政策进行评估
	CGE 模型	计算复杂，难以操作
	计量经济学方法	适用于分析环境经济政策对产业等的经济影响

(1)根据评估目的进行选择。每种评估方法都有其重点和适用条件,应选择能够满足评估目的的方法。

(2)根据技术水平和资金预算进行选择。政府对政策的记录、统计并不能满足很多评估方法的信息需求,需要掌握第一手资料和数据,如执行力评估方法、模糊评价法都需要从大量问卷中获取环境政策的相关信息,利益相关者模式需要实地调查,成本较高,且在问卷分析和评估技巧方面要求较高,非职业评估人员的技能水平有可能阻碍评估活动的进行,必要时对相关人员进行培训,增加评估成本,因此,环境经济政策评估方法的选择要考虑技术和资金因素。

(3)根据评估活动中涉及的非职业评估人员的群体特征进行选择,如生态保护和建设政策评估,依赖于农村社区的参与,而目前农村经济仍存在部分自给的经济形式,在评估中要获取准确的数字信息是不现实的,因此,要选择适当的定性评估方法,同时一些需要问卷调查的评估方法也应尽量避免。

(4)根据可收集资料的完备程度进行选择,由于我国的环境政策评估并未像制定和执行那样已形成了一整套体制和模式,还处于起步阶段,在制定和执行时没有考虑或不完全考虑后期评估所需资料的收集和整理,因此,在评估时常常出现资料信息不足的情况,这时要根据所掌握的信息资料进行评估方法的选择。

三、环境经济政策评估组织实施与管理

1.评估机构

评估机构的设置是开展环境经济政策评估的首要任务。指定政策评估的组织和管理机构,有利于日后评估工作的顺利开展。由于评估工作较为庞杂,选定的评估机构需要具备一定的组织管理能力和职权。在我国,生态环境部是环境政策的制定、出台和执行的主要部门。因此,生态环境部对于我国环境政策的执行情况、效果情况、问题情况较其他部门和机构更加了解。因此,生态环境部应主要负责开展环境经济政策评估的组织和管理工作。

2.评估方式

环境经济政策后评估的方式一般分为两种,分别为内部评估方式和外部评估方式。内部评估主要是由政府部门内部的评估者对环境政策进行的评估,外部评估主要是委托第三方机构开展的环境政策评估。

内部评估由于是政府内部评估者进行评估,主要目的是加强组织机构的学习,提升环境干预的质量。内部评估方式便于将评估结果反馈在环境经济政策的决策程序中。内部评估方式周期较短,且不受资金的限制。外部评估方式是第三方机构进行评估,使得评估过程具有透明性、独立性和客观性的特点,这样就增加了评估结果的可靠性。因此,当评估带有增加环境政策的透明性和客观性的需求时,选择外部评估的方式较为适合。但是,外部评估需要选择评估机构,签订委托合同等相关事宜,工作量较大,周期较长,成本相对较高。

在目前阶段,我国尚没有开展环境经济政策后评估的经验,且第三方评估机构还没有

建立起来。建议先由生态环境部政策法规司开展环境经济政策评估试点,待经验成熟,可参照评估工作的目的和评估工作可得的资金和时间选择环境政策评估方式。同时,要大力推进第三方评估方式。

3.评估支撑要素

除了评估组织管理机构和评估方式,评估工作的支撑要素也是评估组织实施中的重要一环。评估工作需要详尽的评估数据、信息,熟练掌握技术方法的评估人员,充足的评估资金的支撑。

（1）评估数据和信息来源。

环境经济政策评估需要足够的有关环境经济政策执行中、执行后的数据和信息的支撑。而目前我国对环境政策执行中和执行后的效果情况知之甚少,更没有建立专门的信息收集渠道。为了支撑环境经济政策后评估工作的开展,一方面要逐步建立规范的环境经济政策执行后信息的收集体制,建议由生态环境部负责组织建立。可以采取单独颁布政策文件的形式,或者在新颁布的环境经济政策法规中附加条款,要求全国 31 个省（直辖市、自治区）按时上报环境政策相关信息。建议生态环境部政策法规司出台环境政策信息收集指南,指导各地区将政策评估所需的信息上报到生态环境部。

除此之外,针对每个具体的政策评估项目,会有一些规范的信息专项收集渠道。专项收集渠道包括文献调研、调查问卷、访谈和小组讨论。

（2）评估人员和资金。

环境经济政策评估工作需要一批对评估理论、方法等熟悉和掌握的评估人,而我国目前还没有开展环境经济政策评估的经验,缺乏良好的评估技术人员。为此,借鉴其他国家的经验,采取培训、讨论会的形式,由生态环境部的专家、高校的专家对政策法规司具体负责政策评估的人员进行培训,包括了解评估、评估的理论、评估的技术方法和工具、评估的应用和实践等,提升评估人员的能力。

同时,政策评估工作也需要一定的资金支撑,包括对培训活动的支出、评估人员的支出等,建议生态环境部从其财政预算中专列一项,用于政策法规司的政策评估活动。财政预算的额度可根据具体的评估项目、评估计划等进行确定。

（3）评估程序。

环境经济政策的评估工作,从开始准备、具体实施评估到撰写评估报告一般会经历三个阶段,如图 7.15 所示。

①准备阶段。周密的组织准备是评估工作的基础和起点,也是评估工作得以顺利进行和卓有成效的前提条件。组织准备比较充分,就能抓住关键问题,明确评估的中心和重点,避免盲目性。准备阶段的主要任务包括:确立评估主体与对象、构建评价指标体系、确定评估标准、选择评估方法、组织评估人员和制定评估方案。

②实施评估阶段。实施评估是整个环境政策评估活动中最重要的阶段,其主要任务是利用各种调查手段全面收集环境政策制定、政策执行、政策影响、政策效益等方面的信息,并在此基础上进行系统的整理分类、统计和分析,运用相应的评估方法,并有可能采取公众参与的形式,对环境政策进行评估,最终做出评估结论。在实施阶段,主要分为政策方案识别、分析范围的界定等工作。

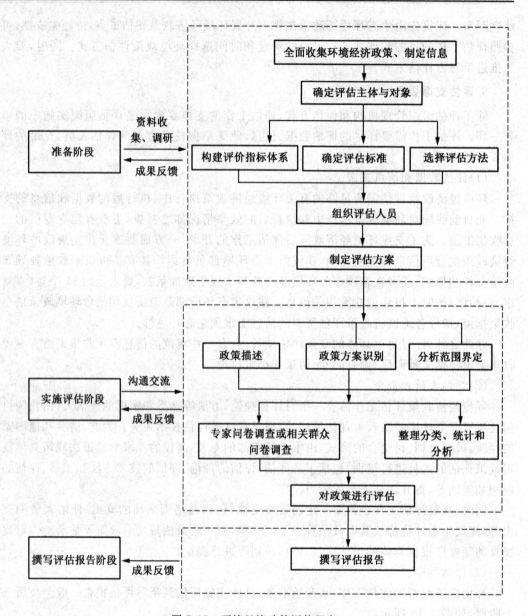

图 7.15 环境经济政策评估程序

③撰写评估报告阶段。环境政策评估的根本目的,形式上表现为得到评估结论,实质则是为了优化环境政策的投入机制,排除环境政策运行中的弊端和障碍,增强环境政策的效力。因此,得出评估结论不是环境政策评估工作的结束,还要撰写评估报告,以书面形式提交给有关领导或部门,以便应用于实际的环境政策过程,为政府的科学决策服务。环境政策评估报告是评估结果的汇总,其内容要以环境政策本身的价值判断为基础,对评估过程、方法及评估中的一些重要问题进行必要说明,并提出建议。

第八章 环境经济与可持续发展

循环经济是我国未来经济发展的最佳模式,而清洁生产则是我国现阶段切实可行的道路。循环经济就是把清洁生产和废弃物综合利用融为一体的经济,本质上它是一种生态经济,它是在可持续发展的思想指导下,按照清洁生产的方式,对资源及其废弃物实行综合利用的生产活动过程。

第一节 循环经济

一、经济系统发展的矛盾

1.人类面临着资源环境与经济增长的矛盾

资源和环境是人类赖以生存的根基,也是人类经济发展的基础。千百年来,人类认为自然界有取之不尽、用之不竭的资源,一直想方设法地从大自然中获取资源,千方百计从资源中获得财富。在现代科学技术和人类生存需要的双重驱动下,在未来的 100 年里,地球上的人口增长、资源消耗、经济规模呈现出指数增长的趋势,而这种快速的经济增长是以资源快速消耗为基础的。

因此,在全球经济快速发展的同时,不仅引发了资源短缺的问题,而且还带来了环境污染和生态破坏。图 8.1 所示为地球生态系统与人类经济系统交互作用产生的矛盾。

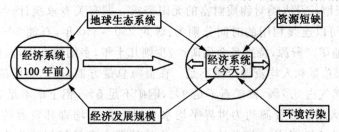

图 8.1 地球生态系统与人类经济系统交互作用产生的矛盾

2.传统的工业文明和发展模式受到挑战

资源与生态环境正面临着巨大挑战。而全球资源环境与经济增长的尖锐矛盾仅仅是一种表面现象,其引发的深层次原因是传统的工业文明和发展模式的缺陷。

(1)传统工业文明:对自然资源进行无限制的掠夺。

传统工业文明初期,由于生产力水平和科技发展水平的限制,人们一直坚信自然界有取之不尽、用之不竭的资源,唯一的不足是人类索取自然资源的能力有限。但是,随着科技进步和生产力水平的不断提高,人类对自然资源的利用,逐渐由农业社会利用动植物等可再生资源,转向工业社会以煤炭、石油、天然气、铁、铝等不可再生资源。传统工业文明不断追求物质的财富无限增长,这导致人们对自然资源不断进行大规模地掠夺开采。这种高增长、高投入、高消耗、高排放、高污染的发展方式,使得传统工业文明渐渐陷入了不能自拔的危机之中。

(2)传统工业模式:对生态环境先污染、再治理。

传统经济本质上是将自然资源变为产品,产品变成废物的过程,其以反向增长的环境代价来实现经济上的短期增长,对资源的利用是粗放型、一次性的。传统经济没有从经济运行机制和传统经济流程的缺陷上揭示出产生环境污染和生态破坏的本质,也没有从经济和生产的源头上寻找问题的症结所在。因此,"边生产,边污染,边治理""先生产,后污染,再治理"成为当时一种非常普遍的现象。

(3)传统工业流程:开环式、单程型的线性经济。

众所周知,传统的工业文明范式是一种"资源—产品污染—排放"的单程型线性经济模式,其显著特征是"两高一低"(资源的高消耗、污染物的高排放、物质和能量的低利用)。同时传统工业采用低利用率的工艺进行加工生产,产生了大量"无使用价值的污染物",并将其大量地排放到自然环境中。图8.2所示为传统经济流程图。

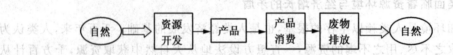

图8.2　传统经济流程图

(4)两个有限性:自然资源和环境容量。

①自然资源有限性。

地球上的自然资源有限,尤其是不可再生资源在总量上更是有限的。有限的资源不能满足经济无限增长及人类对物质财富的无限需求。据有关专家统计,与人类关系密切的自然资源中,可以连续利用的时间分别为:煤炭280~340年,石油50~60年,天然气60~80年。其他矿产资源,特别是金属矿产,少则几十年,多则数百年,也将消耗殆尽。

我国的资源总量和人均资源严重不足。在资源总量方面,现已查明的石油含量仅占世界1.8%,天然气占0.7%,铁矿石不足9%,铜矿不足5%,铝土矿不足2%。在人均资源量方面,我国人均矿产资源约为世界平均水平的1/2,人均森林资源约为1/5,人均耕地、草地资源约为1/3,人均水资源约为1/4,人均能源占有量仅仅约为1/7,其中人均石油占有量只有约为1/10。

②环境容量的有限性。

自然界在太阳提供的能量中,昼夜交替,四季循环,生命繁衍,万物生长。自然界的生态环境对人类文明进程有一种承载能力和包容能力。自然环境可以通过大气、水流的扩散和氧化作用及微生物的分解作用,将污染物转化为无害物。然而,随着人类活动范围的快速拓展,无休止地摄取自然资源,无节制地向自然环境排放废弃物,使得局部环境恶化开始达到或超越生态阈值。自然环境受到永久性损害,并直接危害到人类自身的生存条件,人类才开始意识到自然生态环境的承载能力和包容能力是有限的,自然界的自净能力也是有限的。

二、循环经济的内涵

1. 循环经济的含义

循环经济是一种以资源的高效利用和循环利用为核心,以减量化、资源再利用化为原则,以低投入、低消耗、低排放及高效率为基本特征,符合可持续发展理念的经济发展模式。循环经济是一种全新的经济观,是一种"资源—产品—再利用"的闭环型非线性经济模式,图8.3所示为循环经济流程图。

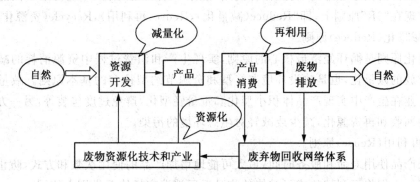

图 8.3 循环经济流程图

与传统经济相比,循环经济的特点在于传统经济是一种由"资源—产品—污染排放"所构成的物质单向流动的经济。在这种经济中,人们以越来越高的强度把地球上的物质和能源开发出来,而在生产加工和消费过程中又把污染和废物大量地排放到环境中去,对资源的利用常常是粗放型和一次性的,通过把资源持续不断地变成废物来实现经济的数量型增长,从而导致了许多自然资源的短缺与枯竭,并酿成了灾难性环境污染后果。循环经济与之不同,循环经济提倡的是一种建立在物质不断循环利用基础上的经济发展模式,它要求把经济活动按照自然生态系统的模式,组织成一个"资源—产品—再生资源"的物质反复循环流动的过程,使得整个经济系统及生产和消费的过程基本上不产生或者只产生很少的废物。只有放错了地方的资源,而没有真正的废物,其特征是自然资源的低投入、高利用及废物的低排放,从根本上消解长期以来环境与发展之间的尖锐冲突。

2. 循环经济的理论基础

循环经济的理论基础应当说是生态经济理论。生态经济学是以生态学原理为基础,经济学原理为主导,以人类经济活动为中心,运用系统工程方法,从最广泛的范围研究生态和经济的结合,从整体上去研究生态系统和生产力系统的相互影响、相互制约和相互作用,揭示自然与社会之间的本质联系和作用规律,改变生产和消费方式,高效合理利用一切可用资源。简而言之,生态经济就是一种尊重生态原理和经济规律的经济。它要求把人类经济社会发展与其依托的生态环境作为一个统一体,经济社会发展一定要遵循生态学理论。生态经济所强调的就是把经济系统与生态系统的多种组成要素联系起来进行综合考察与实施,要求经济社会与生态发展全面协调可持续,达到生态经济的最优目标。

生态经济与循环经济既有紧密的联系,又各有特点。从本质上讲,循环经济就是一种生态经济,就是运用生态经济规律来指导经济活动,也可以说它是一种绿色经济。生态经济强调的核心是经济与生态的协调,注重经济系统与生态系统的有机结合,强调宏观经济发展模式的转变;循环经济侧重于整个社会物质循环应用,强调的是循环和生态效率,资源被多次重复利用,并且注重在生产、流通、消费全过程的资源节约。生态经济与循环经济本质上是相一致的,都是要使经济活动生态化,都是要坚持可持续发展。

3. 循环经济的"3R"原则

循环经济的核心理念是"物质循环使用,能量梯级利用,减少环境污染",而这些理念都集中体现在"3R"原则上,即"Reduce(减量化),Reuse(再利用),Recycle(资源化)"。

(1)减量化(Reduce)原则。

减量化原则是循环经济最核心的原则,实现生产和消费过程中资源消耗的减量化和废弃物排放的减量化,也是建设环境友好型和资源节约型社会的基本原则。减量化一方面要求企业在生产中实现产品体积小型化和重量轻型化,避免过度包装等,另一方面要求把废弃物回收和再资源化,减少或减轻对生态环境的污染。

(2)再利用(Reuse)原则。

延长产品使用寿命和服务时间,最大可能地增加产品的使用次数和方式,防止物品过早被废弃。人们将可利用的或可维修的物品返回消费市场体系供别人使用。

(3)资源化(Recycle)原则。

通过把社会消费领域的废弃物进行回收利用和再资源化,使经济流程闭合和循环,一方面减少污染环境的废弃物数量,另一方面可获得更多再生资源,从而使那些不可再生的自然资源的消耗有所减少,实现经济的可持续发展。

4. 发展循环经济的战略意义

(1)发展循环经济是落实科学发展观的具体体现。

循环经济不仅充分体现了可持续发展理念,也体现了走"科技含量高、经济效益好、资源消耗低、环境污染少、人力资源优势得到充分发挥"的新型工业化道路的思想。循环经济是统筹人与自然关系的最佳方式,是促进经济、生态、社会三位一体协调发展的基本手段。由此可见,发展循环经济是落实科学发展观的具体体现。

(2)发展循环经济是经济增长方式变革的客观要求。

目前,我国经济发展仍然以粗放型和外延型为主。传统的经济增长方式主要是以市场需要为导向,以利益最大化为驱动力,不计环境成本和资源代价,大量消耗自然资源,大量排放各类废弃物,导致生态环境大面积污染。我们很难想象,如果按照这样的经济增长方式发展下去,再过20年能以什么样的资源与环境来保障经济社会的发展。而循环经济则是以最小的资源代价谋求经济社会的最大发展,同时致力于以最小的经济社会成本来保护资源与环境。因此,循环经济是一条科技先导型、资源节约型、清洁生产型、生态保护型的经济发展之路。

(3)发展循环经济是实现产业结构升级和调整的重大举措。

"十一五"期间,为保障我国经济的持续、稳定增长,应该以循环经济的理念对产业结构升级和调整的目标指向进行重新梳理,明确产业结构优化和调整的方向:经济循环化、工业共生化、生活清洁化、产业生态化、资源再生化,以及废弃物减量化。

(4)发展循环经济是引导科技进步和科技创新的行动指南。

循环经济是一个集技术密集、知识密集、劳动密集和资本密集为一体的新经济发展模式。发展循环经济必须有强大的科技支撑体系,不论是企业清洁生产,还是工业园的生态化改造;不论是资源的生态化利用,还是废弃物的再生化处理,都离不开科技进步和科技创新。因此,大力发展循环经济对科技进步的方向、科技资源的整合、科技布局的调整和科技创新的重点都会产生深刻影响。

(5)发展循环经济是实现小康社会和文明社会的必由之路。

循环经济不仅能促进传统生产方式的变革,而且也会促进社会公众的生活方式发生很大变革。发展循环经济的一个重要内容是不仅要求政府和企业积极参与,而且更需要社会公众的积极参与。因为,社会公众是社会物质资源和产品的直接消费主体和废弃物的排放主体,每一个人都在循环经济和循环社会建设中扮演着重要角色和承担着重大责任,这是社会文明与进步的直接反映。

三、循环经济的主要模式

按循环经济实施层面的不同,可将循环经济分为三种模式:企业层面上的小循环,即推行清洁生产、减少产品和服务中的物料和能源的使用量,实现污染物的最小化排放;区域层面上的中循环,就是按照工业生态学的原理,形成或建立企业间有共生关系的生态工业园区,使得资源和能量充分利用;社会层面上的大循环,即通过废旧物资的再生利用,实现物质和能量的循环。

1. 循环型企业

(1)循环型企业的含义。

企业的循环经济,即在企业层面上根据生态效率的理念,推行清洁生产、减少产品和服务中物料和能源的使用量,实现污染物排放最小化。其要求企业做到:减少产品和服务的物料使用量,减少产品和服务的能源使用量,减少有害物质的排放,提高物质的循环使用能力,最大限度可持续地利用再生资源,提高产品的耐用性,提高产品和服务强度。

(2)循环型企业的循环系统。

企业的循环经济是一个复杂的系统,它要求企业在产品设计中运用能源消耗最小、资源最佳利用和防止污染原则进行设计。在生产过程中,应该采用清洁生产技术和污染治理技术。对废品和废料进行再利用和资源化利用。其循环型企业的循环系统如图 8.4 所示。

(3)促进企业循环经济发展的基本措施。

促进企业循环经济发展,既要改变传统的消费观念,形成循环型的绿色消费观念,还要创新体制,完善运行机制,形成促使企业自觉发展循环经济的外部环境,更要企业从战略高度出发,自觉进行绿色设计,节约资源,提高资源利用效率,减少废弃物排放。

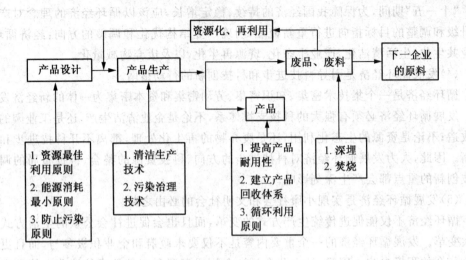

图 8.4　循环型企业的循环系统

①企业责任。

循环经济必将是未来经济发展的大方向和主要模式,企业应该按照循环经济理念,开展绿色设计,合理配置资源,实现企业发展和循环经济发展的双赢。

首先,企业应该加强企业技术创新,制定有助于企业循环经济发展的战略,提高企业发展循环经济的自生能力。其次,实施有助于企业发展循环经济发展的管理。树立循环经济理念,培育绿色企业文化;完善管理制度,建立绿色管理体制。最后,企业按照循环经济理念生产和营销产品。在生产过程中,实行清洁生产,减少原料投入,提高资源利用率,减少环境污染。按照对环境破坏性最小化原则实行绿色包装。以循环经济理论为指导,实行绿色营销。

②消费者参与。

在市场经济条件下,企业为了多出售产品,实现个别价值转化为社会价值,就必须要根据消费者的消费意愿,调整投资方向和生产行为,生产出符合消费者需求的产品和服务。因此,消费者的选择具有间接配置资源的作用,促进企业循环经济的发展,就需要消费者树立绿色的消费观和价值观。

在生活中,消费者的以下行为和选择能够推动企业循环经济的发展。优先选择购买绿色产品,从产品的主要功能出发,选择那些能满足基本需求的产品,拒绝消费过分包装和在添加性功能上投资过多的商品和服务,选择耐用性产品而不是选择一次性产品。

③政府作用。

在企业循环经济的发展中,政府为企业发展循环经济提供一个良好的外部环境,是企业发展循环经济的基础保障。

第一,制定相关法制和法规,加强和改进监管。制定相关法制和法规,明确企业在产品设计、生产、包装、营销及产品处置等方面应该承担的义务和权利。第二,重构国民经济成本—价格体系。重构原始资源价格体系,让价格真正反映资源稀缺程度、低废弃物资源化成本、高废弃物排放成本,使企业减少废弃物排放。第三,运用经济手段,建立适当的激励机制。企业是循环经济实施的最终主体,政府可以运用多种经济手段,改变企业决策的客观经济环境,从而促使企业按照循环经济理念决策。第四,完善管理体制,规范企业的生产和经营行为。政府可以通过制定各行业资源和能源消耗标准,积极开展企业清洁生产审核和环境标志认证,建立完善的废旧物品回收利用体系,促使企业循环经济的不断发展。第五,加大宣传力度,鼓励社会公众积极参与。通过教育培训等多种形式,宣传普及循环经济理念,提倡绿色生产方式和绿色消费方式。

2.循环型产业园区

循环型产业园区处于企业循环与社会循环的衔接部位,它一方面包括小循环,另一方面又衔接着大循环,在循环经济发展中起着承上启下的作用,是循环经济的关键环节和重要组成部分。

(1)产业园区的含义。

产业园区是指各级各类生产要素相对集中,实行集约型经营的产业开发区域,例如,生态工业园、经济技术开发区、高新技术产业开发区等。

生态产业园区是指依据工业生态学原理和系统工程理论,将特定区域中多种具有不同生产目的的产业,按照物质循环、生物和产业共生原理进行组织,模拟自然生态系统中的生物链关系,在园区内构建纵向闭合产业循环链,横向耦合产业循环链或区域整合产业链。它是一种新型的产业组织形态,是一种生态产业的聚集场所。

(2)产业园区发展循环经济的基本内容。

①产业园区循环经济的层次。

产业园区循环经济包括三个层次:第一个层次是在产品的生产层次中推行清洁生产,全程防控污染,使污染排放达到最小化。第二个层次是在产业的内部层次中实现相互交换,互利互惠,使废弃物排放最小化。第三个层次是在产业的各层次间相互交换废弃物,使废弃物重新得以资源化利用。总之,在产业园区内,要努力使一个企业的废弃物成为另一个企业的原料,并通过企业间能量及水等资源梯级利用,来实现物质闭路循环和能量多级利用,实现物质能量流的闭合式循环。

②生态产业链的构建。

产业园区的生态产业链是通过要素耦合、废弃物交换、循环利用和产业生态链等方式形成网状的密切联系、相互依存、协同作用的生态产业体系。各产业部门之间,在质上为相互依存、相互制约的关系,在量上是按一定比例组成的有机体。各系统内分别有产品产出,各系统之间通过中间产品和废弃物的相互交换来衔接,从而形成一个比较完整和闭合的生态产业网络,其资源得到最佳配置、废弃物得到有效利用、环境污染减少到最低水平。

③生态技术支撑体系。

运用循环经济的理念,对产业园区可持续发展系统的物流和能流进行分析,确定生态产业园区建立过程中所必需的生态技术,然后借助现代高新技术、生态无害化技术、循环物质性能稳定技术、关键的资源回收利用技术、环保技术、闭路循环技术及清洁生产技术等进行研究,提高这些生态技术的可行性和经济效益,并以这些技术为支撑,制定发展循环经济的相关法规、保障体系和优惠政策等。

（3）产业园区的循环系统。

产业园区的循环系统是一个复杂的循环系统，它的构成可通过下面广西贵港生态工业（制糖）示范园区的循环系统来做具体说明。

2001年，广西贵港制糖集团挂上了我国第一块生态工业示范园区的牌子。根据贵港国家生态工业示范园区建设规划，贵港国家生态工业示范园区由蔗田、制糖、造纸、酒精、热电联产、环境综合处理六个系统组成，各系统内分别有产品产出，各系统之间通过中间产品和废弃物的相互交换来衔接，从而形成一个比较完整和闭合的生态产业网络，其资源得到最佳配置、环境污染减少至最低水平、废弃物得到有效利用。

目前，该园区已形成了以甘蔗制糖为核心，"甘蔗—制糖—废糖蜜制酒精—酒精废液制复合肥"，以及"甘蔗—制糖—蔗渣笺纸—制浆黑液碱回收"等工业生态链。此外，还形成了"制糖滤泥—制水泥""造纸中段废水—锅炉除尘、脱硫、冲灰""碱回收白泥—制轻质碳酸钙"等多条副线工业生态链。这些工业生态链相互利用废弃物作为自己的原材料，既节约了很多可利用资源，又能把污染物消除在工艺流程中，如图8.5所示。

——甘蔗园：现代甘蔗园是园区循环系统的出发点，它输入肥料、水分、空气和阳光，输出制糖和造纸用的甘蔗。同时，酒精厂生产的专用复合肥和热电厂的部分煤灰则用作蔗田肥料。

——水：制糖厂是水循环回收利用潜力较大的企业，通过采用干湿分离、清浊分流等措施，制糖工艺回收的凝结水、冷凝水可以进行回用。

——固体废物：制糖厂炼制车间产生的滤泥和造纸制浆产生的白泥均可用于生产水泥，造纸制浆产生的白泥可用于生产轻质碳酸钙，改造传统碳酸法工艺设备产生的浮渣可以用来生产复合肥，热电厂产生的煤灰用作污水处理的吸附剂，污水处理产生的污泥可用作蔗田的肥料等。

（4）促进产业园区循环经济发展的对策。

以产业园区为依托发展循环经济，是一个涉及经济、自然、社会等各方面的复杂系统工程。

①把循环经济纳入产业园区的决策和管理体系中。

加大力度推进循环经济，力争把循环经济作为产业园区的中长期发展战略进一步推进，并使其融入产业园区经济发展、社会进步及环境建设的各个领域，在产业园区经济发展、城市规划建设及重大项目建设上努力体现循环经济的思想。

②让政府成为产业园区循环经济发展的重要促进者。

产业园区循环经济发展不仅仅是园区本身的事，也是全社会的事，政府应该通过提供风险资金和基础设施，来鼓励循环经济产业园区的发展。目前，我国还处于发展循环经济的起步阶段，中央、地方和园区三方合作共建是一个非常好的模式，因此，政府应作为循环经济产业园区建设的重要促进者和投资者。

③形成促进循环经济产业园区发展的激励体系。

在产业园区内应该积极运用经济杠杆，提高对资源的综合利用，废弃物减量化、资源化和无害化并不是易事，使园区内资源得到梯次开发和实现良性循环流动，降低园区企业参与循环经济发展和环境治理的成本，促进园区循环经济的发展。其经济手段有：积极开

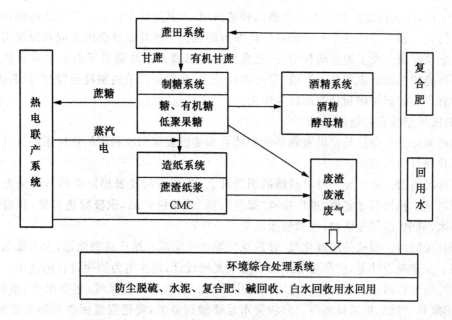

图 8.5　贵港国家生态工业(制糖)示范园区总体结构

拓多元化、多渠道、多形式的投融资途径;提供贷款、经费和补贴等优惠政策;在税收方面给予优惠;建立生产者责任延伸制度和消费者付费制度等。

④推进技术的进步和创新。

科学技术是循环经济的主轴,是循环经济发展的支撑。因此,必须积极推进技术进步与创新,对产业进行技术改造,加大企业技术的研发力度,支持和鼓励企业发展清洁生产技术、回收利用技术和能量梯级利用技术等,以形成企业为主体、市场为导向,产学研相结合的技术创新体系。

⑤促进产业园区循环经济发展所需人才资源开发。

资源及其废弃物的循环使用和再生利用靠的是智力投入和科技的进步。园区中物质循环的实现首先是靠智力资源的开发,以及人力资源潜能的充分改制,人力资源的良性循环和物质资源的良性循环互动,既是循环经济发展的要求,也是循环经济发展的不懈努力。

3.循环型社会

社会层面的循环经济就是整个国家和全社会按照循环经济的要求,通过建立资源循环型社会来实现工业、农业、城市、农村各个领域的物质循环。

(1)循环型社会的含义。

循环型社会就是将生态化和人性化作为社会创建的宗旨,从设计、消费和管理上始终贯彻绿色理念,达到既保护环境,同时又有益于人们的身心健康,而且与城市经济和社会环境的可持续发展相协调。循环型社会是一个环境友好型社会,是一个人与自然、人与人之间全面和谐的社会。

循环型社会是一个环境友好型社会,其最主要的特征就是按照生态规律来确定人类活动的方式。循环型社会是一个人与自然、人与人之间全面和谐并且可持续发展的社会。

从本质上讲,环境问题虽然是人与自然的和谐问题,而其实质上还是人与人之间的社会关系和谐问题。循环型社会是一个公众广泛参与的社会。循环型社会的形成和发展需要的不仅仅是政府自上而下的推动和引导,更重要的是需要在全社会自下而上培养自然资源和生态环境的忧患意识和真正形成"发展循环经济、建设资源节约型社会"的广泛共识,并把这种意识与共识付诸到日常的行为中去。

(2)循环型社会的创建。

创建循环型社会就是建设资源节约型社会和建设资源回收利用的社区系统。具体包括以下几部分的内容。

①社区消费。要倡导一种可持续的消费理念,从环境与发展相协调的角度来发展绿色消费模式。积极倡导宣传、推广带有"绿色商标"的绿色产品,积极绿色包装,积极倡导开展节水、节电、节气等活动,反对铺张浪费。

②社区能源。积极使用液化气、管道煤气等清洁能源。推广新型能源,大力提倡使用太阳能。在建筑设计上,应尽可能采用自然采光的设计,减少电力照明设备的使用。

③垃圾分拣回收。建立社区范围内的生活废弃物资源回收系统,包括纸张、塑料、旧电器、旧家具、电池、生活垃圾等。回收要求是要做到分类,要把资源回收和物业管理、社区建设、社区服务和再就业有机结合起来,构建资源充分有效回收的社区系统。

(3)促进循环型社会发展的对策。

循环经济是一种新型的、先进的经济形态,是集经济、环境和社会为一体的系统工程。要全面推动循环经济的发展,使整个社会成为循环型社会,需要政府、企业、科技界及社会公众的共同努力。

①加强宣传教育,增强全社会的环境意识、节约意识和资源意识。

要充分利用电视、广播、报刊、网络等宣传舆论工具,广泛、深入、持久地宣传循环经济,使全社会充分认识循环经济在树立和落实科学发展观中的重要作用,以提高公众的环保意识、节约意识和资源意识。同时,在宣传教育活动中,积极发放介绍垃圾处理的知识和再生利用常识的小册子,鼓励人们积极地参与到废旧资源回收和垃圾减量的工作中去。

②推行社会循环经济发展的绿色技术支撑。

我们都知道,科学技术是第一生产力。同时,科学技术也是发展循环经济的重要支撑。要加大财政的支撑力度,逐步建立循环经济技术创新体系,提高社会循环经济的技术支撑和创新能力。积极促进技术进步和科技成果转化,实现由废弃物转变成资源的链接或进行无害化处理,以可再生资源来代替自然资源,提高资源节约的整体技术水平。

③建立促进循环经济发展的激励约束机制。

建立完善的循环经济法律法规是促进循环经济发展的基本保障,政府要制定和颁布一系列法律、法规和政策,对整个社会的行为活动进行进一步规范,促进生产者和消费者有足够的内在动机抑制废弃物的产生,并且在废弃物产生后重复对它们进行利用。积极实行有奖有惩的财政、税收等经济政策,利用经济杠杆抑制对环境不利的现象。

④大力发展循环产业,充分利用开发再生资源。

我国废旧物资回收利用及再生资源化的总体水平还不高,二次资源利用率仅相当于世界先进水平的30%左右,大量的废家电、电子产品、废纸、废有色金属等,没有实现高效利用和循环利用。因此，要在社会层面上促进循环经济的发展，关键是建立一个废弃物分类、回收、加工利用体系，积极发展循环产业，加强对废弃物的综合利用，充分开发利用再生资源，延伸产业链。

第二节　清洁生产

20 世纪以来，全球粗放型经济发展带来了严重的生态环境污染与资源能源危机等问题，人们在反思的基础上采取的一些末端污染治理措施并不能从根本上解决问题。为此，清洁生产作为一种环境污染整体预防的创新性理念应运而生。

我国自 20 世纪 90 年代引入该理念以来，清洁生产工作作为污染预防的重要抓手，其内涵已逐步深入到我国环境保护、工业、农业、服务业等领域中，在节约资源、降低能耗、减少污染产生与排放等方面发挥了重要作用。当前，我国正面临资源约束趋紧、环境污染严重、生态系统退化的严峻形势，党的十八大报告提出"把生态文明建设放在突出地位""着力推进绿色发展、循环发展、低碳发展"，这一思路为清洁生产工作提供了机遇的同时，也提出了更高的要求。

一、清洁生产的内容与意义

1. 清洁生产的定义

联合国环境规划署将清洁生产定义为："清洁生产是一种新的创造性思想。该思想将整体预防的环境战略持续应用于生产过程、产品和服务中，以增加生态效率和减少人类及环境的风险。对生产过程，要求节约原材料和能源，淘汰有毒原材料，减降所有废弃物的数量和毒性；对产品，要求减少从原材料提炼到产品最终处置的全生命周期的不利影响；对服务，要求将环境因素纳入设计和所提供的服务中。"

清洁生产是在较长的污染预防进程中逐步形成的，也是国内外几十年来的污染预防工作基本经验的结晶。它的本质，在于源头削减和污染预防。它不但覆盖了第二产业，同时也覆盖到第一、三产业。

清洁生产是污染控制的最佳模式，它与末端治理有着本质的区别。

（1）清洁生产主要体现的是"预防为主"的方针。传统的末端污染治理侧重于"治"，与生产过程相脱节，先污染后治理；清洁生产的侧重点在于"防"，从产生污染的源头抓起，注重对生产全过程进行控制，强调"源削减"，尽量将污染物消除或减少在生产过程中，减少污染物的排放量，且对最终产生的废物进行综合利用。

（2）清洁生产可以实现经济效益与环境效益的统一。传统的末端污染治理投入多、运行成本高、治理难度大，只有环境效益，没有经济效益；清洁生产则是从改造产品设计、替代有毒有害材料，改革和优化生产工艺和技术装备，物料循环和废物综合利用的多个环节入手，通过不断加强管理和技术进步，达到"节能、降耗、减污、增效"的目的，在提高资源利用率的同时，减少污染物的排放量，实现经济效益和环境效益的最佳结合，调动组织的积极性。

2.清洁生产的内涵

清洁生产是通过产品设计、能源和原料选择、工艺改革、生产过程管理和物料内部循环利用等环节,实现源头控制,使企业生产最终产生的污染物最少的一种工业生产方法。清洁生产既包括生产过程少污染或无污染,更注重产品本身的"绿色",还包括这种产品报废之后的可回收和处理过程的无污染。

3.清洁生产的内容

根据清洁生产的概念与内涵,其内容主要包括以下三个方面。

(1)清洁的原料、能源。

尽量少用或者不用有毒有害的原料,尽量采用无毒、无害的中间产品,尽可能采用无毒或者低毒、低害的原料,替代毒性大、危害严重的原料。减少生产过程中的各种危险因素:少废、无废的工艺和高效的设备;完善的管理制度,物料的再循环(厂内,厂外);简便、可靠的操作和控制。原材料和能源的合理化利用,节能降耗,淘汰有毒原材料。

(2)清洁的生产过程。

尽量选用少废、无废工艺和高效设备;尽量减少生产过程中的各种危险性因素,如低压、低温、高压、高温、易燃、易爆、强噪声、强振动等;采用可靠和简单的生产操作和控制方法;对物料进行内部循环利用;完善生产管理,不断提高科学管理水平。

(3)清洁的产品。

产品设计应考虑节约原材料和能源,少用昂贵和稀缺的原料;产品在使用过程中及使用后不含危害人体健康和破坏生态环境的因素;产品的包装要合理;产品使用后易于回收、重复使用和再生;使用寿命和使用功能合理。

4.清洁生产的意义

(1)清洁生产是保障可持续发展的基本策略。清洁生产可大幅度减少资源和能源消耗,减少甚至消除污染物的产生,通过努力还可以使破坏了的生态环境得到缓解和恢复,排除资源匮乏和污染困扰,走工业可持续发展之路。

(2)清洁生产坚持以污染预防为主,改变末端治理模式。清洁生产改变了传统被动、滞后的"先污染后治理"的污染控制模式,强调在生产过程中提高资源、能源的转换率,减少污染物的产生,最大限度地降低对环境的不利影响。

(3)增强企业竞争力。推行清洁生产可促使企业提高管理水平,提高职工队伍的整体素质。通过清洁生产审核,实施降耗、节能、减污等方案,可降低生产成本,提高产品质量,带来良好的经济效益。同时还可以为企业树立良好的声誉,帮助企业在社会上树立良好的形象和品牌,从而增强企业的整体竞争力。

二、我国清洁生产发展现状

1.清洁生产政策法规体系逐步完善

清洁生产政策法规体系是我国开展清洁生产工作的前提保证。自引入清洁生产理念开始,我国的清洁生产工作通过试点推行,逐步从政策研究转向政策制定,并于 2002 年 6 月 29 日颁布了《清洁生产促进法》(以下简称促进法),使我国清洁生产工作进入了有法可依的阶段。2003 年至今,随着促进法的颁布实施,国家有关部门陆续制定出台了一系列配套政策和制度,如《关于加快推行清洁生产的意见》《清洁生产审核暂行办法》《重点企业清洁生产审核程序的规定》《关于深入推进重点企业清洁生产的通知》《中央财政清洁生产专项资金管理暂行办法》等,为进一步推行清洁生产工作提供了保障。2012 年 7 月 1 日,新修订的促进法正式实施,标志着源头预防、全过程控制的战略已经融入经济发展综合策略。

此外,清洁生产在《国家环境保护"十二五"规划》《工业清洁生产推行"十二五"规划》《关于印发大气污染防治行动计划的通知》等国家的相关发展规划中也被作为重要内容予以考虑。各省(区、市)也在国家政策的支持和引导下,相继制定和发布了配套政策和制度,如《清洁生产促进条例》《清洁生产管理办法》等,为各地区清洁生产工作的落实保驾护航。总体来说,我国清洁生产经历了 20 余年的发展,已基本上建立并形成了一套比较完善的、自上而下的清洁生产政策法规体系,为我国清洁生产工作的全面开展提供了政策支持和法律保障。

2. 清洁生产技术支撑机构稳步建立

为加强清洁生产政策制定与管理方面的技术支撑,1994 年 12 月国家环保总局批准成立了国家清洁生产中心,成为国内最早开展清洁生产研究、推进清洁生产的科研机构,随后,全国陆续成立了一批地方清洁生产中心和行业清洁生产中心。

从区域角度看,截至 2013 年底,我国共建立了至少 21 个省级清洁生产中心,部分省(区、市)还进一步建立了至少 25 个地市级清洁生产中心,这些清洁生产中心在地方清洁生产政策建设、清洁生产理念传播、清洁生产咨询及技术推广等方面发挥了重要作用。这些省(市)级清洁生产中心有些继续肩负着本地区清洁生产推进工作的任务,有些则走向市场,为企业提供咨询服务。

从行业角度看,我国成立了包括煤炭、冶金、轻工、化工、航空航天等在内的多个行业的清洁生产中心,这些行业清洁生产中心凭借行业优势及实践经验,在行业清洁生产技术推广、行业技术升级等方面发挥了重要作用。

3. 清洁生产咨询机构蓬勃发展

清洁生产咨询机构作为我国推进清洁生产工作的重要力量,其伴随着清洁生产工作的推进蓬勃发展。据不完全统计,2002 年我国咨询机构仅有 39 家,到 2013 年底,咨询服务机构数量增长到 934 家,如图 8.6 所示。这些咨询机构主要集中分布在我国中、东部地区,其中广东(130 家)、江苏(95 家)、浙江(65 家)、安徽(65 家)、河南(60 家)、辽宁(56 家)和河北(53 家)等省份的咨询机构总数占全国总数的 56.1%,这与区域经济发展水平和推行力度基本一致。

从挂靠形式看,咨询机构以挂靠科研院所、高校和行业协会为主。据不完全统计,2006 年的 205 家咨询机构中,挂靠科研院所、高校及行业协会的比例依次分别为 42%,11% 和 8%。近年来,随着清洁生产审核咨询的市场化,具有独立法人资格的机构比例不断增大,到 2013 年,这些机构所占比例由 2006 年的 37.1% 增加至 68%,如图 8.7 所示,目前仍呈增长趋势。清洁生产咨询机构以清洁生产审核为主要形式,通过分析和发现企业的清洁生产潜力,协助提出清洁生产方案,为推动各地清洁生产工作开展发挥了重要作用。

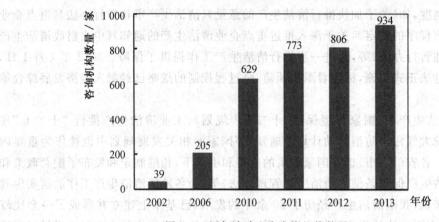

图 8.6　历年清洁生产咨询机构数量

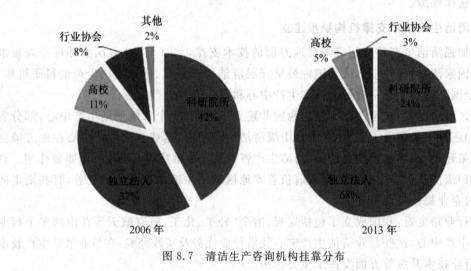

图 8.7　清洁生产咨询机构挂靠分布

4.清洁生产人才能力建设持续开展

清洁生产工作跨学科、综合性强,需要高素质的专业人员。我国开展清洁生产工作以来,国家十分重视人员培训工作,通过培训使其了解并掌握清洁生产内涵、清洁生产审核程序、方法与操作实践技巧及典型行业清洁生产关键技术等。截至 2013 年底,全国共27 996 人参加了国家层次的清洁生产培训,如图 8.8 所示。2006 年以来国家清洁生产审核培训人员增长幅度较为显著,这与我国 2005～2010 年推进制度的颁布和实施直接相关,在这些制度的激励下,重点企业清洁生产审核工作全面展开,极大地调动了清洁生产咨询人才需求。

从区域分布看,国家培训已覆盖全国 6 大区域,32 个省(区、市)。其中,华北、华东、华南地区参加人数共占国家培训总数的 75%,如图 8.9 所示;广东、河北、江苏、浙江、北京、安徽和河南 7 省培训力度较强,占国家总数的一半以上。这些人才已成为我国清洁生产领域的骨干力量,为促进行业和地方清洁生产工作发挥了不可或缺的作用。

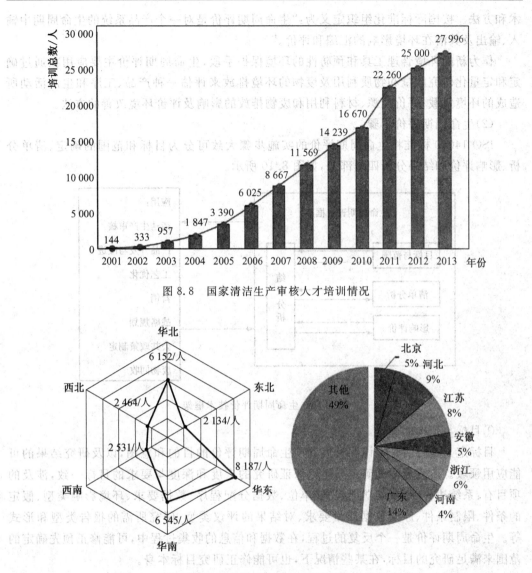

图 8.8　国家清洁生产审核人才培训情况

图 8.9　国家清洁生产培训总人数分布情况(截至 2013 年底)

　　此外,各省市还通过清洁生产知识普及型培训、讲座或者企业内审员培训班等多种途径开展清洁生产能力建设。据不完全统计,仅 2013 年即培训相关人员 16 万余人,为当年国家培训总数的 70 余倍。这些工作大大增强了我国清洁生产技术力量,为开展清洁生产工作创造了基础条件。

三、清洁生产的科学方法

1. 生命周期评价

　　(1)生命周期评价的定义。

　　生命周期评价(Life Cycle Assessment,LCA)是一种用于评估产品在其整个生命周期中,即从原材料的获取、产品的生产直到产品使用后的处置过程中,对环境有影响的技术和方法。按国际标准化组织定义为："生命周期评价是对一个产品系统的生命周期中输入、输出及其潜在环境影响的汇编和评价。"

作为新的环境管理工具和预防性的环境保护手段，生命周期评价主要应用在通过确定和定量化研究能量和物质利用及废物的环境排放来评估一种产品、工序和生产活动所造成的环境负载；评价能源、材料利用和废物排放的影响及评价环境改善的方法。

(2)生命周期评价步骤。

ISO 14040 标准将生命周期评价的实施步骤大致可分为目标和范围的确定、清单分析、影响评价和结果分析四个部分，如图 8.10 所示。

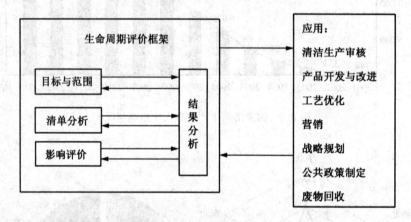

图 8.10　生命周期评价技术框架

①目标与范围的确定。

目标定义是要清楚地说明开展此项生命周期评价的目的和意图，以及研究结果的可能应用领域。研究范围的确定要足以保证研究的广度和深度与要求的目标一致，涉及的项目有：系统边界、系统的功能、功能单位、数据分配程序、数据要求、环境影响类型、假定的条件、限制条件、原始数据质量要求、对结果的评议类型、研究所需的报告类型和形式等。生命周期评价是一个反复的过程，在数据和信息的收集过程中，可能修正预先确定的范围来满足研究的目标，在某些情况下，也可能修正研究目标本身。

②清单分析。

清单分析是量化和评价所研究的产品、工艺或活动的整个生命周期阶段资源和能量使用及环境释放的过程。

预测在产品的整个生命周期过程中输入和输出详细情况，详细填写清单。整个生命周期过程包括原材料的获取、加工，产品的运输、销售、储存、使用、重复利用和使用后的最终处置。输入包括原材料和能源，输出包括废水、废气、废渣和其他向环境中释放的物质。这个过程被称为生命周期的清单分析。

一种产品的生命周期评价将涉及其每个部件的所有生命阶段，这包括从地球采集原材料和能源，把原材料加工成可使用的部件，中间产品的制造，将材料运输到每一个加工工序，所研究产品的制造、销售、使用，最终废弃物的处置(包括回用、循环、焚烧或填埋等)等过程。

③生命周期影响评价。

将清单分析所获得的资料用于考察生产过程对环境的影响。这个过程被称为生命周期的影响评价。它考察生产过程中使用的原材料和能源及向环境中排放的废物对环境和人体健康实际的和潜在的影响。影响评价将清单分析所获得的数据转化成对环境影响的描述,将清单数据进一步与环境影响联系起来,让非专业的环境管理决策者更容易理解。一般将影响评价定为一个"三步走"的模型,即分类、特征化和量化。

④结果解释。

根据规定的目的和范围,综合考虑清单分析和影响评价,从而形成结论并提出建议。如果仅仅研究的是生命周期清单,则只考虑清单分析结果。对影响评价的结果进行更进一步的分析,评估改善环境质量的可能性,其目的在于减少全生命周期过程中所造成的环境影响。这个过程被称为生命周期的改进评价。

(3)生命周期评价的应用。

①清洁生产审核。

清洁生产审核是对企业的生产和服务实行预防污染的分析和评估,LCA 作为一种环境评估工具用于清洁生产审核,可以进行更全面地分析组织产品生产过程及其上游(原料供给方)和下游(产品及废物的接受方)的全过程资源消耗和环境状况,找出存在的问题和产生问题的原因,提出解决方案。

②产品开发和改进。

清洁产品开发采用生态设计方法是 LCA 最重要的应用之一。它在产品开发中,充分考虑产品整个生命周期的环境因素,从真正的源头预防污染物的产生。在产品的比较和改进中,如产品 1 和产品 2 的比较、老产品和新产品的比较、新产品带来的效益和没有这种产品时的比较等,可以得到比较产品的全面的环境影响。

③工艺优化。

生命周期理论是判断产品和工艺是否真正属于清洁生产范畴的基础,在这个方面,LCA 可以作为最有效的支持技术之一。目前,在我国判断清洁生产的标准往往局限于一定的生产过程,因而很难说是真正意义上的清洁生产。

(4)废物回收和再循环管理。

在 LCA 的基础上,给出废物处置的最佳方案,制定废物管理的政策措施(如押金、偿还计划、再循环含量要求等),即所谓的生命周期管理。目前,我国废物回收和再循环水平还比较低,已经造成重大的资源浪费和环境污染。推广生命周期管理,可以促进废物的资源化和再利用,从而在一定程度上有助于循环经济的发展。

2.生态设计

(1)生态设计的概念。

生态设计(Ecological Design)也称绿色设计或生命周期设计或环境设计,是指应用生态学的思想,在产品开发阶段综合考虑与产品相关的生态环境问题,设计出对环境友好,同时又能满足人的需求的一种新的产品设计方法。设计者应把环境问题看作和经济效益、产品质量、产品功能、产品外观、公司形象等同样重要,从而帮助确定设计的决策方向。生态设计要求在产品开发的所有阶段均考虑环境因素,从产品的整个生命周期减少对环境的影响,最终引导产生一个更具有可持续性的生产和消费系统。

(2)生态设计战略。

生态设计的具体实施就是将工业生产过程比拟为一个自然生态系统,对系统输入(能源与原材料)与产出(产品与废物)进行综合平衡。可以概括出以下七项实施原则。

①选择环境影响低的材料。

设计过程中选择低能源成分、可更新、可循环利用率高的清洁原材料,降低产品对环境的最终影响。

②减少材料使用。

通过对产品的生态设计,在保证其技术生命周期的前提下,尽可能减少使用材料的数量。

③生产技术的最优化。

生产技术优化是通过替换工艺技术、减少生产步骤、优化生产过程来减少辅助材料(无危险的材料)和能源的使用,从而减少原材料的损失和废物的产生。

④营销系统的优化。

采用更少、更清洁的和可重复使用的包装,采用节能的运输模式,采用可更有效利用能源的后勤系统,确保产品以更有效的方式从工厂输送到零售商和用户手中。

⑤消费过程的环境影响。

通过生态设计的实施尽可能减少产品在使用过程中可能造成的环境影响,具体措施包括:降低产品使用过程的能源消费、使用环境友好的消耗品、减少易耗品的使用、减少资源的浪费。

⑥初始生命周期的优化。

产品设计考虑到技术生命周期、美学生命周期和产品的生命周期的优化,尽量延长产品的寿命,可以使用户推迟购买新产品,避免产品过早地进入处置阶段,提高产品的利用效率。

⑦产品末端处置系统的优化。

产品的设计考虑到产品的初始生命周期结束后对产品的处理和处置。产品末端处置系统的优化指的是再利用有价值的产品零部件和确保正确的废物管理,从而减少在制造过程中材料和能源的投入,减少产品的环境影响。

(3)生态设计的环境经济效益。

①可降低生产成本,包括原材料和能源的消耗及环保投入。

②可减少责任风险。产品的生态设计要求尽量不用或者少用对环境不利的物质,可以起到预防的作用,减少企业潜在的责任风险。

③可提高产品质量。生态设计提出高水平的环境质量要求,如产品的运行可靠性、实用性、耐用性及可维修性等,这些方面的改善都将有利于产品对环境的影响。

④可刺激市场需求。随着消费者环境意识的提高,对环境友好产品的需求将越来越大,这是产品生态设计的一个市场。

3.绿色化学

(1)绿色化学的定义。

绿色化学(Green Chemistry)指的是设计没有或者只有尽可能小的环境副作用并且在技术上和经济上可行的化学产品、化学过程及应用,以减少和消除各种对人类健康、生态环境有害的化学原料在生产过程中的使用,使这些化学产品或过程更加环境友好。绿色化学包括所有可以降低对人类健康与环境产生负面影响的化学方法、技术与过程。

(2)绿色化学的研究原则。

①预防环境污染。

首先应当防止废物的生成,而不是废物产生后再处理。通过有意识设计不产生废物的反应,减少分离、治理和处理有毒物质的步骤。

②原子经济性。

原子经济性的目标是使原料分子中的原子更多或全部进入最终的产品中。最大限度地利用反应原料,最大限度地减少废物的排放。

③设计安全化学品。

使化学品在被期望功能得以实现的同时,将其毒性降到最低。

④无害化学合成。

尽量减少化学合成中的有毒原料和有毒产物,只要有可能,反应和工艺设计应考虑使用更安全的替代品。

⑤使用安全溶剂和助剂。

尽可能不使用助剂(如溶剂、分离试剂等),在必须使用时,采用无毒无害的溶剂代替挥发性有毒有机物做溶剂。

⑥提高能源经济性。

合成方法必须考虑过程中能耗对成本与环境的影响,最好采用在常温常压下进行的合成方法。

⑦使用可再生原料。

在经济合理和技术可行的条件下,选用可再生资源代替消耗资源。

⑧减少衍生物。

应尽可能减少不必要的衍生作用,以减少这些不必要的衍生步骤需要添加的试剂和可能产生的废物。

⑨新型催化剂的开发。

尽可能选择高选择性的催化剂,高选择性使反应产生的废物减少,在降低反应活化能的同时,使反应所需的能量降到最低。

⑩降解设计。

在设计化学品时就应优先考虑在它完成本身的功能后,能否降解为良性的物质。

⑪预防污染中的实时分析。

进一步开发可以进行实时分析的方法,实现在线监测。在线监测可以优化反应条件,有助于产率的最大化和有毒物质产生的最小化。

⑫防止意外事故发生的安全工艺。

采用安全生产工艺,使化学意外事故的危险性降到最低。

(3)绿色化学的发展方向。

目前,绿色化学的研究重点有以下三个方面。

①设计对人类健康和环境更安全的化合物。

②探求更安全的、更新的、对环境更友好的化学合成路线和生产工艺。

③改善化学反应条件、降低对人类健康和环境的危害程度,减少废弃物的生产和排放。具体地说,绿色化学近年来的研究主要是围绕化学反应原料、溶剂、催化剂和产品的绿色化开展的。

4. 环境标志

(1)环境标志的定义。

环境标志(Environmental Symbol)是一种产品的证明性商标,它表明该产品不仅质量合格,而且在其生产、使用和处理过程中符合环境保护要求,与同类产品相比,具有低毒少害、节约资源等环境优势。

发展环境标志的最终目的是保护环境,它通过两个具体步骤得以实现:一个是通过环境标志向消费者传递一个信息,告诉消费者哪些产品有益于环境,并引导消费者购买、使用这类产品;另一个是通过消费者的选择和市场竞争,引导企业自觉调整产品结构,采用清洁生产工艺,使企业环保行为遵守法律法规,生产对环境有益的产品。

(2)环境标志的作用。

①为消费者建立和提供可靠的尺度来选择有利于环境的产品。

一种产品在其整个生命周期中可能对环境产生各种影响,所以在说明一种产品比同类产品更符合"绿色要求"时,需要许多理由,环境标志系统可以确保多种环境因素被考虑进去。

②为生产者提供公平竞争的统一尺度。

产品在整个生命周期中对环境产生各种影响,因此,可以根据产品的某一方面或生命周期的某一个阶段对环境产生的影响来说明它是相对"绿色"的产品。但是,对每个生产者或者销售者来说,要完成这样大的研究和测试是不现实的,而且也是相当昂贵的。在对各种产品进行广泛的研究和测试后,由中立的第三方建立的标志授予标准可为生产者提供一个公平竞争的平台。

③提高消费者的环境意识。

在选择产品类别和制定标志授予标准的过程中,多数经济合作与发展组织成员国的环境标志计划都鼓励消费者尽可能地参与。宣传工具也刺激消费者购买产品时的环境影响意识。产品的环境标志作为一种有力的宣传工具,提醒消费者在他们站在货架前购买东西时,要考虑到环境问题。

④鼓励生产绿色产品。

通过市场供需原理,企业将尽一切力量满足消费者的需求,由此可通过增加销售量而获得更多利润。设想如果有相当多的绿色消费主义者把目光集中到有利于环境的产品上——足够使企业认为生产绿色产品是赚钱的买卖——那么通过市场机制,更多的绿色产品将会占领市场。

⑤改善标志产品的销售情况,改变企业形象。

如果生产者的产品在获得环境标志后并没有增加销售量,那么生产者就不会去努力地争取标志,而在市场供需原则上建立起来的环境标志计划也就注定要失败。因此,增加标志产品的销售量是环境标志计划成功的关键因素。

为了改善销售情况,消费者对环境标志的重视和信任是很重要的。从企业投资广告事业而力争改变企业形象便可以证明这点,从同一企业生产出的各种产品都有环境标志这一事实,给消费者一个印象,这个企业已完全向"绿色产品"方向发展。

⑥保护环境。

环境标志的最终受益是通过鼓励生产和消费有利于环境的产品而减少对环境有害的影响。

(3)我国的环境标志策略。

我国实施环境标志的策略如下。

①分阶段、有步骤、逐步扩大环境标志产品的实施范围。环境标志的实行是一个逐步推进的过程,环境行为明显的产品要加强环境标志管理,对于环境行为不明显的,人们一般不考虑它的环境性能。现阶段不会引起消费者的兴趣,也将受到厂家抵制,对此类产品要逐步推行。

②鼓励企业自愿申请标志产品认证。随着社会的进步、公众环保意识的提高,环境标志完全有可能与产品质量保证、安全保证、卫生保证一样,成为产品进入市场的必要前提,准入手段。由企业自愿申请可以调动企业参与环境保护的积极性,使企业由以往的被动治理转变为主动防治,鼓励了环境行为优良的产品及其企业。

③在出口产品中大力开展标志工作。环境标志在很多国家被当作是贸易保护的有力武器,环境标志成为国际市场中的一张"绿色通行证"。因此,在出口商品中使用环境标志,对于增强产品竞争力,打破贸易保护壁垒及扩大我国环境标志的国际影响力有着十分现实的意义。

④加强与人们切身利益相关的产品的环境标志工作。在我国公众总体环境意识不高的情况下,标志产品的类型非常重要。选择在与人们切身利益密切相关的产品中实施环境标志将受到消费者的欢迎。

四、企业清洁生产审核

企业是实施清洁生产的主体。通过清洁生产审核可以提高生产技术水平、强化组织管理、节约资源和综合利用,从而实现"节能、降耗、减污、增效"的目标。实施清洁生产审核是实现污染物达标排放和完成污染物排放总量控制指标,保证企业走可持续发展道路的重要手段。

1.清洁生产审核原理

(1)清洁生产审核定义。

根据国家发展和改革委员、国家环境保护总局 2004 年 8 月 16 日发布的《清洁生产审核暂行办法》把清洁生产审核定义为:"本办法所称清洁生产审核,是指按照一定程序,对生产和服务过程进行调查和诊断,找出能耗高、污染重的原因,提出减少有毒有害物料的使用、产生,降低能耗、物耗及废物产生的方案,进而选定技术经济及环境可行的清洁生产方案的过程。"

　　组织的清洁生产审核是一种对污染来源、废物产生原因及其整体解决方案的系统化的分析和实施过程,其目的是通过实行污染预防分析和评估,寻找尽可能高效率利用资源(如能源、原辅材料、水等),减少或消除废物的产生和排放的方法。清洁生产审核是组织实行清洁生产的重要前提,也是其关键和核心。持续的清洁生产审核活动会不断产生各种清洁生产方案,有利于组织在生产和服务过程中逐步地实施,从而实现环境绩效的持续改进。

　　(2)清洁生产审核原则。

　　《清洁生产审核暂行方法》确定了清洁生产审核的原则。

　　①以企业为主体。清洁生产审核的对象是企业,是围绕企业开展的,离开了企业,所有工作都无法开展。

　　②自愿审核与强制审核相结合。对污染物排放达到国家和地方规定的排放标准及总量控制指标的企业,可按照自愿原则开展清洁生产审核;而对于污染物排放超过国家和地方规定的标准或者总量控制指标的企业,以及使用有毒、有害原料进行生产或者在生产中排放有毒、有害物质的企业,应依法强制实施清洁生产审核。

　　③企业自主审核与外部协助审核相结合。

　　④注重实效、因地制宜、逐步开展。不同地区、不同行业的企业在实施清洁生产审核时,应结合本地实际情况,因地制宜地开展工作。

　　(3)清洁生产的思路。

　　清洁生产审核的思路可以概括为:判明废物产生的部位,分析废物产生的原因,提出方案以减少或消除废物。如图 8.11 所示,简单表述了清洁生产的审核思路。

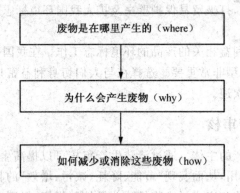

图 8.11　清洁生产审核思路

　　①废物是在哪里产生的? 通过现场调查和物料平衡找出废物的产生部位并确定产生量,这里的"废物"包括各种废弃物和排放物。

　　②为什么会产生废物? 一个生产过程一般可以用图 8.12 简单地表示出来。

　　从上述生产过程的简图可看出,对废物的产生原因分析要针对八个方面进行。

　　a.原辅材料和能源。原材料和辅助材料本身所具有的特性,例如,毒性、纯度、难降解

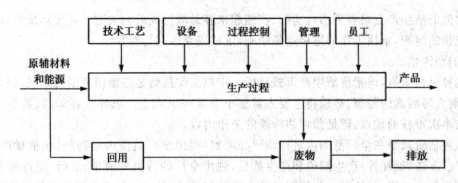

图 8.12　生产过程

性等,在一定程度上决定了产品及其生产过程对环境的危害,因而选择对环境无害的原辅材料是清洁生产所要考虑的重要方面。同样,作为动力基础的能源,也是每个企业必需的,有些能源在使用过程中直接产生废物,节约能源或使用二次能源、清洁能源有利于减少污染物的产生。

b.技术工艺。生产过程的技术工艺水平基本上决定了废物的产生量和存在状态,先进而有效的技术可以提高原材料的利用率,从而减少废物的产生。

c.设备。设备是技术工艺的具体体现,其在生产过程中也具有重要作用,设备自身的功能、设备的搭配、设备的维护保养等均会影响到废物的产生。

d.过程控制。过程控制对生产过程十分重要,反应参数是否处于受控状态并达到优化水平,对产品的获得率和废物产生数量具有直接影响。

e.产品。产品的要求决定了生产过程,产品性能、种类和结构等的变化往往要求生产过程做出相应的改变和调整,因而也会影响到废物的产生。另外,产品的包装、体积等也会对生产过程及其废物的产生造成一定影响。

f.管理。加强管理是企业发展的一个永恒主题,任何管理上的松懈均会严重影响到废物的产生。

g.员工。任何生产过程,无论自动化程度多高,均需要人的参与,因而员工素质的提高及积极性的激励也是有效控制生产过程和废物产生的重要因素。

h.废物。废物本身所具有的特性和所处的状态直接关系到它是否可现场再利用和循环使用。废物只有当其离开生产过程时才称其为废物,否则仍然是生产过程中的有用材料和物质。

③如何消除这些废物?针对每一个废物产生的原因,设计相应的清洁生产方案,通过实施清洁生产方案来消除这些废物产生,以达到减少废物的目的。

2.清洁生产审核程序

(1)筹划和组织。

组织清洁生产审核的发动、宣传和准备工作,取得组织高层领导的支持和参与是清洁生产审核准备阶段的重要工作。审核过程需要调动组织各个部门和全体员工积极参加,涉及各部门之间的配合,需要投入一定的财力和物力,需要领导的发动和督促,这些都首先需要取得高层领导对审核工作的大力支持。这既是顺利实施审核工作的保证,也是审核提出的清洁生产方案做到切合实际、实施起来容易取得成效的关键。从实际来看,越是领导支持的组织,审核工作的进展越是顺利,审核成果也越是明显。

(2)预评估。

选择审核重点,设置清洁生产审核目标。审核工作虽然是在组织范围内开展,但由于时间、财力等因素的限制,必须将主要力量集中在某一重点上。怎样从各车间、各生产线确定出本次审核的重点,即是预评估阶段的工作内容。

预评估阶段要在全厂范围内进行调研和考察,得出全厂范围内废物的(包括噪声、废水、废气、废渣、能耗等)产生部位和产生数量,列出全厂的污染源清单,之后,定性地分析污染源产生的原因,并针对这些原因发动全体员工,特别是一线技术人员和操作工人提出清洁生产方案,尤其是无低费方案,这些方案一旦可行和有效就立即实施。

(3)评估。

建立审核重点的物料平衡,进行废物产生原因的分析。在摸清组织产污排污状况和同国内外同类型组织比较之后,初步分析产出污染的原因,并对执行环保法律法规和标准的状况进行评价。

评估阶段针对审核重点展开工作,此阶段的工作主要包括物料输入输出的实测、物料平衡、废物产生原因的分析三项内容。物料输入输出实测和平衡的目的是准确判明物料流失和污染物产生的部位和数量,通过数据反复衡算准确得出污染源清单(预评估阶段更多的是经验和观察的结果),针对每一个产生部位的每一种污染物仍然要求全面地分析产生的原因。

(4)方案的产生和筛选。

针对废物产生的原因,提出相应的清洁生产方案并进行筛选,编制组织清洁生产中期审核报告。上一步骤评估中针对审核重点在物料平衡的基础上分析出了污染物产生的原因,接下来应针对这些原因提出切实可行的清洁生产方案,包括中高费和无低费方案。审核重点清洁生产方案既要体现污染预防的思想,又要保证审核的成效性和预定清洁生产目标的完成,因此,方案的产生是审核过程的一个关键环节,这一阶段提出的方案要尽可能地多,其可行性将在下一阶段加以研究。

(5)可行性分析。

对筛选出的中高费清洁生产方案进行可行性评估是在结合市场调查和收集与方案相关的资料基础上,对方案进行环境、技术、经济的一系列可行性分析和比较,对照各投资方案的设备、技术工艺、运行、资源利用率、环境健康、投资回收期、内部收益率等多项指标结果,以确定最佳可行的推荐方案。

(6)实施方案。

实施方案,并分析、跟踪验证方案的实施效果。推荐方案只有经实施后,才能达到预期的目的,获得显著的经济和环境效益,使组织真正从清洁生产审核中获利,因此,方案的实施在整个审核过程中占有相当重要的分量。推荐方案的立项、设计、施工、验收等,都需按照国家、地方或部门的有关程序和规定执行。在方案可分别实施且不影响生产的条件下,可对方案实施顺序进行优化,先实施某项或某几项方案,然后利用方案实施后的收益作为其他方案的启动资金,使方案进行滚动实施。

(7)持续清洁生产。

制订计划、措施在组织中持续推行清洁生产,编制组织清洁生产审核报告。

第三节　绿色消费

一、绿色消费的含义

简单地讲,绿色消费就是进行消费时,既注意对自身健康是否有益,又要有利于环境保护,有利于生态平衡。所以,在今天,塑料包装已很难进入国际市场,一次性用品的消费也不再时髦,大吃大喝更会遭到谴责。许多国家都颁布行政命令,要求政府购买的写字纸和复印纸含有至少 20%的再生纸成分。

二、绿色消费的特征

(1)绿色消费是一种生态化消费方式。

绿色消费是一种更充分、更高质量的新的消费方式,人们不再为消费而消费,为虚荣而消费。在这种消费观的指导下,人们渴望回归自然、返璞归真。在绿色消费方式条件下,生态观念深入人心,绿色环保产品广泛受到青睐。消费经济学认为,人们的消费需要,不仅包括物质需要和精神文化需要,还应包括生态需要,而生态需要对人的生存和发展,对满足人的消费需要,都具有极其的重要性。发展绿色消费正是满足人们生态需要。生态需要得到满足,正如马克思所说的,反映"人的复归",是人与自然之间、人与人之间矛盾的真正解决,体现了可持续发展的社会大趋势。

(2)绿色消费是一种适度性消费方式。

绿色消费主张人的生活形态由高消费、高刺激,重返简单朴素。这里重返"简单朴素"并非与过去"生存型"的农业社会的消费方式一样,而是主张适度消费的一种表述。适度消费包含着不可分割的两个方面:从人类个体角度上说,适度消费原则不脱离人的正常需要,除此之外的无意义消费和有害消费,即对人类健康生存无益甚至有害的消费应该尽量避免;从人类总体角度上说,绿色消费提倡适度消费原则,要求人类把消费需要的水平控制在自然资源和地球承载能力范围之内。以"人的健康生存"为下限,以"资源和地球的承载能力"为上限,两者共同构成适度消费的"度"。

(3)绿色消费是一种理性消费方式。

首先,绿色消费的主体是具有环保意识、绿色意识的绿色消费者。绿色消费者不仅对当今社会资源短缺、能源匮乏、物种灭绝、生态破坏、环境污染等情况有一个明确的认识,而且能正确认识人在自然界中的地位和作用,自然生态对人类的影响,从而科学地认识人与自然的关系。其次,绿色消费者能够认识到绿色消费的客体是对环境无害或少害的绿色产品或劳务,绿色产品或劳务是渗入了生态文明新观念的产品或劳务,它是经过国家有关部门严格审查的符合特定环境保护要求的、质量合格的产品。对于绿色消费者来说,他们会倾向于选择绿色产品和劳务。最后,绿色消费者能够深刻体会到绿色消费的结果是对自己、对他人、对社会、对环境的无害或少害,在绿色消费过程中从主体、观念、客体到结果都把环境保护放到优先考虑的战略地位,时时处处关注对环境的影响和作用,最终也可以收到预期的效果,实现生态、经济、社会的协调发展。

(4) 绿色消费是一种健康型消费方式。

绿色消费要求消费者消费什么、消费多少,必须出于实际需要,并且有利于人的身心健康。在消费过程中,反对满盘满桌,暴饮暴食,吃不了就随意倒掉,既浪费资源又破坏营养平衡。绿色消费还主张人们尽可能地向大自然亲近,扩大亲近、接触自然的范围。闲暇时间,要多出去散步、爬山、游泳、旅游,享受阳光、清风、秀水等,欣赏大自然幽雅、和谐与美妙的神韵。在这样一种自由、积极的状态下,人们不仅能够更有效地恢复精力和体能,忘却内心的忧愁和烦恼,还能陶冶情操、培养审美能力。

三、绿色消费的发展

发展绿色消费、推广绿色产品是建设生态文明、促进绿色发展、创造美好生活的重要内容。绿色产品具有能源资源利用效率高、生态环境友好的特点,扩大绿色产品消费规模、提升绿色产品消费水平,对于推动节约能源资源、保护环境、实现经济高质量增长具有重要意义。近年来,国家高度重视发展绿色消费。中共中央、国务院先后印发了《生态文明体制改革总体方案》《关于建立统一的绿色产品标准、认证、标识体系的意见》《"十三五"节能减排综合工作方案》等文件,国家发展和改革委员会同相关部门印发了《关于促进绿色消费的指导意见》《"十三五"全民节能行动计划》《循环发展引领行动》等文件,对强化绿色健康消费理念、促进绿色产品供给和消费发挥了重要作用。目前,国家实施了节能(节水)产品和环境标志产品认证、节能产品和环境标志产品政府采购、能效水效标识、绿色建材评价标识、能效水效环保"领跑者"、节能节水和环境保护专用设备企业所得税优惠等制度,初步建立了促进绿色消费的制度体系。

在国家相关政策措施的引导和激励下,绿色消费发展态势良好,绿色消费理念日益深入人心,绿色消费规模持续增长,绿色产品市场逐步规范,供给不断扩大,节能家电、节水器具、有机产品、绿色建材等产品走入千家万户,空气净化器、家用净水设备等健康环保产品销售火爆,循环再生产品逐步被接受,新能源汽车成为消费时尚,共享出行蓬勃兴起。

据估算,2017 年,高效节能空调、电冰箱、洗衣机、平板电视、热水器五类产品国内销售近 1.5 亿台,近 5 000 亿元;空气净化器、家用净水设备国内销售分别为 444 万台和 1 477万台,同比增长 2.3%和 12.6%;新能源汽车销售 77.7 万辆;共享单车投放量超过 2 500万辆。绿色消费产生了良好的生态环境效益,据估测,2017 年国内销售的高效节能空调、电冰箱、洗衣机、平板电视、热水器可实现年节电约 100 亿千瓦时,相当于减排二氧化碳 650 万吨、二氧化硫 1.4 万吨、氮氧化物 1.4 万吨和颗粒物 1.1 万吨。居民骑行共享单车可减排二氧化碳 420 万吨,滴滴顺风车、拼车共享出行服务可节约燃油 130 万吨,相当于减排二氧化碳 370 万吨。

总体来看,近年来我国绿色消费得到快速发展,取得较大成绩。但与此同时,推广绿色产品、扩大绿色消费还存在一些问题。

一是绿色消费意识不强,我国居民过度消费、奢侈浪费、炫耀性消费等现象普遍存在。

二是有效供给和需求不足,绿色产品成本较高,企业研发生产绿色产品的意愿不足,存在"叫好不叫座"现象。

三是市场还不规范,一些绿色产品性能虚标现象还比较突出,以次充好、以假充真现象频现。

四是政策措施不完善,绿色产品标准建设滞后、激励性政策不足、市场监管不到位,未能有效激励和引导市场主体和消费者。

十九大报告明确提出,"加快建立绿色生产和消费的法律制度和政策导向""提倡简约适度、绿色低碳的生活方式,反对奢侈浪费和不合理消费""提供更多优质生态产品以满足人民日益增长的优美生态环境需要"。下一步,要认真贯彻落实习近平新时代中国特色社会主义思想和十九大报告的精神和要求,进一步树立和践行"绿水青山就是金山银山"的理念,更加激励和推动绿色消费,不断满足人民日益增长的优美生态环境需要,推动实现更高质量、更可持续的发展。为此,我们需要做好以下几方面工作。

一是加强宣传教育,营造绿色消费良好的社会氛围,提高全社会的绿色消费意识。

二是扩大有效供给,积极实施创新驱动,鼓励企业加大绿色产品研发、设计和制造投入。

三是规范产品市场,加快建立产品质量追溯制度,创新和强化事中事后监管,严厉打击虚假标识等违法行为,营造公平竞争的绿色产品市场环境。

四是完善推广机制,建立并推行绿色产品市场占有率统计报表制度,完善绿色产品标准体系,加大财税激励,加强绿色债券、基金、信贷等金融扶持。

五是公共机构率先垂范,党政机关、学校、医院等公共机构要率先垂范,优先采购和使用绿色产品,开展创建节约型机关、绿色学校、绿色医院等。

四、绿色消费的意义

(1)有利于促进可持续发展。

建构绿色消费模式,可以促进经济的持续发展。建构绿色消费,通过消费结构的优化和升级,进而促进产业结构的优化和升级,推动经济的增长,形成新的经济增长点,形成生产和消费的良性循环;构建绿色消费模式,一定程度上可以使不可再生资源和自然物种得以保存。随着科技的进步,促使生产者放弃高能耗、粗放型的生产经营模式,努力节约资源,推动清洁生产,采取措施对资源及废弃物进行回收利用,提高资源的利用率和开发价值,减少对环境的污染。

(2)提高生命质量,促进人的全面发展。

绿色消费作为人的价值观念和生活方式的根本变革,不仅可以满足人的生理需要,保障人的身体健康,而且可以满足人的心理需要,增进人的身心健康,满足人的自由、全面发展的需要。一方面,绿色消费倡导人们适度的物质消费,同时满足人们丰富的精神生活。它要求克服传统高消费只追求物质享受,丧失精神家园造成的人的价值和精神的扭曲,使人达到物质消费和精神消费的和谐统一,有利于人的自由、全面发展。另一方面,绿色消费不仅倡导消费对自己健康生存有利的绿色产品,同时也要求不对别人和后代造成不利的影响,有利于人的思想道德素质的提高,有利于人的精神境界的全面提升。

(3) 绿色消费有利于实现社会文明的进步。

在人类社会发展史上,人类主要经历了原始的采集与狩猎文明、农业文明和工业文明三种文明形态。在一定意义上讲,工业化的成就是以资源的牺牲和环境的破坏为代价换取的。时代呼唤人与自然和谐发展、共存共荣的新文明——生态文明的诞生。生态文明是指人们在改造客观物质世界的同时,不断克服改造过程中的负面效应,积极改善和优化人与自然、人与人的关系。建设健康的生态运行机制和良好的生态环境所取得的物质、精神、制度成果的总和,是社会文明在人类赖以生存的环境领域的扩展和延伸,是社会文明的生态表现。

绿色消费所倡导的消费观念、消费结构、消费行为和消费方式适应了文明形态演进的历史要求,为生态文明奠定了坚实的根基,因而可以促进人类社会的文明进步。

五、绿色消费对社会的影响

1.绿色消费是人类生活方式的更新

过去,人们以拥有大量高档商品和奢侈品为荣耀,这种奢侈的生活远远超出了合理的需要。现在,人们的消费观念和消费方式产生了很大变化,越来越多的人,抛弃过度消费,抵制恶性消费,以返璞归真的心理追求"简朴、小型化"的生活。这种生活就是按生态保护的要求,以满足基本需要为目标。在这种观念的指导下,人们不再以大量消耗资源、能源求得生活上的舒适,而是在求得舒适的基础上,力求最大限度地节约资源和能源。

西方绿色消费者提出,不购买污染环境的产品,包括过多包装,用后会变成污染物,生产时会制造污染,或者使用时会造成浪费或污染的产品;不购买经过多重转售或代理的产品,因为当产品辗转到达使用者手中时,除了价钱昂贵外,在运输方面也会耗用大量能源,间接影响环境;减少购买由发展中国家人民承担原材料供应及生产工序的产品,因为生产这些产品不仅破坏了发展中国家人民的居住区及其周围的自然环境,同时也破坏了全球资源。

1999 年,世界地球日(4 月 22 日),中华环保基金会向全国发出了"绿色志愿者行动"倡议书,提出了中国绿色消费的观念和行动纲领。

(1)节约资源,减少污染。如节水、节纸、节能、节电,外出时尽量骑自行车或乘公共汽车,减少尾气排放等。

(2)绿色消费,环保选购。选择那些低污染、低消耗的绿色产品,像无磷洗衣粉、生态洗涤剂、环保电池、绿色食品,以扶植绿色市场,支持发展绿色技术。

(3)重复使用,多次利用。尽量自备购物包,自备餐具,尽量少用一次性制品。

(4)垃圾分类,循环回收。在生活中尽量地分类回收,像废纸、废塑料、废电池等,使它们重新变成资源。

(5)救助物种,保护自然。拒绝食用野生动物和使用野生动物制品,并且制止偷猎和买卖野生动物的行为。

2.绿色消费引导绿色市场出现

随着绿色消费、绿色产业浪潮在发达国家乃至全世界的兴起,也出现了一种新的经济发展趋势——绿色消费引导绿色市场。正由于此，出现了绿色食品、生态时装、绿色冰箱和空调、绿色汽车、生态房屋、生态列车、生态旅游等，这些"绿色""生态"称谓的兴起，显示出人们对绿色消费的需求。这种消费需求引导一个新的市场方向，加速绿色产品渗透市场和占领市场，并逐步形成一种新的市场——绿色市场。绿色市场的竞争，反过来又引导绿色产品的生产。

现代绿色技术，为绿色产品和绿色市场的不断扩大提供物质技术支持，满足了人们对绿色产品不断高涨的需求。

3. 绿色消费推动企业的经济转变

环境保护不是作为一种包袱被企业接受，而是作为企业发展的目标主动实现的。这不仅是来自企业自身的经济动力，即通过减少废料提高资源利用率，削减经营开支，避免环境污染导致的高额开支。更重要的是来自绿色市场的压力。在绿色消费的浪潮中，绿色产品颇受消费者青睐。适应这种形势，让自己的产品具有更广大的用户，企业家把生产绿色产品作为企业发展方向。从产品设计、原材料选择、购买和使用、产品生产和产品包装，到产品使用后回收，所有生产环节都要考虑对环境安全有利，使自己的产品贴上"绿色标志"。同时提高生产过程中物质和能量的利用率，减少废弃物排放，达到节约开支和提高企业的生产效率，从而增加产品在世界市场的竞争力。正是在激烈的市场竞争中，有些厂家提高产品的环保标准，成为推广销售量的优胜因素。有些公司以绿色环保来改变公司的形象，结果大受消费者欢迎。

环境保护问题从经济压力变为企业"经济转变"的契机。美国可口可乐公司、壳牌石油公司、道氏化学公司等，都把环境保护列为公司发展战略，由公司总裁直接过问环境保护问题，或者聘请专职"环境经理"和"生态经理"，使生产朝"绿化"的方向发展。

在我国，家电、食品行业等领域，不少企业也在研究、开发和采用绿色技术。

随着我国经济增长方式的"两个根本转变"展开和深化，企业的"绿化"步伐将不断加快。

第四节　低碳经济与生态文明建设

一、低碳经济与生态文明的提出

英国颁布的《能源白皮书》中最早提出来低碳经济，它提出人类能源的未来——低碳经济，这也是英国能源与战略能源的目标，这是世界范围内第一次提出低碳经济的经济理念。党的十八大报告中提出了 2020 年要全面建成小康社会的宏伟目标，党的十八大报告首次单篇论述了"生态文明"，全国党代会报告第一次提出"推进绿色发展、循环发展、低碳发展""建设美丽中国"的发展蓝图。

党的十八大关于生态文明建设的命题一经提出，立刻受到国际瞩目。2013 年 2 月，联合国环境规划署第 27 次理事会，将来自中国的生态文明理念正式写入决议案。3 年后，2016 年 5 月，联合国环境规划署发布《绿水青山就是金山银山：中国生态文明战略与行动》报告。中国的生态文明建设，被认为是对可持续发展理念的有益探索和具体实践，为其他国家应对类似的经济、环境和社会挑战提供了经验借鉴。

"在全球环境日益恶化的当下，我们每一个人都深受其害。许多国家已经奋起迎接挑战，而在这一过程中，中国等国家的领导力至关重要。"联合国环境规划署执行主任埃里克·索尔海姆在 2017 年初发表的文章中这样写道，"中国的重要作用在国际舞台上日益彰显。中国积极签署并批准了诸多重要环境协定，为其他国家做出表率。《巴黎协定》无疑是其中最知名的，但也有一些没那么有名，却同样重要的协定。例如，中国在 2016 年 8 月批准了《水俣公约》，旨在预防有害工业汞污染物引起的新生儿生理缺陷与疾病。10 月，中国在《蒙特利尔议定书》缔约方大会上发挥了建设性引领作用，推动全球通过《基加利修正案》，就遏制空调与冰箱中的强效温室气体氢氟碳化物达成一致。在 2016 年年初，中国批准了《名古屋议定书》，助力生物多样性的保护"。

二、低碳经济与生态文明的内涵

低碳经济是指在可持续发展理念的指导下，通过创新技术、制度、实施产业转型、进行新能源开发等多种手段，尽可能地减少煤炭、石油等高碳能源消耗，减少温室气体排放，达到经济社会发展与生态环境保护双赢的一种经济发展形态。低碳经济实质是能源高效利用、清洁能源开发、追求绿色 GDP，其核心是能源技术和减排技术的创新、产业结构和制度的创新及人类生存发展观念的根本性转变。

生态文明就是把可持续发展提升到绿色发展的高度，为后人"乘凉"而"种树"，就是要增加更多的绿色投资，给后人尽可能多地留下生态资产，而不是遗憾。建设美丽中国的关键问题就是要处理好经济发展与环境保护的关系。进一步讲，推进生态文明建设，必须要真正使环境保护融入经济发展之中，成为应有之意。而离开经济发展讲环保，那是缘木求鱼；离开环保谈发展经济，那是竭泽而渔。经济发展与环境保护两驾马车应该齐头并进，两者是相辅相成，缺一不可的。

三、低碳经济与生态文明建设的作用和意义

(1)发展低碳经济，有利于生态文明建设。

当前的气候变化已是不争的事实，要应对气候变化，发展低碳经济是必由之路。气候变化是全球问题，也是全人类生存和发展要面临的问题。气候变化给全球带来一系列问题，如气候变暖、臭氧层破坏、极地冰川融化等。气候变化也使全球生态环境更加恶化，更加难以治理。中国政府从全球和全人类的高度去重视生态环境保护，关注全球气候变化。通过发展低碳经济来降低能源消耗，减少废水废气的排放，提高能源利用率，走循环经济发展道路，走可持续发展道路，走绿色发展道路。

(2)发展低碳经济可以有效保护生态环境，是应对气候变化行之有效的方法。

发展低碳经济，有利于构建资源节约型和环境友好型社会。建设资源节约型和环境友好型社会也是生态文明建设的重大任务。发展低碳经济的实质是一种"低投入、低能耗、低污染、高产出"生产模式，发展低碳经济本身就是为了实现节约资源和环境保护的辩证统一。因此，发展低碳经济，有利于我国的经济结构从过去的"高投入、高能耗、高污

染、低产出"的模式向"低投入、低能耗、低污染、高产出"的转变；有利于我们树立对环境有益的生产和消费方式，生产无污染或低污染的技术、工艺和产品，有利于形成人人关爱环境的社会风尚和文化氛围；有利于构建资源节约型和环境友好型社会。

习近平同志指出"良好生态环境是人与社会持续发展的根本基础，是实现长远发展的最大本钱。良好的生态环境本身就是生产力，就是发展后劲，也是一个地区的核心竞争力"。我们必须大力推进生态文明的建设，积极推进转变经济发展模式，提高我国经济增长的质量和效益。

（3）低碳经济就是一种可持续的经济发展模式。通过提高能源利用效率，使用可再生能源与低碳能源等，使高碳社会向低碳社会转型，是绿色经济发展的理想模式。因此，发展低碳经济，有利于人与自然的和谐发展。有利于我国坚持以人为本，全面协调可持续发展；有利于生态文明建设，全面建成小康社会。

四、低碳经济与生态文明建设的发展战略

第一，转变思想观念，重视低碳经济。观念影响行动，观念虽不起决定性作用，但在一定条件下，会影响到实践的正确发展。转变思想观念，就是使人们从过去的"高投入、高能耗、高污染、低产出"的发展观念向"低投入、低能耗、低污染、高产出"转变。因此，建设生态文明，观念要先行，要使生态文明观深入我国每一个公民的内心，让全体人民了解和认识到我国的国情：人口多，人均资源少，环境形势严重。要在全社会大力倡导节约、环保、文明的生产方式和消费模式，努力建设资源节约型和环境友好型社会。同时，也要让全体公民认识到保护环境就是保护资源，破坏环境就是在破坏生产力，认识到保护环境也能促进生产力的发展，也能提高经济效益，强化人们经济效益、社会效益、生态效益相统一的效益意识。

第二，优化产业结构，发展低碳经济。产业结构是指各产业的构成及各产业之间的联系和比例关系。各产业部门的构成及相互之间的联系、比例关系不尽相同，对经济增长的贡献大小也不同。因此，把包括产业的构成、各产业之间的相互关系在内的结构特征概括为产业结构。所谓优化产业结构，是指推动产业结构合理化和产业结构的优化升级，其核心是社会生产技术基础更新所引发的产业结构的改进。产业结构的优化升级是以技术创新为前提，坚持市场调节和政府引导相结合。优化产业结构，有利于增强产业结构的转换能力，有利于提高经济资源配置效率，有利于我国走节约、清洁、安全发展道路。因此，我国要通过产业结构优化，增加低碳经济在整个产业结构链的比重，增强低碳经济与其他产业的联系，为发展低碳经济所需的技术、制度、产业转型和创新创造有利环境，促进低碳经济的发展。

第三，构建法治体系，保障低碳经济的有序发展。健全的法律体系是低碳经济有序发展的根本保障，也是我国生态文明建设的客观要求。低碳经济是实现经济社会发展与生态环境保护双赢的一种经济发展形态。发展低碳经济必须靠政府制定的相关法律法规，引导低碳经济的正常发展。加强相关立法工作，以法律的形式将低碳经济的发展道路确定下来，以法律作为推进低碳经济发展的重要手段。中国是最早制定实施《中国应对气候变化国家方案》的发展中国家。我国目前和低碳相关的法律有《中华人民共和国环境保护

法》《中华人民共和国节约能源法》等,同时,节约能源法作为我国能源领域内的基本法也在积极研究制定。今后,我国必须加强构建能源和环境领域内的法律体系,为低碳经济的有序发展提供有力的法律保障。

第四,重视消费文明,促进资源节约,形成低碳发展的新格局。文明消费就是提倡节约、科学、合理、适度消费。建立新型的消费观念和消费行为是实现"两型"社会目标的基本途径。建立消费文明,就是要消费节约,这种消费节约不仅指对生活用品上的节约,也指生产过程中的节约,建立节约型社会是包括生产、分配、消费在内的社会再生产全过程的节约,因此,建立消费文明、资源节约型社会,就需要在政府、社会、企业及个人中达到消费文明共识,通过采取市场、行政、宣传教育等综合性措施,提高包括自然资源、人力资源、财政资源、生产资料等在内的全要素资源的综合利用效率,通过大力发展低碳经济,走可持续发展道路,达到以最少的资源消耗获得最大的经济效益,达到人与自然和谐共赢的经济形态。

建设生态文明是关系人民福祉、关乎民族未来的长远大计。发展低碳经济是我国生态文明建设的重要途径之一,也是我国生态文明建设的长期战略选择。我们应以当前的实际情况为基本立足点,着眼未来,统筹规划,注重可持续发展、低碳发展,进而推动我国的生态文明建设。

第五节　环境可持续管理

一、可持续发展价值理念

任何制度都有一定的价值预设,价值理念是整个制度大厦的基础。政策欲发展,理念要先行。价值理念是政策的灵魂,是政策发展走向自觉的指路明灯。我国的政策改革经历了改革开放初期的"摸着石头过河"、先试点后总结,基本上是在试错中前进。现在改革已经到了深水期,各方利益矛盾凸显,"摸着石头过河"的模式显然已经不可行,尤其是环境问题,一旦决策失误就有可能造成不可逆的重大损失,因此,迫切需要在科学的价值理念下指导的制度设计。

政策的价值理念包含两个方面。

①政策是否拥有科学的、先进的价值理念。

②价值理念如何解释和适用的问题,即价值理念能否在特定的时期和政治、经济、文化、地域背景下被政策所体现和坚持。

可持续发展是当代环境保护的核心理念,它是发展的必由之路,所以一经提出就受到热烈反响,并迅速渗透到社会发展的各个领域。环境经济政策与可持续发展的提出基本上处于同一时期,可以说,环境经济政策是可持续发展在实践领域的一种响应,而环境经济政策的实践也在推动可持续发展理论的深化。下面就可持续发展的内涵及其作为价值理念是如何体现在环境经济政策中的相关内容做以下介绍。

可持续发展的本质就是协调人与自然的关系,实现环境资源的永续利用和人类社会的持续发展。处理人与自然的关系包括人与自然的关系和人与人之间的关系两个层面。正确认识人与自然的关系,是保障可持续发展的基础两个层面。正确处理人与人之间的关系,则是实现可持续发展的社会核心。正确认识人与自然的关系是处理人与人之间关系的基础和依据,正确处理人与人之间的关系是协调人与自然关系的途径与保障。

可持续发展从现实的形势上来看,它是对各方利益关系和势力的妥协,对于环保主义者和经济利益集团而言都相对容易接受。然而可持续发展不仅仅是调和现实利益的应对之策,它还意味着社会的灵魂觉醒,是人类发展走向自觉的标志。环境问题归根结底是发展问题,它由发展不当引起,也只能在发展中解决。只有经济、科技、制度、文化的全面进步,才能实现可持续发展。只有社会的全面进步才能走出环境危机,社会进步的根本推动力是生产力的发展。可持续发展呼唤生态经济生产力,而促进生态经济生产力正是环境经济政策的根本目标。

具体而言,可持续发展是在以人为本的理念下尊重人与自然的统一,我们只有在尊重人的基础上才能做到尊重自然。当人的全面价值被真正发现的时候,自然的价值也就被发现了。可持续发展的以人为本,不是抽象的人,而是现实的、具体的、感性的人。现实的人都是有差异的,人类的利益并非铁板一块,人类共同体尚未形成,抽象地谈论"人类利益"不仅是理论上的妄断,对现实也是非常有害的。事实上,现如今的环境问题主要是由于发展不平衡引起的,发达国家的环境问题主要是因为发展过快和技术问题引起的,而发展中国家的环境问题则主要是由发展不足引起的,而发展不平衡所产生的"剪刀差"又使环境问题加剧。可见,可持续发展在各国、各地区的发展诉求是不一样的,发达国家已拥有较好的经济和技术条件,故强调环境优先,而发展中国家还在致力于解决温饱和经济发展问题,因而强调发展优先。总之,可持续发展要正视发展的差异,体现阶段性、国家性、地区性、民族性、人群性等。

二、可持续发展在环境经济政策中的价值原则

可持续发展是一种发展方向的选择,但它没有固定的发展模式,它必须转化为适应于特定国家或地区发展阶段的若干原则才能发挥作用。如果说价值理念是统摄一切的"道",那么价值原则就是秉承"道"之精神的"德"。价值理念是抽象的,价值原则是具体的。原则就是把理念转变为具体化、可操作性的、规范性的指导思想,是沟通理念与实践的桥梁,是指导环境经济政策具体制度安排的行动指南。可持续发展的观念虽然日渐为世界各国所接受,但是各国在发展经济的过程中却少有国家能够在真正意义上实现可持续发展,可持续发展战略仍存在着多种理解,其实施也面临多种困难和挑战。我国的环境法治历程已有 30 年,至今仍未能真正践行可持续发展战略,并非我们的理念不先进,而是理念与实践存在落差。因此,可持续发展理念运用在实践中需要转化为具体的原则、目标和指标,要与发展的阶段性、地域性等特征相结合。正义是制度的首要原则,正义也是可持续发展得以实现的必要条件,因此,在环境经济政策的制定中,需要转化为几个正义原则:经济正义原则、分配正义原则、底线正义原则。

1.经济正义原则

环境经济政策的一个显著优势就是成本低,这是它在各国的环境政策中备受青睐的

直接原因。环境经济政策的成本是通过环境市场的动态效率体现出来的,市场效率越高就意味着政策管理成本越低。然而政策成本还与一国或一地区的市场化程度和制度体系的惯性有很大联系,在高度市场化的发达国家,具备较成熟和理性的市场规则,政策的支持力度也高,在这样的情况下推行环境经济政策是水到渠成的事,成本优势显而易见。然而我国是发展中国家,总体而言市场化程度不高且各地区水平不均,东南部沿海地区高于中西部内陆地区。改革开放以来,我国实行的是计划经济与市场经济并行的"双轨制",在政策和体制上对市场经济的支持比较滞后。因此,我国的环境经济政策的启动成本是比较高的,同时还承担着引导市场、规范市场的重任,这对于我国的市场经济体制和环境保护制度体制都是很大的考验。环境经济政策是环境保护的必然趋势,也代表了未来市场的发展方向,所以现阶段政府需要更大的作为为政策的实行扫除障碍,首要的就是安排公正的经济秩序,为企业提供一个公平而自由的市场竞争环境。

经济正义是效率与公平的统一。我们在谈论市场经济时,往往只看到其效率的一面,却容易忽视其公平的一面。市场经济是追求效率的场所,而实现效率的前提是公平竞争的制度环境。在市场经济中,因缺乏公平竞争而导致的资源浪费现象比比皆是,严重阻碍了资源的良好流通和配置。自然资源就是一个典型,即使自然资源的稀缺性已经被意识到之后,如果不能在市场中正确定价,市场仍然不能有效地配置自然资源。市场不能准确反映自然资源的价格信息有多方面的原因,其中很重要的一方面就是市场主体在进入该领域时缺乏公平的竞争机制。在我国,自然资源的产权属于国家,而地方政府又成为实际的管理者。由于地方政府身陷利益博弈,不能很好地成为环境公共利益的代言人,政府的利益偏好容易造成环境资源市场竞争的不公平甚至出现垄断现象。环境经济政策的效率最终要通过市场的效率体现出来,市场效率的根本又在于公平合理的市场制度安排,只有建立在公平竞争基础上的效率才是健康的、有持续性的。

市场效率的另一保障是自由,自由对于环境市场而言具有双重意味,对于企业而言,政府既要限制又要促进它们的自由。限制自由经济的盲目性导致对自然资源的过度开发、投资过热,引导企业的理性投资,促进产业结构升级。防止垄断经济、特权经济控制自然资源市场的准入和对自然资源价格的垄断,使环境资源价格能够市场化,引入自由的竞争机制。通过竞争和交易使企业能认识到环境资源的稀缺性是与它们的成本密切相关的,从而激发它们的环保行为。同时扶持有环境保护意愿的企业和从事环保科技创新的企业,因为环保企业成本高,在竞争中反而不如污染企业有优势,扶持环保企业的成长才有利于促进环境市场的形成。

2. 分配正义原则

分配正义原则是对经济正义原则的补充、矫正与保障,环境问题的症结与社会分配不公有着千丝万缕的联系。环境经济政策是通过市场分配环境利益的机制,经济正义原则有助于把环境保护的"蛋糕"做大,但是它没有解决环境利益分配和制度变迁成本分配及其补偿正义问题。由于环境资源在经济上已经形成特权垄断,人们享受到的环境权利与经济地位直接相关,只注重效率的环境经济政策只会使富者愈富、贫者愈贫。环境政策的产生首先就是为了保护环境、增加社会公平,而采用经济手段的目的在于减少乃至消除不合理的经济制度对环境保护的障碍,其目标不仅在于把"蛋糕"做大,还要把"蛋糕"分配好。

环境经济政策的基本原则是"污染者付费原则"（Polluter Pays Principle，PPP），"污染者付费"包含着谁来付费、如何付费及付费多少等问题，其中污染者的界定是核心。生活在地球上的每个人都占用了一定的环境资源和环境容量，人人都是具有实际行为的污染者，但是谁应该成为环境经济政策所要求的付费主体，是企业，还是消费者？政府和事业单位也产生污染，是否也要成为付费主体？

"西方各国在引入生态税时，非常注意对工业竞争力的保护，将工业竞争力摆在第一位……在保护工业竞争力时，非常注意保护工业巨头，即支柱产业的利益。政府主要通过家庭用能的高税率，鼓励家庭节能或使用更清洁的能源，消费者行为而不是生产者行为成为生态税法的焦点。"这一现象说明，虽然消费者行为会对企业产生影响，从而促使企业注意环境保护，但是实际的污染大户却没有成为污染者付费原则的责任主体，这体现了把国家的经济竞争力放在第一位，把企业利益置于公众的利益之上，把经济增长所带来的环境成本大部分由消费者不合理地承担了。虽然国家的经济竞争力对个人也是有利的，但是这种环境成本的分配方式显然是不正义的，它对社会福利造成不良影响，加剧贫富差距。这一做法在收入较高的西方国家尚且可行，在发展中国家却很难行得通。在这个过程中，政府必须考虑政策对低收入者的影响，适当地进行补偿。低收入人群是环境污染和破坏的主要受害者，他们没有经济能力摆脱这种困境，如果环境经济政策使他们的经济状况更加恶化，这样的政策就是不正义的。

环境经济政策在市场初始分配时就要注意环境利益的分配相对正义，注重制度成本的分担及制度成本转嫁问题，同时还要通过专门的补偿政策来对已经产生的环境问题进行补偿。环境经济政策有专门的补偿政策，如生态补偿，补偿的原则既要尊重自然规律又要尊重市场规律，补偿手段要与激励手段相结合，即补偿本身是以经济激励为内在驱动的，无论是企业为补偿主体还是政府为补偿主体，都要遵循市场经济规律，这样才能发挥环境经济政策的效用。

3. 底线正义原则

环境经济政策的制定有一定的前提，必须在《中华人民共和国宪法》和《中华人民共和国环境保护法》的指导下进行，同时尊重社会最基本的价值原则，这是环境经济政策的底线原则，主要体现为两个方面：一是保护公民环境权的原则，二是尊重自然的合理开发利用原则。

先来谈公民环境权的保护。权利是一个人际关系范畴，环境权是一种属人的权利，因此，环境权并非人对自然的权利或自然对人的权利，而是人与人之间对于环境资源的使用、占有、享受的相互承认的关系。由于环境物品的不可分割性，个人的环境权只有通过集体的环境权才能得以实现，因此，环境权既有私权性质又有公权性质，是一种社会权。在国际上，环境权已被纳入第三代人权，但由于环境权边界的模糊性，使得环境权在立法上进程比较缓慢。到目前为止，环境权更多的是一项宣示性权利而非实质性权利。环境权的模糊性并不能成为否认环境权成为一项独立权利的理由，所以难以界定，既是技术问题，更是伦理、政治、经济问题。

环境权问题的实质是强势群体对弱势群体环境权利的侵犯，因此，协调不同群体之间的环境权利,逐渐减少强者对弱者的权利侵犯是环境权的基本要求。"它所涉及的是关于'人之所以为人'的基本条件和基本内容,具有不可缺乏性、不可取代性、不可转让性、稳定性、体系优位性(指从出生到死亡都具有的权利性质和不可任意剥夺性)、母体性(可以派生出其他的权利)和当代文明各国具有的共性特点,故而从本质特征上看,环境权是一项基本人权。"既然是基本人权,那么就不能因个体差异而差别对待,这是人之为人都应该享有的权利,不能因任何政治利益、经济利益而妥协的。这在环境经济政策中体现为"其一,要求政府在制定政策时不能让居民的基本环境权成为经济发展的牺牲品,不能因为有市场效率就让居民的基本环境权受到侵害。其二,在自愿交易中(即无须政府干涉的污染者与受害者之间的交易),也必须遵守底线原则"。也就是说,即使受害者为了获得污染者较高的赔偿金而愿意忍受恶劣的环境,如果这触犯了当地居民的基本环境权,这样的交易就不合法。

再来看尊重自然的合理开发利用原则。环境经济政策还必须考虑人与自然关系的协调,即种际正义。如果仅用种际正义的眼光看待环境经济政策,实际上就是用传统经济学的眼光看待环境问题,不能超越人类中心主义的立场。这虽然对环境保护有所贡献,但传统经济学与其说是人类中心主义的逻辑,不如说是资本的逻辑,在环境保护问题上是不彻底的。要想真正实现环境保护,必须具有生态经济的眼光。生态经济不再把人与自然、环境与经济对立起来,而是把自然生态系统和人类社会经济系统看作一个整体,运用生态智慧来合理安排经济活动。

种际正义在环境经济政策中体现为总量控制。总量控制包括污染排放总量和资源开发总量两个方面。环境经济政策要设计一个"最优污染总量"以达到有效率的排污。这个"最优污染总量"是一个多重标准协调的结果,包括经济发展、社会公平、环境承受能力等。在经济不发达时,往往更侧重考量经济发展指标,而把污染总量设计到环境的临界点。随着经济的发展和生活水平的提高,对环境容量的保护将会更为重视,此时人们不仅考虑环境能够容纳多少污染,还应更加重视生活的品质和生态之美。也就是说,污染总量之正义也是随着经济发展和社会状况的变化而改变的,资源开发总量的正义问题亦然。

参考文献

[1] [1]科尔斯塔德.环境经济学[M].2版.彭超,王秀芳,译.北京:中国人民大学出版社,2016.

[2] 贝特拜耳.资源与环境经济学研究方法[M].史丹,王俊杰,马翠萍,译.北京:经济管理出版社,2017.

[3] 侯伟丽.环境经济学[M].北京:北京大学出版社,2016.

[4] 李永峰,梁乾伟,李传哲.环境经济学[M].北京:机械工业出版社,2016.

[5] 左玉辉.环境经济学[M].北京:高等教育出版社,2003.

[6] 葛察忠.环境经济研究进展(第十一卷)[M].北京:中国环境出版社,2017.

[7] 葛察忠,董战峰,徐鹤,等.环境经济研究进展(第九卷)[M].北京:中国环境出版社,2015.

[8] 卡伦,托马斯.环境经济学与环境管理:理论、政策和应用[M].李建民,姚从荣,译.北京:清华大学出版社,2006.

[9] 曾现来,袁剑,李金惠,等.循环经济的生态学理论基础分析[J].中国环境管理干部学院学报,2018,28(03):26-29,49.

[10] 李才兴,丁一峰.环境经济的发展前景及其应用分析[J].科技创新导报,2018,15(03):116-117.

[11] 刘倩,王遥,林宇威.支撑中国低碳经济发展的碳金融机制研究[M].东北财经大学出版社,2017.

[12] 董战峰,李红祥,葛察忠,等.环境经济政策年度报告 2017[J].环境经济,2018(07):12-35.

[13] 袁海涛.经济新常态下排污制度的理论分析[J].现代农业技术,2018(07):212-213.

[14] 余茹,成金华.国内外资源环境承载力及区域生态文明评价:研究综述与展望[J].资源与产业,2018,20(05):67-76.

[15] OECD. OECD 环境经济与政策丛书:发展中国家环境管理的经济手段;国际经济手段和气候变化;环境管理中的经济手段;环境管理中的市场与政府失效;环境税的实施战略;贸易的环境影响;生命周期管理和贸易;税收与环境:互补性政策[M].北京:中国环境科学出版社,1996.

[16] ABDALLH A A,ABUGAMOS H. A semi-parametric panel data analysis on the urbanization carbon emissions nexus for the MENA countries. Renew[J]. Sust. Energ. Rev. 2017,78:1350－1356.

[17] 惕滕伯格.环境经济学与政策[M].3版.朱启贵,译.上海:上海财经大学出版社,2003.

[18] 钱翌,张培栋. 环境经济学[M]. 北京:化学工业出版社,2015.

[19] DAVID P B. A positive theory of moral management, social pressure and corporate social performance[J]. J. Ecom. MgmtStrategy,2009,18:7-43.

[20] BERNHEIM D,RANGEL A. Beyond revealed preference:choice-theoretic foundations for behavioral welfare economics[J]. Quart. J. Econ,2009,124:51-104.

[21] OECD. Pollution abatement and control expenditure in OECD countries[J]. Report/ENV/EPOC/SE,2007.